"十三五"江苏省高等学校重点教材（编号：2020-2-045）

高等职业教育机械类专业系列教材

冲压模具的拆装与设计

主　编　成　立　沈小强
副主编　梁士红　钟江静　殷　瑛
参　编　徐　徐　王迎春　张冬敏　钱涵文
主　审　马雪峰

机械工业出版社

本书共有 7 个项目，主要讲述典型冲压模具的拆装、冲压成形基础，以及冲裁、弯曲、拉深等成形工艺。通过学习，读者可了解冲压工艺、冲压设备及冲压材料的有关知识，并掌握常用典型冲压模具的拆装、冲压工序的工艺变形和特点、冲压工艺路线的确定、冲压工艺计算及冲压模具设计的基本方法。

本书可供高职高专（含五年制大专）模具设计与制造、材料成型与控制技术、机械制造与自动化等专业的学生使用，也可供从事冲压生产、冲压模具设计与制造的工程技术人员参考。

图书在版编目（CIP）数据

冲压模具的拆装与设计/成立，沈小强主编. —北京：机械工业出版社，2020.12（2024.8 重印）

高等职业教育机械类专业系列教材

ISBN 978-7-111-67058-2

Ⅰ.①冲… Ⅱ.①成… ②沈… Ⅲ.①冲模-装配（机械）-高等职业教育-教材②冲模-设计-高等职业教育-教材 Ⅳ.①TG385.2

中国版本图书馆 CIP 数据核字（2020）第 251464 号

机械工业出版社（北京市百万庄大街 22 号 邮政编码 100037）
策划编辑：于奇慧 责任编辑：于奇慧 戴 琳
责任校对：张 薇 封面设计：王 旭
责任印制：单爱军
北京虎彩文化传播有限公司印刷
2024 年 8 月第 1 版第 3 次印刷
184mm×260mm·17.75 印张·435 千字
标准书号：ISBN 978-7-111-67058-2
定价：49.80 元

电话服务 网络服务
客服电话：010-88361066 机 工 官 网：www.cmpbook.com
　　　　　010-88379833 机 工 官 博：weibo.com/cmp1952
　　　　　010-68326294 金 书 网：www.golden-book.com
封底无防伪标均为盗版 机工教育服务网：www.cmpedu.com

前　言

模具是现代工业体系中的重要工艺装备。模具设计、模具制造与装配技术的水平已成为衡量一个国家机械制造水平的重要标志之一。冲压技术是一门具有极高实用价值的基础制造技术，涉及机械、电子、信息、航空航天、汽车、兵器、轻工及日常生活等众多领域，在制造业中占有重要地位。

本书是根据教育部对高职高专人才培养的指导意见，广泛吸取企业实践经验，结合课堂教学实际，以《国家职业教育改革实施方案》为行动纲领，以培养高等职业教育的能工巧匠型高素质技术技能人才为导向进行编写的。本书以项目载体为引领、以任务模块化驱动组织内容，针对任务的每一个知识环节来安排相关课程内容，实现了实践技能与理论知识的整合。

本书注重内容的易学性、实践性、科学性、应用性和创新性，主要特色如下：

1）对相关理论知识进行了精简，以适应高等职业教育对结论性知识直接应用的要求。

2）依托苏州仪元科技有限公司、苏州市恒升机械有限公司等企业，邀请企业工程师参与编写，注重与实际生产相衔接，以充分体现实用性。

3）注重理论联系实际，在理论讲解前进行模具的拆装知识学习，为模具结构与设计的深入学习做好铺垫，进而培养读者的实践能力与创新思维。

4）采用现行冲压模具标准和规范。

希望读者通过对本书的系统学习，能够具备分析零件的冲压工艺性、编制冲压工艺规程、设计冲压模具、解决冲压生产中出现的实际问题的初步能力。

本书由苏州工业职业技术学院成立和沈小强担任主编，由常州机电职业技术学院马雪峰教授担任主审。沈小强统稿并编写了项目一、项目四，与苏州仪元科技有限公司钱涵文、苏州市恒升机械有限公司张冬敏合编了项目二中的任务一、任务二，项目三和项目六中的任务一；成立编写了项目二中的任务三~任务五；苏州工业职业技术学院梁士红编写了项目三中的任务二~任务五、项目六中的任务二及项目七；苏州工业职业技术学院钟江静、江苏省吴中中等专业学校殷瑛共同编写了项目五及项目二中的任务六；江苏省太仓中等专业学校徐徐、苏州工业职业技术学院王迎春共同编写了项目六中的任务三、附录及全书思考题。盐城工学院宋树权副教授对本书提出了许多宝贵意见，在此表示感谢。

本书在编写过程中借鉴了参考文献中的成果和数据资料，在此谨对相关作者一并表示衷心感谢。

由于编者水平有限，书中难免有疏漏及不当之处，恳请广大读者批评与指正。

编　者

目　录

项目一 冲压成形基础

本项目采用任务驱动的方式学习冲压成形工艺，学生应重点掌握冲压的基本工序、常用冲压用材料的种类及选用、冲压设备的主要参数及选用，以达到能根据冲压件的冲压性能要求确定冲压基本工序、会查阅冲压用材料的力学性能和冲压设备的基本参数的目的。

任务 认识冲压工艺

【学习目标】

1. 了解冲压件的基本成形过程，理解冲压基本工序的含义，能根据冲压产品判断所需的基本冲压工序。

2. 了解冲压模具的含义和分类，了解冲压所需设备，能根据基本冲压工序判断模具种类。

3. 了解冲压常用的材料及其性能，能根据相关资料获得常用冲压材料的力学性能。

4. 根据冲压设备的型号，判断冲压设备的类型，并通过查阅资料，获得常用冲压设备的技术参数。

【任务导入】

汽车冲压件的生产是汽车制造中十分重要的部分，如汽车的车身、底盘、油箱及散热器等都是由钢板冲压件制造而成。据统计，制造一辆普通轿车平均需要 1500 个冲压件。图 1-1

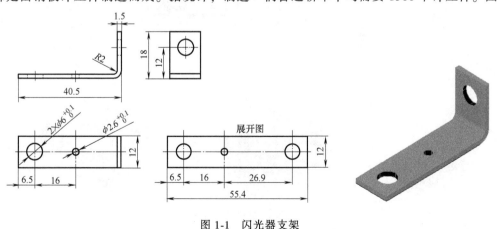

图 1-1 闪光器支架

1

所示是汽车闪光器支架零件，由相同厚度的钢（Q235）板冲压而成，制件上有不同直径的孔，要求与配合件的孔径与孔位一致，否则装配困难。具体要求如下：

1) 明确汽车闪光器支架所用材料的种类、性能及选用依据。

2) 确定汽车闪光器支架所需的冲压基本工序。

 【相关知识】

一、冲压工艺的特点及应用

冲压通常是在常温下利用安装在冲压设备上的模具对材料施加压力，使其产生分离或塑性变形，从而获得一定形状、尺寸和性能的零件的加工方法。由于冲压是在常温（冷态）下，主要用板料加工所需零件，故又称为冷冲压或板料加工。在冲压过程中，模具、冲压设备和冲压材料构成冲压加工的三要素，它们之间的相互关系如图 1-2 所示。

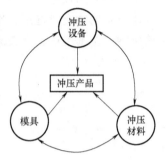

与机械加工及塑性加工的其他方法相比，冲压加工无论在技术方面还是在经济方面都具有许多独有的特点，主要表现为：

1) 冲压生产率高、材料利用率高。

2) 生产的制件精度高、复杂程度高、一致性高。

图 1-2　冲压加工的三要素

3) 模具加工精度高、技术要求高、生产成本高。

冲压加工必须具备相应的模具，而模具是技术密集型产品，其制造属于单件小批量生产，具有难加工、精度高、技术要求高、生产成本高（占产品成本的 10%～30%）的特点。所以，只有在冲压零件生产批量大的情况下，冲压加工的优点才能充分体现，从而获得好的经济效益。

冲压加工具有上述突出的优点，因此在批量生产中得到了广泛的应用，在现代工业生产中占有十分重要的地位，是国防工业及民用工业生产中必不可少的加工方法。图 1-3 所示产品均是日常生活中常见的冲压件。

图 1-3　生活中常见的冲压件

二、冲压的基本工序及模具

1. 冲压的基本工序

冲压件的形状、尺寸和精度要求、生产批量、原材料性能等各不相同，因此，生产中所采用的冲压加工方法也各不相同。

（1）按冲压工序的组合方式分类　按冲压工序的组合方式，大致可分为以下三种类型：

1）单工序冲压。图1-4所示为实心圆垫片的冲压过程，在冲压的一次行程中，只能完成单一冲压内容的工序。

2）复合工序冲压。图1-5所示为垫圈的冲压过程，完成垫圈的冲压需要两道基本工序，即落料与冲孔。复合工序就是在冲压的一次行程中，在模具的同一工位上同时完成两道或两道以上冲压内容的工序。

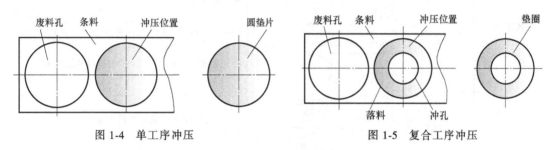

图1-4　单工序冲压　　　　　　　　　图1-5　复合工序冲压

3）连续工序冲压。图1-6所示为垫圈的冲压过程，在垫圈的冲压过程中，采用了在条料上先冲孔，条料向前挪动一步再落料的方式。连续工序即在冲压的一次行程中，在不同的工位上同时完成两道或两道以上冲压内容的工序。

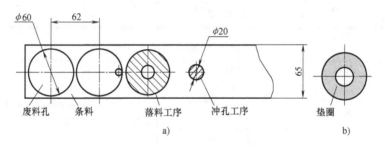

a)

b)

图1-6　连续工序冲压

a）垫圈排样图　b）工件图

（2）按冲压的变形性质分类　按冲压的变形性质，大致可分为两大类：分离工序和成形工序。

1）分离工序。分离工序是指坯料在冲压力作用下，变形部分的应力超过其抗剪强度 τ_b（或抗拉强度 R_m），产生断裂而分离。分离工序主要有剪裁和冲裁。

2）成形工序。成形工序是指坯料在冲压力作用下，变形部分的应力超过其屈服强度 R_{eL}，但未超过抗拉强度 R_m，产生塑性变形，从而获得一定形状和尺寸的零件。成形工序主要有弯曲、拉深、成形（翻边、胀形和整形）和冷挤压四种基本工序。

冲压工序的具体分类及特点见表1-1和表1-2。

表 1-1 分离工序

冲压类别	工序名称	工序简图	特点
分离工序	落料	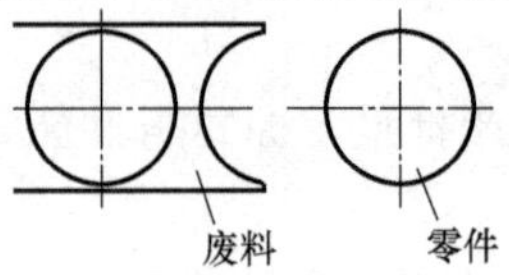 废料　零件	将材料沿封闭的轮廓分离,封闭轮廓线以内的材料成为零件或工序件
	冲孔	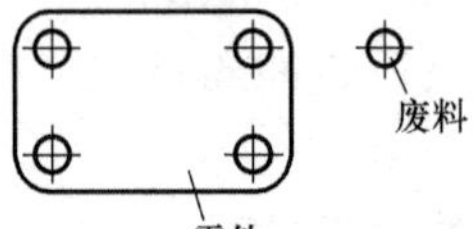 废料 零件	将材料沿封闭的轮廓分离,封闭轮廓线以外的材料成为零件或工序件
	切断	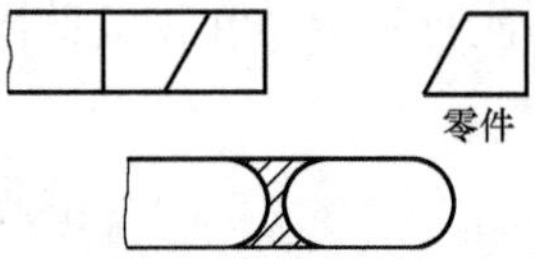 零件	将材料沿敞开的轮廓分离,被分离的材料成为零件或工序件
	切边	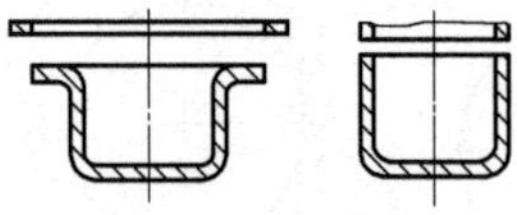	切去成形工序件不整齐的边缘材料的工序
	切舌	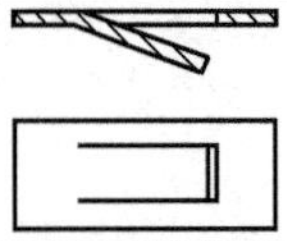	将材料沿敞开轮廓局部而不是完全分离的一种冲压工序
	剖切	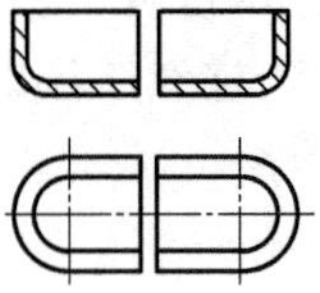	将成形工序件一分为几的工序

表 1-2 成形工序

冲压类别	工序名称	工序简图	特点
成形工序	弯曲	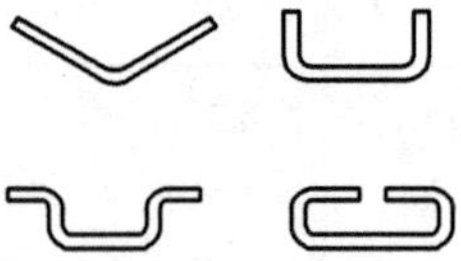	利用压力使材料产生塑性变形,从而获得一定曲率、一定角度的形状的零件
	拉深	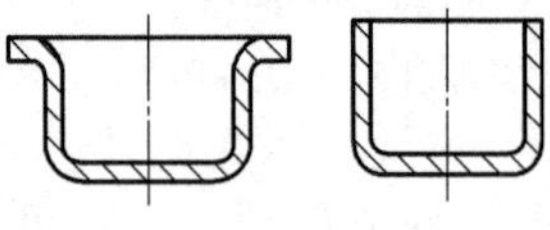	将平板毛坯或工序件变为空心件,或者使空心件进一步改变形状和尺寸的一种冲压工序
	扭弯	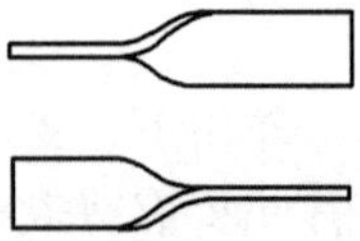	将平直或局部平直工序件的一部分相对另一部分扭转一定角度的冲压工序
	卷边	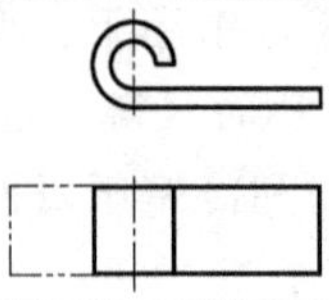	将工序件边缘卷成接近封闭圆形的工序

（续）

冲压类别	工序名称	工序简图	特点
成形工序	翻孔		沿内孔周围将材料翻成侧立凸缘的冲压工序
	翻边		沿曲线将材料翻成侧立短边的工序
	胀形		将空心件或管状件沿径向向外扩张的工序
	扩口		将空心件敞开处向外扩张的工序
	缩口		使空心件敞口处缩小的工序

根据表 1-1 和表 1-2 中各基本工序的特点及应用，可以看出：图 1-7a 所示零件的外形和内孔都是圆的，冲制外形需要落料工序，冲制内孔需要冲孔工序，需通过落料、冲孔两道基本工序完成；图 1-7b 所示零件需通过落料和弯曲基本工序完成；图 1-7c 所示零件需通过落料、拉深、切边基本工序完成；图 1-7d 所示零件需通过落料、冲孔和翻孔等基本工序完成。

| a) | b) | c) | d) |

图 1-7 冲压零件

2. 冲压模具

冲压模具是在冲压加工中，将材料（金属或非金属）加工成零件（或半成品）的一种特殊工艺装备。

冲压模具的型式很多，一般可按以下两个主要特征进行分类。

（1）根据工艺性质分类 根据工艺性质，大致可分为以下四类。

1）冲裁模：沿封闭或敞开的轮廓线使材料产生分离的模具，如落料模、冲孔模、切断模、切口模、切边模、剖切模等。

2）弯曲模：使板料毛坯或其他坯料沿着直线（弯曲线）产生弯曲变形，从而获得一定角度和形状的工件的模具。

3）拉深模：把板料毛坯制成开口空心件，或使空心件进一步改变形状和尺寸的模具。

4）成形模：将毛坯或半成品按凸、凹模的形状直接复制成形，而材料本身仅产生局部塑性变形的模具，如胀形模、缩口模、扩口模、起伏成形模、翻边模、整形模等。

（2）根据工序组合程度分类　根据工序组合程度，大致可分为以下三类。

1）单工序模：在压力机的一次工作行程中，只完成一道冲压工序的模具。

2）复合模：只有一个工位，在压力机的一次工作行程中，在模具的同一工位上同时完成两道或两道以上冲压工序的模具。

3）级进模（也称为连续模）：在毛坯的送进方向上，具有两个或更多的工位，在压力机的一次工作行程中，在模具的不同工位上同时完成两道或两道以上冲压工序的模具。

三、冲压材料

1. 金属塑性变形的基本规律

（1）塑性变形体积不变定律　实践证明，在物体的塑性变形中，变形前的体积等于变形后的体积，这就是金属塑性变形体积不变定律。它是进行变形工序中毛坯尺寸计算的依据，用公式表示为：$\varepsilon_1 + \varepsilon_2 + \varepsilon_3 = 0$，式中 ε 表示应变。

（2）塑性变形最小阻力定律　当变形体的质点可能沿不同方向移动时，则每个质点沿最小阻力方向移动，这就是最小阻力定律。坯料在模具中变形，其最大变形将沿最小阻力的方向。最小阻力定律在冲压工艺中有十分灵活和广泛的应用，能正确指导冲压工艺及模具设计，解决实际生产中出现的质量问题。

（3）塑性条件（屈服准则）　塑性条件就是某种材料在单向应力状态下，如果拉伸或压缩应力达到材料的屈服强度，便可从弹性状态进入塑性状态。在复杂应力状态下，各应力分量之间符合某种关系时，才能同单向应力状态下达到屈服强度时等效，从而使材料从弹性状态进入塑性状态，此时，应力分量之间的这种关系就称为塑性条件，或称为屈服准则。

（4）加工硬化现象　常用的金属材料在塑性变形时强度和硬度升高，而塑性和韧性降低的现象，称为加工硬化或冷作硬化。加工硬化对许多冲压工艺都有较大的影响，如由于塑性降低，限制了毛坯进一步变形，往往需要在后续工序之前增加退火工序，以消除加工硬化。加工硬化也有有利的一面，可提高局部抗失稳起皱的能力。

（5）反载软化现象　在塑性变形之后，再给材料反向加载，此时，材料的屈服强度有所降低，这种反向加载时塑性变形更容易发生的现象，就是反载软化现象。反载软化现象对分析某些冲压工艺（如拉弯）具有实际意义。

金属受外力作用产生塑性变形后，不仅形状和尺寸发生变化，其内部的组织和性能也将发生变化。随着变形程度的增加，金属的强度和硬度逐渐增加，塑性和韧性逐渐降低。

2. 对冲压材料的要求

冲压材料性能的好坏将直接影响零件成形的质量。冲压所用材料的性质与冲压生产的关系非常密切，也会直接影响冲压工艺设计、冲压件的质量和使用寿命，还会影响生产组织和生产成本。在选择冲压件材料时，不仅要考虑使用性能，还要满足冲压加工和工艺性能的需求。冲压工艺对材料的基本要求如下。

（1）对冲压成形性能的要求　为了有利于冲压变形和冲压件质量的提高，材料应具有良好的冲压成形性能。而冲压成形性能与材料的力学性能密切相关，通常要求材料具有良好的塑性，屈强比小，弹性模量高，板厚方向性系数大，板平面方向性系数小。

（2）对材料厚度公差的要求　公差应符合国家标准，这是因为一定的模具间隙适用于一定厚度的材料，厚度公差太大，不仅会直接影响冲压件的质量，还可能导致模具和压力机的损坏。

（3）对表面质量的要求　材料表面应光洁平整，无分层和机械损伤，无锈斑、氧化皮及其他附着物。表面质量好的材料在冲压时不易破裂，不易擦伤模具，冲压件表面质量好。

3. 常用冲压材料

冲压用材料有各种规格的板料、带料和块料。板料的尺寸较大，一般用于大型零件的冲压；对于中小型零件，多数是将板料剪裁成条料后使用。带料（又称为卷料）有各种规格的宽度，展开长度可达几千米，适用于大批量生产的自动送料。材料厚度很小时，也是做成带料供应。块料只用于少数钢号和价格昂贵的有色金属的冲压。图1-8所示是常用的各种规格的宽钢带、钢板、纵切钢带，轧钢厂均有成品供应。

a)　　　　　　　　　　b)　　　　　　　　　　c)

图1-8　冲压用板料和带料

a）宽钢带　b）钢板　c）纵切钢带

（1）黑色金属　黑色金属材料主要有碳素结构钢、优质碳素结构钢、合金结构钢、碳素工具钢、不锈钢、电工硅钢等。对于厚度在4mm以下的冷轧薄钢板，按国家标准GB/T 708—2019规定，钢板的厚度精度可分为PT.A（普通精度）和PT.B（较高精度）。对于优质碳素结构钢热轧薄钢板，根据GB/T 711—2017规定，钢板的表面质量可分为普通级表面（FA）和较高级表面（FB）。

（2）有色金属　有色金属材料主要有铜及铜合金、铝及铝合金、镁合金、钛合金等。

（3）非金属材料　非金属材料主要有纸板、胶木板、塑料板、纤维板和云母等。

关于各类材料的牌号、规格和性能，可查阅相关手册和标准。附录D摘录了常用冲压材料的力学性能，根据表中数据可以近似判断材料的冲压性能。

四、冲压设备

1. 冲压设备的分类

在冲压生产中，为了适应不同的冲压工作情况，会采用不同类型的冲压设备，这些冲压设备都具有其特有的结构型式及特点。根据冲压设备驱动方式和工艺用途的不同，可对冲压设备做如下分类。

（1）按冲压设备的驱动方式分类　冲压设备按驱动方式可分为机械压力机和液压机。

1）机械压力机。它是利用各种机械传动来传递运动和压力的一类冲压设备，包括曲柄压力机、摩擦压力机等。机械压力机在生产中最为常用，极大部分冲压设备都是机械压力机。机械压力机中又以曲柄压力机应用最多。

2）液压机。它是利用液压（油压或水压）传动来产生运动和压力的一种压力机械。液压机容易获得较大的压力和工作行程，且压力和速度可在较大范围内进行无级调节，但能量损失较大，生产率较低。液压机主要用来进行深拉深、厚板弯曲、压印、整形等工艺。

（2）按冲压设备的工艺用途分类　冲压设备按工艺用途可分为板料冲压压力机和剪切机。

1）板料冲压压力机。该类设备主要有曲柄压力机、拉深压力机、高速自动压力机、精密冲压压力机、数控压力机、摩擦压力机和板料成形液压机等，适用于板料冲压，可根据产品的冲压工序性质和生产率要求，进行合理选择。

2）剪切机（剪床）。该类设备有板料剪切机和棒料剪切机等，用于板料和棒料的剪切。

2. 冲压设备的型号

（1）机械压力机　锻压机械型号是锻压机械名称、主参数、结构特征及工艺用途的代号，由汉语拼音大写字母和阿拉伯数字组成。型号中的汉语拼音字母按其名称读音。锻压机械的分类及字母代号见表 1-3。

表 1-3　锻压机械的分类及字母代号

类别	机械压力机	液压机	自动锻压（成形）机	锤	锻机	剪切与切割机	弯曲矫正机	其他、综合类
字母代号	J	Y	Z	C	D	Q	W	T

型号表示方法为

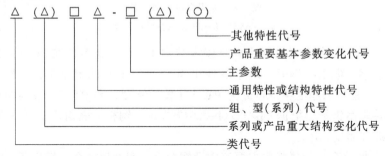

例如，型号 JA31-160B 的含义是：

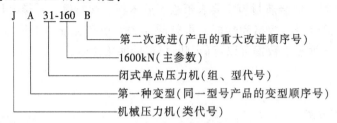

由于压力机的结构类别较多，各类压力机的型号可查阅 GB/T 28761—2012。

（2）液压机　液压机的代号为"Y"。各类液压机型号的表示方法可查阅 GB/T 28761—2012。例如，YA32-315 表示公称力为 3150kN，经过一次变型的四柱立式万能液压机。

3. 曲柄压力机

（1）曲柄压力机的工作原理与结构组成　曲柄压力机是通过传动系统把电动机的运动和能量传递给曲轴，使曲轴做旋转运动，并通过连杆使滑块产生往复运动从而满足加工的运动及动力要求。

图 1-9 所示为曲柄压力机的工作原理图。电动机 1 通过带传动将运动传递到小齿轮 4、大齿轮 5（飞轮）和离合器 6，进而带动曲轴 7 旋转，再通过连杆 9 使滑块 10 在机身的导轨中做往复运动。将模具的上模 11 固定在滑块上，下模 12 固定在机身工作台 14 上，压力机便能对放置于上、下模之间的材料加压，依靠模具将其制成工件，实现压力加工。离合器 6 通过操纵机构操纵，在电动机不停机的情况下可使曲柄滑块机构运动或停止。制动器 8 与离合器密切配合，可在离合器脱开后将曲柄滑块机构停止在一定的位置上（一般是在滑块处于上死点的位置）。大齿轮还起到飞轮的作用，能使电动机的负荷均匀和有效地利用能量。

从上述工作原理可以看出，曲柄压力机一般由下列几部分组成。

1）工作机构：由曲轴、连杆、滑块和机身上的导轨构成的曲柄滑块机构。其作用是将传动系统的旋转运动转换为滑块的上下往复运动，承受和传递工作压力，安装模具的上模。

2）传动系统：一般由齿轮传动、带传动等组成。其作用是传递电动机的运动和能量，并起减速作用。

3）操纵系统：由离合器、制动器及其控制装置组成。它们的主要作用是在电动机开动的条件下控制滑块的运动和停止，以保证压力机安全、准确地运转。

4）能源系统：由电动机和飞轮等组成。电动机将电能转换成机械能。飞轮将电动机空程运转时的能量存储起来，在冲压时再释放出来。

5）支承部件：主要为压力机的机身，它将压力机的所有零部件连接起来，并承受全部工作变形力和各部件的重力，保证总机所要求的精度、强度和刚度。机身上有固定或活动的工作台，用于安装模具的下模。

6）附属装置和辅助系统：这部分包括两类，一类是保证压力机正常运转的部分，如润滑系统、过载保护装置、滑块平衡系统、电路等；另一类属于工艺应用范围，如推料装置、气垫等。

（2）曲柄压力机的结构类型 压力机的结构类型较多，可以按下列几种方式分类。

1）按机身结构型式分类。按机身结构型式不同，可分为开式压力机（图 1-10）和闭式压力机（图 1-11）两种。

2）按滑块的数目分类。根据压力机上滑块的数目不同，可分为单动压力机、双动压力机和三动压力机，如图 1-12 所示。通用曲柄压力机一般是指单动压力机，它是目前使用最多的一种压力机。双动压力机和三动压力机主要用于拉深工艺。

3）按连杆的数目分类。按照连杆数目不同，可分为单点（1 个连杆）压力机、双点（2 个连杆）压力机等，如图 1-13 所示。

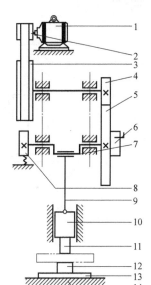

图 1-9 曲柄压力机的工作原理图
1—电动机 2—小带轮 3—大带轮
4—小齿轮 5—大齿轮 6—离合器
7—曲轴 8—制动器 9—连杆
10—滑块 11—上模 12—下模
13—垫板 14—工作台

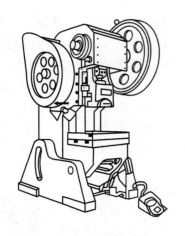

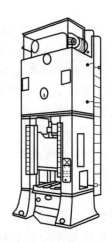

图 1-10　开式压力机　　　　　　　　　图 1-11　闭式压力机

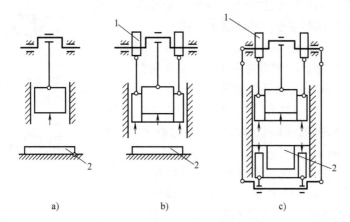

a)　　　　　　　　　b)　　　　　　　　　c)

图 1-12　压力机按滑块数目分类示意图

a）单动压力机　b）双动压力机　c）三动压力机

1—凸轮　2—工作台

在选择压力机时，一般情况下，小型冲压件可选用开式机械压力机；大、中型冲压件可选用双柱闭式机械压力机；采用导板模或要求导套不离开导柱的模具时，可选用偏心压力机；大批量生产的冲压件可选用高速压力机或多工位自动压力机；校平、整形和温热挤压工序可选用摩擦压力机；薄板冲裁、精密冲裁可选用刚度高的精密压力机；大型、形状复杂的拉深件可选用双动或三动压力机；小批量生产的大型厚板件的成形工序多采用液压机。

（3）曲柄压力机的主要技术参数　技

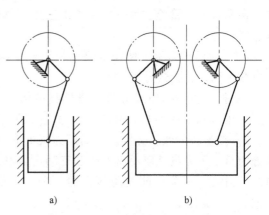

a)　　　　　　　　　b)

图 1-13　压力机按连杆数目分类示意图

a）单点压力机　b）双点压力机

术参数反映压力机的工艺性能和应用范围，是选用压力机和设计模具的主要依据。

1）公称力 F 及公称力行程 h_a。公称力是指滑块在工作行程内所允许承受的最大负荷，而滑块必须在到达下死点前某一特定距离之内允许承受公称力，这一特定距离称为公称力行程 h_a，公称力行程所对应的曲柄转角称为公称力角 α。例如 JC23-63 压力机的公称力为 630kN，公称力行程为 8mm，即指该压力机的滑块在下死点前 8mm 之内，允许承受的最大压力为 630kN。

公称力是压力机的主要技术参数。国产压力机的公称力已经系列化，如 160kN、200kN、250kN、315kN、400kN、500kN、630kN、800kN、1000kN、1600kN、2500kN、3150kN、4000kN、5000kN、6300kN 等。

图 1-14 所示为压力机许用压力曲线，曲线 2、3 分别表示冲裁、拉深的实际冲压力曲线。由图 1-14 可知，冲压力的大小是随凸模（或压力机滑块）的行程而变化的，两种工艺的实际冲压力曲线不同步，与压力机许用压力曲线也不同步。在冲压过程中，凸模在任何位置所需的冲压力应小于压力机在该位置所发出的冲压力。曲线 3 的最大拉深力虽然小于压力机的最大公称力，但大于曲柄旋转到最大拉深力位置时压力机所发出的冲压力，也就是说，拉深力曲线不在压力机许用压力曲线范围内，故应选用比曲线 1 所示压力更大吨位的压力机。

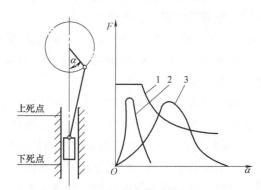

图 1-14 压力机许用压力曲线
1—压力机许用压力曲线 2—冲裁工艺冲裁力实际变化曲线
3—拉深工艺拉深力实际变化曲线

因此，为保证冲压力足够，一般冲裁、弯曲时，压力机的吨位应比计算的冲压力大 30% 左右；拉深时，压力机吨位应比计算出的拉深力大 60%~100%。

2）滑块行程 S。滑块行程是指滑块从上死点运动到下死点所经过的距离，其值为曲柄半径的两倍。滑块行程 S 的大小反映了压力机的工作范围。行程大，可压制高度较大的零件，但压力机造价增高，且工作时模具的导柱、导套可能分离，影响冲压件的精度和模具寿命。因此，滑块行程并非越大越好，应根据设备规格大小兼顾冲压生产时的送料、取件及模具寿命等因素确定。为了满足实际生产需要，有些压力机的滑块行程是可调的。

选择压力机时，滑块行程 S 应保证毛坯能顺利地放入模具和冲压件能顺利地从模具中取出，特别是成形拉深件和弯曲件时，应使滑块行程 S 大于制件高度的 2.5 倍。

3）滑块行程次数 n。滑块行程次数是指滑块每分钟往复运动的次数。对于连续作业，它就是每分钟生产冲压件的个数。所以，行程次数越大，生产率就越高，但行程次数超过一定数值后，必须配备自动送料装置。生产中应根据材料的变形要求和生产率来考虑滑块行程次数。

4）闭合高度 H 与装模高度 H_1。压力机的闭合高度 H 是指滑块处于下死点位置时，滑块底面至工作台上表面之间的距离。当闭合高度调节装置将滑块调整到最高位置时（即当连杆调至最短时），闭合高度达到最大值，称为最大闭合高度 H_{max}。反之，当滑块调整到最低位置时（即当连杆调至最长时），闭合高度达到最小值，称为最小闭合高度 H_{min}。闭合高度调节装置所能调节的距离，称为闭合高度调节量 ΔH。

压力机的装模高度是指滑块处于下死点时，滑块底面至工作台垫板上表面之间的距离。显然，闭合高度与装模高度之差即等于工作台垫板的厚度 T。装模高度和闭合高度均表示压力机所能使用的模具高度。模具的闭合高度 H_m（模具闭合时，上模座的上平面至下模座下平面之间的距离）应小于压力机的最大装模高度或最大闭合高度。

5）工作台面与滑块底面尺寸。工作台（或垫板）上表面与滑块底面尺寸均以"左右（长度）×前后（宽度）"的形式表示，如图 1-15 中的 $A×B$ 和 $F×E$，这些尺寸决定了模具平面轮廓尺寸的大小。

工作台面的长、宽尺寸应大于模具下模座的相应尺寸，且每边留出 60~100mm，以便于安装固定模具用的螺栓、垫铁和压板。

6）工作台孔尺寸 $A_1×B_1$ 或 D_1。压力机的工作台孔呈方形或圆形，或同时兼具两种形状，其尺寸用 $A_1×B_1$（长度×宽度）或 D_1（直径）表示，如图 1-15 所示。该尺寸空间用于向下出料或安装模具顶件装置。

当冲压件或废料需下落时，工作台孔尺寸必须大于下落件的尺寸。对于有顶件装置的模具，工作台孔尺寸还应大于顶件装置的外形尺寸。

7）模柄孔尺寸。模柄孔用于安装或固定模具的上模，其尺寸用 $d×l$（直径×孔深）表示。中小型模具的上模一般都是通过模柄固定在压力机滑块上的，此时模柄尺寸应与模柄孔尺寸相适应，模柄孔的深度应大于模柄的长度。大型压力机没有模柄孔，而是开设 T 形槽，用 T 形槽螺钉紧固上模。

8）立柱间距 A' 与喉深 C。立柱间距是指双柱式压力机两立柱内侧之间的距离。对于开式压力机，其值主要关系到向后侧送料或出件机构的安装。对于闭式压力机，其值直接限制了模具和加工板料的最宽尺寸。

喉深是指从模柄孔中心线至机身内侧面的距离，是开式压力机特有的参数，如图 1-15 所示。

对于常用国产压力机的主要技术参数，设计选用时可参考相关模具设计手册。

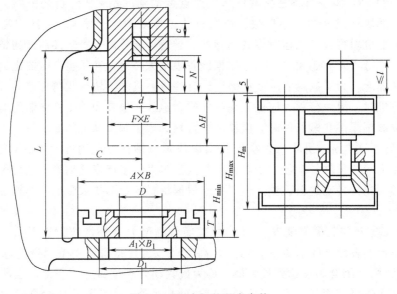

图 1-15　压力机的基本参数

【任务实施】

1. 汽车闪光器支架材料的种类和性能

该支架所用材料 Q235 属于黑色金属，为普通碳素结构钢。Q 是材料的屈服强度"屈"字汉语拼音首字母，"235"是指材料的上屈服强度值（MPa），即 235MPa。Q235 含碳量适中，属低碳钢，其综合性能较好，强度、塑性和焊接性等性能配合较好，用途广泛。

经查附录 D 可知，Q235 的抗剪强度 $\tau_b = 310 \sim 380$MPa，抗拉强度 $R_m = 370 \sim 500$MPa，上屈服强度 $R_{eH} = 235$MPa，这些数据将是计算冲压力的依据。

2. 汽车闪光器支架冲压基本工序分析

对于图 1-1 所示的汽车闪光器支架，料厚 $t = 1.5$mm，由于材料的综合性能较好，制件结构简单，尺寸精度和表面粗糙度要求一般，符合冲压成形工艺要求。成形过程中所需的冲压基本工序为：①12mm×55.4mm 坯料采用落料工序；②$\phi2.6$mm、$\phi6$mm 孔采用冲孔工序；③$R2$mm 处弯角采用弯曲工序。

思　考　题

1. 什么是冲压？冲压加工的三要素是什么？冲压加工有何特点？
2. 冲压基本工序的分类方法有哪些？列举三个主要工序，并说明其应用。
3. 金属板料的牌号 Q235 中包含了材料哪些方面的信息？
4. 冲压对材料的基本要求有哪些？
5. 冲压设备与模具的关系包括哪几个方面？
6. 简述如何选择冲压设备。

项目二　冲裁模的拆装与设计

　　冲裁是利用安装在压力机上的模具使板料产生分离的冲压工序。冲裁工序的种类有落料、冲孔、切断、修边、切舌、剖切等，其中落料和冲孔是两道最基本的冲裁工序。冲裁所使用的模具称为冲裁模，冲裁模是板料成形过程中必不可少的工艺装备。

　　排样设计是冲裁模设计前必不可少的工艺设计环节，设计冲裁模时，还必须经过冲裁模刃口尺寸计算、冲裁力的计算等工艺计算过程，以便确定合适的模具零件和冲压设备。

　　在介绍冲裁模设计知识点之前进行冲裁模的拆装实验，解决了学生空间想象不足而难以读懂模具图的问题，通过实验学生可以很直观地了解模具的结构，初步体验模具拆装的过程及要求，为今后冲裁模知识点的学习做好铺垫。

　　本项目以冲裁模的拆装和设计为任务驱动，在完成任务的过程中，使学生逐渐了解冲裁模的结构组成和型式，以达到能运用模具设计方法正确设计模具的目的。

任务一　单工序模的拆装

》》【学习目标】

1. 掌握简单冲裁模的结构和工作原理。
2. 初步掌握冲压模具拆装的要点。
3. 掌握典型模具的拆装方法。
4. 培养学生团结合作、分析并解决问题的基本能力。

》》【任务导入】

　　本任务主要介绍无导向单工序冲裁模的拆装工艺和方法，使学生重点掌握单工序冲裁模的拆装工艺过程，理解冲裁模的工作原理和结构，对冲裁模有良好的感性认识，为单工序冲裁模结构设计打下基础。

　　图 2-1 所示为无导向单工序落料模装配图，图 2-2 所示为无导向单工序落料模实体结构。该模具主要由模架、落料凸模、落料凹模和卸料装置等组成。其结构特点为上模、下模无导向，结构简单，制造容易，成本低；但安装和调整凸、凹模之间的间隙较麻烦，冲裁件质量差，模具寿命低，操作不够安全。因而，无导向单工序冲裁模适用于冲裁精度要求不高、形状简单、批量小的冲裁件。

　　该模具的工作零件为凸模 3 和凹模 1；定位零件为两个导料板 9 和定位板 13，导料板 9

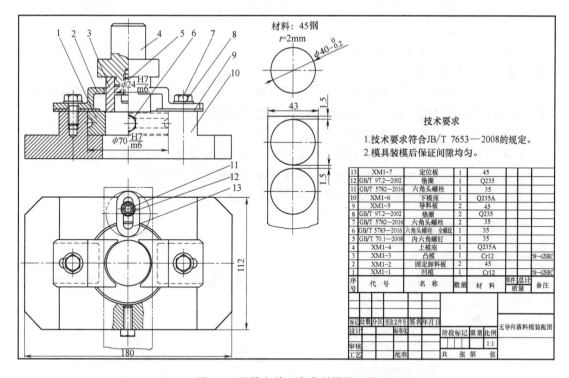

材料：45钢
t=2mm
$\phi40^{0}_{-0.2}$

技术要求

1. 技术要求符合JB/T 7653—2008的规定。
2. 模具装模后保证间隙均匀。

序号	代 号	名 称	数量	材 料	单件质量	总计质量	备注
13	XM1-7	定位板	1	45			
12	GB/T 97.2-2002	垫圈	1	Q235			
11	GB/T 5782-2016	六角头螺栓	1	35			
10	XM1-6	下模座	1	Q235A			
9	XM1-5	导料板	2	45			
8	GB/T 97.2-2002	垫圈	2	Q235			
7	GB/T 5782-2016	六角头螺栓	2	35			
6	GB/T 5783-2016	六角头螺栓 全螺纹	1	35			
5	GB/T 70.1-2008	内六角螺钉	1	35			
4	XM1-4	上模座	1	Q235A			
3	XM1-3	凸模	1	Cr12			58~62HRC
2	XM1-2	固定卸料板	1	45			
1	XM1-1	凹模	1	Cr12			58~62HRC

标记	处数	分区	更改文件号	签名	年月日			
设计			标准化			阶段标记	重量	比例	无导向落料模装配图
审核								1:1
工艺			批准			共　张第　张		

图 2-1　无导向单工序落料模装配图

1—凹模　2—固定卸料板　3—凸模　4—上模座（模柄）　5—螺钉　6、7、11—螺栓
8、12—垫圈　9—导料板　10—下模座　13—定位板

对条料送进起导向作用，定位板 13 限制条料的送进距离；卸料零件为两个固定卸料板 2；支承零件为上模座（模柄）4 和下模座 10；此外还有紧固螺钉等。上、下模之间没有直接导向关系，分离后的冲裁件靠凸模直接从凹模洞口被依次推出，箍在凸模上的废料由固定卸料板刮下。

图 2-2　无导向单工序落料模实体结构

该模具具有一定的通用性，通过更换凸模和凹模，调整导料板、定位板和卸料板的位置，可以冲裁不同尺寸的冲裁件。另外，改变定位零件和卸料零件的结构，还可将其用于冲孔，即成为冲孔模。

【相关知识】

单工序冲裁模是指压力机在一次行程中只完成一道冲裁工序的冲模。

一、模具拆装安全操作规范

在拆装过程中，安全是第一要求，应严格按照规范进行操作。以下是针对学校拆装实验室的一些常用安全操作规范。

1）拆装前按规定穿好工作服，不允许穿拖鞋、凉鞋进入实验室，遵守一般钳工常用工具安全操作规程。

2）使用工具前应检查其完好程度，不准使用有缺陷的拆装工具，不能用拆装工具玩耍、打闹，以免伤人。

3）拆下的零件要按顺序分类摆放整齐，不要乱丢乱放；零件放稳、放好，以防因滑落或倾倒砸伤人而出现事故。

4）两人以上同时拆装和搬运模具时，应密切配合，动作协调；搬运时，要严格执行有关操作规程；传递物件要小心，不得随意投掷，以免伤及他人。

5）拆卸弹簧时，要防止弹簧弹出伤人。

6）拆装模具零件的过程中，不能降低零件的精度和表面质量，不能损坏、丢失零件。

7）模具在搬运过程中要轻拿轻放，行进中要平衡缓慢，以免倾翻。

8）实验室卫生及物品放置应符合学院的"7S"要求。

二、模具拆装常用工量具

1. 冲压模具拆装常用工具

冲压模具拆装的常用工具有：台虎钳、活扳手、内六角扳手、螺钉旋具、平行垫铁、锤子、铜棒、锉刀、钢丝钳等，如图 2-3 所示。

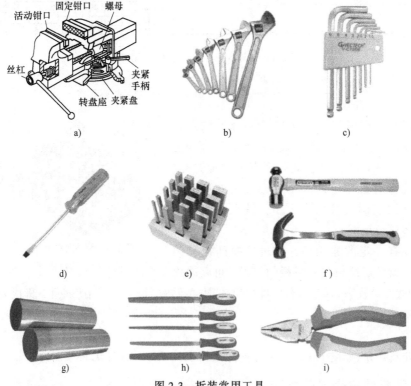

图 2-3　拆装常用工具

a）台虎钳　b）活扳手　c）内六角扳手　d）螺钉旋具　e）平行垫铁　f）锤子　g）铜棒　h）锉刀　i）钢丝钳

2. 冲压模具拆装常用量具

冲压模具拆装的常用量具有：钢直尺、卡钳、塞尺、90°角尺、游标卡尺、千分尺、百分表等。

（1）钢直尺 图 2-4 所示是常用的 150mm 钢直尺。

图 2-4 150mm 钢直尺

（2）卡钳 卡钳是一种间接测量长度的工具，图 2-5 所示是常见的两种内、外卡钳。

（3）塞尺 图 2-6 所示为塞尺。

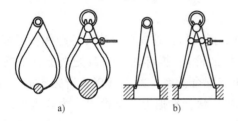

图 2-5 卡钳

a）内卡钳 b）外卡钳

图 2-6 塞尺

（4）90°角尺 90°角尺如图 2-7 所示。测量时，注意角尺不能歪斜，如图 2-8 所示。

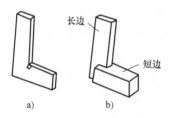

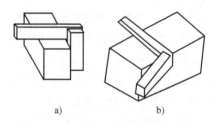

图 2-7 90°角尺

a）刀口角尺 b）宽座角尺

图 2-8 用角尺测量工件示意图

a）正确 b）不正确

（5）游标卡尺 现在使用比较广泛的是便于读数的带表游标卡尺和数显游标卡尺，如图 2-9、图 2-10 所示。

图 2-9 带表游标卡尺

图 2-10 数显游标卡尺

（6）千分尺 千分尺如图 2-11 所示。

（7）百分表 百分表如图 2-12 所示。

图 2-11　外径千分尺

图 2-12　百分表

三、冲压模具拆装要点

1. 冲压模具拆卸要点

模具拆装是模具制造及维护过程中的重要环节。拆卸前，首先要分清可拆卸件和不可拆卸件（如导柱与下模座、导套和上模座等为不可拆卸件）；拆卸时，一般先把上、下模分开，熟悉其工作原理，各零部件的名称、作用及相互配合关系，并了解模具所完成的工序、工步排列顺序（级进模），以及坯料和工序件的结构形状；再把上、下模中作为紧固用的螺钉拧松，再打出销钉，用拆卸工具将模具分解为各组件，再将组件分解为单个零件，使可拆卸件全部分离。

拆卸时，应遵守模具拆装安全操作规范。拆卸的一般原则为：

1）对于模具的拆卸工作，应按照各模具的具体结构，预先掌握拆卸顺序。如果先后倒置或猛拆猛敲，极易造成零件损伤或变形，严重时还将导致模具难以装配复原。

2）对于模具的拆卸顺序，一般应先拆外部附件，然后再拆主体部件。在拆卸部件或组件时，应按照先外后内、从上到下的顺序，依次拆卸组件或零件。

3）拆卸时，对容易产生位移而又无定位的零件，应做好标记或拍照。各零件的安装方向也需辨别清楚，并做好相应的标记，以免在装配复原时浪费时间。

4）对于精密零件，如凸模、凹模等，应放在专用的盘内或单独存放，以防碰伤工作部分。拆卸下来的零件应及时清洗、润滑，以免生锈腐蚀。

2. 冲压模具装配要点

模具的装配顺序基本上与拆卸顺序相反，其装配工艺过程主要是：根据模具的结构和类型，按照模具技术要求和各零件间的相互关系，将合格的零件按一定的顺序连接固定为组件、部件，直至装配成合格的模具。

装配前，应先对整副模具结构有个初步了解，看懂装配图及其装配技术要求；装配时，应在平整、干净的平台上进行；所有装配的零部件（包括标准件）均应经检验合格，且经清洗擦拭干净，有配合要求的零部件在装配时需润滑。

（1）合理选择装配方法　冲压模具的装配方法主要有直接装配法和配作装配法。对于模具拆装实验室中所拆装的模具，可采用直接装配法。

（2）合理选择装配顺序

1）无导向装置的冲压模具。这类冲压模具使用时是安装到压力机上以后再进行调整的，因此，上模、下模的装配顺序没有严格要求，一般可分别进行装配。

2）有导向装置的冲压模具。其装配方法和顺序可按下述方法进行：

① 安装下模。先将凹模放在下模座上，找正位置后再将凹模用螺钉、销钉紧固在下模

座上。

② 将装配后的凸模与其固定板组合，放在下模上，并用垫块垫起，将凸模导入凹模孔内，找正间隙并使其均匀，然后用螺钉、销钉或压板紧固。

③ 将上模座、垫块和凸模固定板组合，用夹钳夹紧后，轻拧螺钉，但不要拧紧。

④ 将导套轻轻套在下模的导柱上，查看凸模可否自如地进入凹模孔，并进行间隙调整，使之均匀。

⑤ 间隙调整均匀后将螺钉拧紧。取下上模后打入销钉并安装其他辅助零件。

以上安装顺序并不是一成不变的，在实际拆装工作中，应根据冲压模具的结构、操作者的经验和习惯采取合理的顺序进行装配，但都是围绕基准件来组装其他零件。

(3) 合理选择装配基准 一般来说，在装配前，应选择装配基准件，通过基准件再依次安装其他零件。原则上应按照冲压模具主要零部件加工时的依赖关系来确定基准件。装配时，可作为基准件的有导板、固定板、凸模、凹模、凸凹模等。

1) 一般情况下，导板模以导板作为装配基准件，复合模以凸凹模作为装配基准件，级进模以凹模作为装配基准件。

2) 以导板（卸料板）作为基准件进行装配时，应通过导板的导向将凸模装入固定板，再装上模座，然后再装下模的凹模及下模座。

3) 对于级进模（连续模），为了便于准确调整步距，在装配时应先将拼块凹模装入下模座，然后再以凹模定位反装凸模，并将凸模通过凹模定位装入凸模固定板中。

4) 装配模具的工作零件及与装配基准件有装配关系的零部件时，一般情况下，先装下模，再装上模。

(4) 装配注意事项 在冲压模具的装配过程中，为确保其有一定的装配精度，能维持应有的使用寿命，要注意以下相关事项：

1) 需用干净的棉纱擦拭零件的配合面。

2) 装配有定位销定位（一般为过渡配合）的零件时，应先安装定位销再拧紧螺钉紧固。用铜棒敲打销钉时，要注意受力的平稳性，防止卡死。

3) 装配导柱、导套时，需对安装孔进行全面清理，不可有任何异物；安装时不可出现倾斜，不可用铜棒强行敲入。

4) 安装模板时，要注意平稳性，不能让模板单侧受力；紧固时，四侧螺钉轮流拧动，不可一颗螺钉一直拧到咬紧再拧下一颗。

5) 上、下模刃口配合时，要缓慢进行，以防刃口损坏。

6) 冲压模具的安装基面应平整光滑，螺钉、销钉头部不能高出安装基面，并无明显毛刺和击伤痕迹。

四、冲压模具装配的工艺流程

根据冲压模具装配的内容，在总装前应选好装配的基准件，安排好上、下模的装配顺序，再进行组件的装配、调整，最后进行总装。在装配过程中，须做好以下几个环节的工作。

1. 准备工作

1) 阅读装配图和工艺文件。

2）清点零件、标准件及辅助材料。

2．装配工作

按装配模具的结构内容，装配工作一般可分为组件装配和总体装配。

（1）组件装配 组件装配是把两个或两个以上的零件按照装配要求进行连接，使之成为一个组件的局部装配工作，简称组装，如冲压模具中的凸（凹）模与固定板的组装、顶料装置的组装等。

（2）总体装配 总体装配是把零件和组件通过连接或固定，使之成为模具整体的装配工作，简称总装。

3．检验

检验是一项不可缺少的重要工作，它贯穿于整个工艺过程。其目的是控制和减小每个环节的误差，最终保证模具整体装配的精度要求。

【任务实施】

一、单工序冲裁模的拆卸

1．模具与工具的准备

选取图 2-1 所示的无导向单工序落料模作为拆卸对象，学生 4～6 人为一组进行分组实验，利用相关拆装工具（如平行垫块、内六角扳手、螺钉旋具、铜棒等）进行拆卸。

搬运模具时，上、下模应处于合模状态，应使用双手搬运，注意轻拿稳放，模具要竖直放置在等高垫块上。模具拆卸前，必须检查工具是否正常，并按所用工具安全操作规程进行操作。

2．单工序冲裁模分析

将所要拆卸的模具放置在钳工台上，按照图 2-1 所示的模具结构图分析所拆卸模具的类型和工作原理，以及模具零件的组成和作用（详见后续设计部分）。

3．模具拆卸方案的制订

首先分析模具零件的配合关系，再制订拆卸方案。对照图 2-2 可知，本任务中凸模和上模座、凹模和下模座的配合为过渡配合且采用螺钉固定，所以各零件都可拆卸。先分开上模、下模部分，再拆下模部分，最后拆上模部分。

4．拆卸任务的实施

无导向单工序落料模的拆卸步骤及要点见表 2-1。

表 2-1 无导向单工序落料模的拆卸步骤及要点

步骤	任务	要求及注意事项	工具	拆装图片
1	草绘模具结构图	画出模具闭合状态下的主、俯视图，以便了解模具的具体结构	铅笔、纸张	
2	分开上、下模	模具在加工装配时，都会在模板同一侧按顺序打标记，所以在分开模具前，应认真观察模板原有标记号的位置。为确保装配时不出错，也可以用粉笔或记号笔在模板上做标记或拍照留证，并在拆卸时按顺序整齐地摆放在钳工台的两侧 把模具放在钳工台上，使上、下模分离	铜棒、粉笔、记号笔	

（续）

步骤	任务	要求及注意事项	工具	拆装图片
3	拆卸下模部分	将下模部分的固定卸料板、导料板上的两个螺钉用扳手拧出	活扳手、内六角扳手	
		取下垫圈、卸料板和导料板		
		拧出定位板螺钉,取下定位板	活扳手、内六角扳手	
		拧出凹模紧定螺钉,将下模座倒置于垫块上,用铜棒轻敲取出凹模	铜棒、活扳手、内六角扳手	
4	拆卸上模部分	拧出凸模紧定螺钉,将凸模和模柄分开	内六角扳手	

完成冲压模具零件明细表的填写，见表 2-2。

表 2-2　冲压模具零件明细表

零件类别	序号	名称	数量	规格	备注
工作零件					
定位零件					
卸料与出件零件					
导向零件					
支承与固定零件					
紧固件及其他零件					

二、单工序冲裁模的装配

模具装配属于单件小批量装配生产类型，特点是工艺灵活性大，工序集中，尽量选用通用的设备和工具；同时，手工操作比重大，要求装配人员有较高的技术水平和多方面的工艺知识。

模具装配是模具制造过程中的一道关键工序，在装配时，既要"装"还要"配"。"装"的前提是组成模具的各零件都要符合设计技术要求。实际上完全符合要求的零件的加工成本是很高的，且模具生产属于单件小批量生产，装配精度要求很高，所以"配作"就显得尤其重要。

模具装配的工艺方法有互换装配法和非互换装配法。由于模具生产属于单件小批量生产，又具有成套性和装配精度高的特点，目前模具的装配以非互换装配法为主。随着模具技术和设备的发展，模具零件制造精度将逐渐满足互换装配法的要求，互换装配法的应用将会越来越多。

1. 单工序冲裁模装配任务的实施

为装配图 2-1 所示的冲裁模，根据其结构和装配要点，可按图样要求将上模、下模分别进行装配，冲裁间隙在冲裁模被安装到压力机上时进行调整，由压力机滑块的导向精度决定。装配前必须先仔细阅读图样，了解所冲压零件的形状、精度要求及模具的结构特点、动作原理和技术要求等，并选择合理的装配方法和顺序。

准备好所拆卸下来的零件及装配用的辅助工具等，装配步骤及要点见表 2-3。

表 2-3 无导向单工序落料模的装配步骤及要点

步骤	任务	要求及注意事项	工具	拆装图片
1	上模装配	将凸模压入上模座凸台(凸缘模柄),拧紧螺钉	铜棒、内六角扳手	
2	下模装配	将凹模压入下模座,直接用螺钉将其固定在下模座上	铜棒、活扳手、内六角扳手	
		用螺钉、垫圈将导料板、卸料板直接固定在下模座上,进行组装,保证导料板间的距离	活扳手、内六角扳手	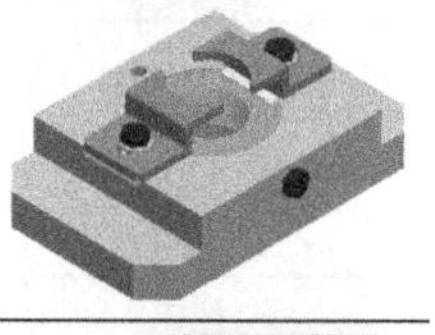
		将定位板用螺钉固定在下模座上,进行组装,保证定位板到凹模的距离(搭边距离)	活扳手、内六角扳手	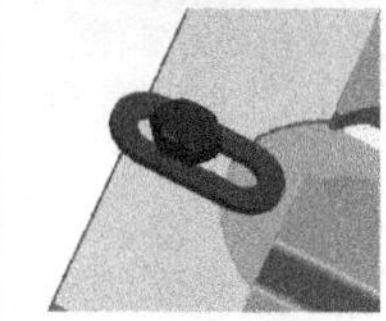
3	检验	对模具各部分进行全面检查		

2. 单工序冲裁模草图的完善

将前述总装草图和非标零件草图进行整理完善，绘制出符合机械制图标准的装配图与零件图。在绘制模具装配图时，要做到图面清晰，结构表达清楚，剖面选择合理，螺钉、销钉等标准件表达合理。

三、单工序冲裁模拆装报告的撰写

无导向单工序落料模拆装实验完成后，按要求撰写实验报告一（附录 A-1）。

任务二 复合模的拆装

【学习目标】

1. 掌握中等复杂冲裁模的组成、结构和工作原理。
2. 基本掌握冲裁模拆装的工艺知识和相关要点。
3. 掌握典型复合模的拆装方法。
4. 培养学生团结合作、分析及解决问题的基本能力。

【任务导入】

本任务主要介绍图 2-13 所示的冲孔落料倒装复合模的拆装工艺和拆装方法，使学生掌握复合模的工作原理、结构及组成，对复合模具有良好的感性认识，为复合冲裁模的结构设计打下基础。

图 2-14 所示为冲孔落料倒装复合模装配图，通过对图样的分析，了解模具的整体结构、分析其动作原理和各零部件的相互位置关系及其在模具中的作用，预先考虑拆装时的方案和方法。

该模具的结构是凹模在上模，凸凹模在下模（起落料凸模和冲孔凹模的作用），上、下模利用导柱和导套导向；推件装置在上模，直接利用压力机滑块上的打杆横梁驱动打杆推件；卸料装置在下模，卸料可靠，便于操作。

图 2-13 冲孔落料倒装复合模结构

该模具的工作过程是：条料由前往后送进模具，导料销控制条料的送料方向，由挡料销挡料定位；上模下行的同时完成冲孔和落料。冲孔废料由冲孔凸模从冲孔凹模孔内直接推出，冲裁件由刚性推件装置（打杆、推板、推杆、推件块）推出并由接料装置接走，箍在凸模外面的带孔条料由弹性卸料装置（卸料板、弹簧、卸料螺钉）卸下，一次冲压结束。这副模具的特点是冲裁件的平面度不高，废料推出比较方便。

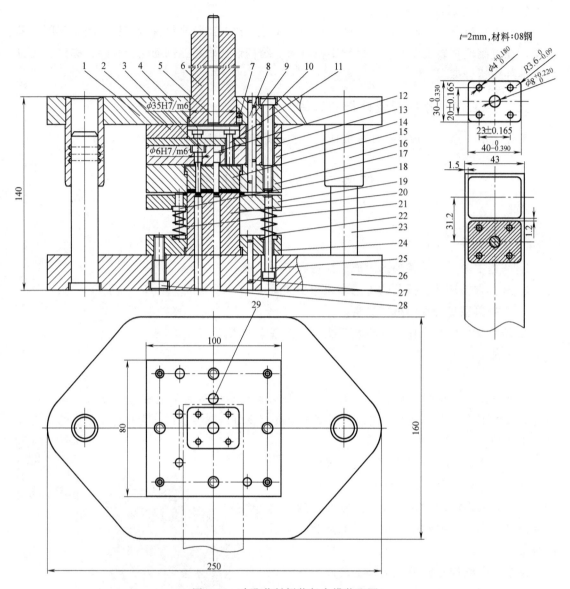

图 2-14 冲孔落料倒装复合模装配图

1—上模座 2—空心垫板 3、12—冲孔凸模 4—推板 5—打杆 6—模柄 7—止转销 8、9、27—销钉 10、28—螺钉
11—推杆 13—垫板 14—凸模固定板 15—推件块 16—导套 17—凹模 18—导料销 19—卸料板
20—凸凹模 21、22—弹簧 23—导柱 24—凸凹模固定板 25—卸料螺钉 26—下模座 29—挡料销

【相关知识】

一、冲压模具模架的装配方法

1. 模架装配的技术要求

1）模架的装配精度应符合国家标准或行业标准（JB/T 8050—2008《冲模模架技术条件》、JB/T 8071—2008《冲模模架精度检查》）规定，导柱和导套的配合间隙见表 2-4，模

具的闭合高度应符合图样的规定要求。

2）模具装配后，上模座沿导柱上下移动时，应平稳且无阻滞现象，导柱与导套的配合间隙应均匀。

表 2-4　导柱和导套的配合间隙（或过盈量）　　　　　（单位：mm）

导柱形式	导柱直径	配合精度		配合后的过盈量
		1 级（H6/h5）	2 级（H7/h6）	
		配合后的间隙值		
滑动配合	≤18	≤0.010	≤0.015	—
	>18~30	≤0.011	≤0.017	
	>30~50	≤0.014	≤0.021	
	>50~80	≤0.016	≤0.025	
滚动配合	>18~30	—	—	0.01~0.02
	>30~50	—	—	0.015~0.025

2. 模柄的装配方法

模柄是中、小型冲压模具用来装夹模具与压力机滑块的连接件，它装配在上模座中。常用的模柄装配方式有以下几种：

（1）压入式模柄的装配　压入式模柄的装配如图 2-15 所示，它与上模座孔采用 H7/m6 过渡配合并加销钉（或螺钉）防止转动。该模柄结构简单，安装方便，应用较广泛。

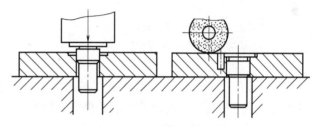

图 2-15　压入式模柄的装配

（2）旋入式模柄的装配　旋入式模柄的装配如图 2-16 所示，它通过螺纹直接旋入上模座而固定，用紧定螺钉防松，装卸方便，多用于一般冲压模具。

（3）凸缘模柄的装配　凸缘模柄的装配如图 2-17 所示，它利用 3~4 个螺钉固定在上模座的凹孔内，其螺钉头不能外凸，多用于较大的模具。

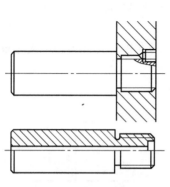

图 2-16　旋入式模柄的装配

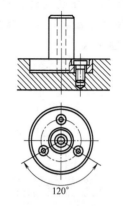

图 2-17　凸缘模柄的装配

3. 导柱和导套的装配方法

导柱、导套按导向方式不同，可以分为滑动导向和滚动导向。

（1）滑动导柱的装配方法　如图 2-18 所示，滑动导柱与下模座孔采用 H7/r6 过渡配合。压入时要注意校正导柱对模座底面的垂直度，注意控制压到底面时留出 1~2mm 的间隙。

（2）滑动导套的装配方法　如图 2-19 所示，滑动导套与上模座孔采用 H7/r6 过渡配合。压入时是以下模座和导柱来定位的，并用千分表检查导套压配部分的内、外圆的同轴度，并使其最大偏差出现在两导套中心连线的垂直位置上，以减小对中心距的影响。达到要求时，将导套部分压入上模座，然后取走下模座，继续把导套的压配部分全部压入。

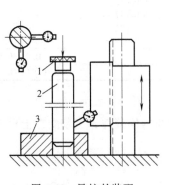

图 2-18　导柱的装配
1—压块　2—导柱　3—下模座

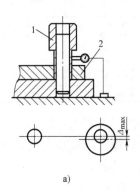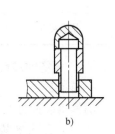

图 2-19　导套的装配
a）装导套　b）压入导套
1—导套　2—上模座

对于冲裁厚度小于 2mm、精度要求不高的中小型模架，可采用黏结剂粘接或低熔点合金浇注的方法进行装配。使用该方法的模架结构简单，便于冲压模具的装配与维修。

（3）滚动导柱、导套的装配　滚动导向模架与滑动导向模架的结构基本相同，所以导柱和导套的装配方法也相同。不同点是在导柱和导套之间装有滚珠（柱）和滚珠（柱）夹持器，形成 0.01~0.02mm 的过盈配合。

二、凸（凹）模的固定方法

凸模（凹模）在固定板上的装配属于组装，是冲压模具装配中的主要工序，直接影响冲压模具的使用寿命和精度。装配的关键技术在于凸、凹模的固定与间隙的控制。

1. 压入固定法

如图 2-20 和图 2-21 所示，将凸模直接压入到固定板的孔中，这是装配中应用最多的一

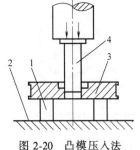

图 2-20　凸模压入法
1—等高垫块　2—平台　3—固定板　4—凸模

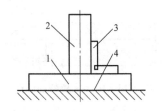

图 2-21　压入时检查
1—固定板　2—凸模　3—角度尺　4—平台

种方法，两者的配合常采用 H7/n6 或 H7/m6。装配后须保证垂直度要求。压入时，为了方便，在凸模压入端上或固定板孔入口处应设计有引导锥部分，长度为 3~5mm 即可。

2. 螺钉紧固法

如图 2-22 所示，将凸模直接用螺钉、销钉固定到模座或垫板上，要求牢固，不许松动。该方法常用于大中型凸模的固定。

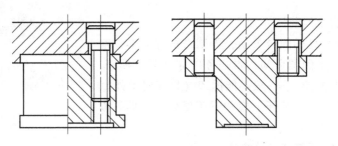

图 2-22　螺钉紧固法

对于直通式快换冲小孔的凸模、易损坏的凸模，常采用侧压螺钉紧固，如图 2-23 所示。

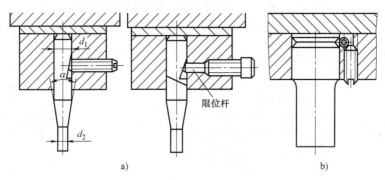

图 2-23　侧压螺钉紧固形式
a) 小凸模　b) 快换凸模

另外，还有铆接固定法、低熔点合金固定法、环氧树脂黏结剂固定法、无机黏结剂固定法等。

【任务实施】

根据凸凹模位置的不同，复合模可以分为正装和倒装两种。复合模的装配方法和装配顺序与单工序冲裁模基本相同，拆卸顺序一般与装配顺序相反，但装配要求应根据模具的具体结构确定。对于正装复合模，一般先装上模，确定凸凹模的位置，然后装下模，在保证间隙均匀的前提下确定凸模及凹模的位置。对于倒装复合模，则先装下模，确定凸凹模的位置，然后装上模，在保证间隙均匀的前提下确定凸模及凹模的位置。最后再安装其他辅助零件。

一、复合冲裁模的拆卸

1. 模具与工具的准备

选取图 2-13 所示的复合冲裁模作为拆卸对象，实物如图 2-24 所示，学生 4~6 人为一组进行分组实验，利用前述相关拆装工具进行拆卸。拆卸时，需注意工具的使用方法，并遵守相关安全操作规程。

2. 复合冲裁模分析

将所要拆装的模具放置在钳工台上，按照图 2-13 所示的模具结构图分析所拆卸模具的类型和工作原理，以及模具零件的组成和作用（详见后续设计部分）。

3. 模具拆卸方案的制订

首先分析模具零件的配合关系，再制订拆卸方案。对照图 2-14 所示模具装配图可知，本任务中导柱与下模座，导套与上模座为过盈配合，一般不能拆卸（损坏时除外），其余各零件均可拆卸。先分开上模和下模部分，再拆下模部分，最后拆上模部分。

4. 拆卸任务的实施

冲孔落料倒装复合模的拆卸步骤及要点见表 2-5。

图 2-24　上、下模分离实物

表 2-5　冲孔落料倒装复合模的拆卸步骤及要点

步骤	任务	要求及注意事项	工具	拆装图片
1	草绘模具结构图	画出模具闭合状态下的主、俯视图，以了解模具的具体结构	铅笔、纸张	
2	分开上、下模	模具在加工装配时，都会在模板同一侧按顺序打标记，所以在分开模具前，应认真观察模板原有标记号的位置。为确保装配时不出错，也可以用粉笔或记号笔在模板上做标记或拍照留证，并在拆卸时按顺序整齐地摆放在钳工台的两侧	铜棒、粉笔、记号笔	
3	拆卸下模部分	将卸料板上的四个卸料螺钉拧出，取下卸料板、导料销、弹簧和挡料销	内六角扳手	
		拧下凸凹模固定板上的四颗螺钉，把下模部分放置于平行垫块上，敲出定位销钉，将固定板和下模座板分开。导柱和下模座为过盈配合，不拆卸	内六角扳手、铜棒、平行垫块	
		用铜棒轻敲，将凸凹模和固定板分开。敲击时用力要均匀，防止损坏刃口	铜棒	

（续）

步骤	任务	要求及注意事项	工具	拆装图片
4	拆卸上模部分	将四颗内六角连接螺钉拧出，用铜棒敲出定位销钉，使上模座和垫板及固定板等分离	内六角扳手	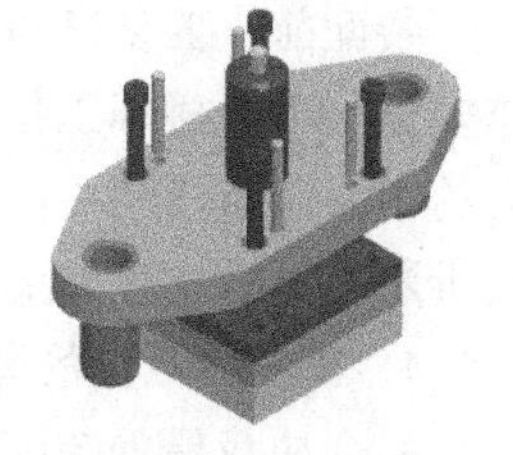
		依次分开落料凹模、凸模固定板、垫板等，拆下卸料装置；导套和上模座为过盈配合，不拆卸；模柄为旋入式，为防止经常拆卸造成紧固螺钉损坏，也不拆卸	内六角扳手、铜棒、平行垫块	
		用铜棒轻敲凸模，分开凸模与固定板	铜棒	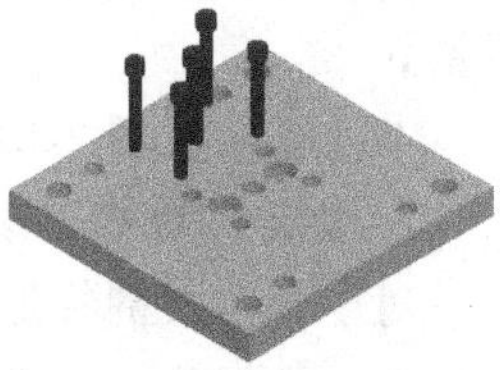

将拆卸下来的模具零件按照顺序依次摆放在钳工工作台上，以便模具装配时使用。完成所拆卸复合冲裁模零件明细表的填写，见表2-6。

表2-6　复合冲裁模零件明细表

零件类别	序号	名称	数量	规格	备注
工作零件					
定位零件					
卸料与出件零件					
导向零件					
支承与固定零件					
紧固件及其他零件					

二、复合冲裁模的装配

装配前，要认真清理场地和工作台，将所需装配的零部件擦拭干净。装配时，要注意操作安全，不要碰坏工作零件的刃口，并保证凸、凹模之间的间隙均匀一致；推出机构推力合力的中心应与模柄中心重合；在工作中打杆不得歪斜，以防工件和废料推不出来，导致小凸模折断；下模中设置的弹性顶出卸料机构应有足够的弹性，并保持工作平稳。

1. 复合冲裁模的装配方法

复合冲裁模的装配一般有直接装配法和配作装配法两种。在装配工艺上，一般多采用配作修配法和调整法来保证装配精度。

采用配作装配法装配时，只需对与装配有关的零件的必要部位进行高精度的加工，而孔位精度则由钳工进行配作，以保证复合模中各零件装配后的正确关系，从而实现能用精度不高的零件达到较高的装配精度。这种方法目前应用较广，但对钳工的技能要求较高。

直接装配法要求复合模中各零件的加工全部按图样要求进行，装配时，只要把零件连接在一起即可。采用这种方法要有先进的高精度的加工设备及测量装置才能保证复合模的质量。

本任务根据图 2-13 所示模具结构，将前述所拆卸下来的零件进行直接装配。

2. 复合冲裁模的装配工艺

对于导柱式倒装复合模，一般先装下模，找正下模中的凸凹模位置，按照冲孔凸模的型孔加工出排料孔。这样既可保证上模中的推出装置与模柄中心对正，又可避免排料孔错位。然后以凸凹模为基准分别调整其与冲孔凸模、落料凹模的冲裁间隙，使之均匀。最后再安装其他辅助零件。

3. 复合冲裁模装配任务的实施

对于图 2-13 所示的冲孔落料倒装复合模，以凸凹模为装配基准，先装下模，再装上模。其装配步骤及要点见表 2-7。

表 2-7　冲孔落料倒装复合模的装配步骤及要点

步骤	任务	要求及注意事项	工具	拆装图片
1	组件装配	将凸模压入凸模固定板内，保证凸模与固定板垂直	平行垫块、铜棒	
		将凸凹模装入凸凹模固定板内，成为凸凹模组件	平行垫块、铜棒	
2	基准件装配	以凸凹模组件为装配基准，将凸凹模固定板和下模座用定位销定位，并拧紧螺钉	铜棒	

（续）

步骤	任务	要求及注意事项	工具	拆装图片
3	下模装配	将弹簧、挡料销放置于凸凹模固定板上，将卸料板套在凸凹模上，装配挡料销，然后拧紧卸料螺钉，敲入定位销钉。装配后，要求卸料装置活动自如，并使卸料板高出凸凹模上端 0.5mm 左右	平行垫块、铜棒、内六角扳手	
4	上模装配	将上模架（含上模座、模柄和导套）放置于等高垫块上（导套朝上），插入打杆；依次放置推板、推杆、垫板、凸模组件，使打杆穿过凸模固定板；对齐各板的销孔位置后用铜棒敲入销钉	平行垫块、铜棒、内六角扳手	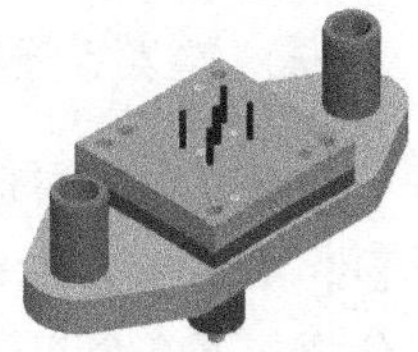
		放置凹模，把推件块放入凹模孔内并插入凸模中；使各板的销孔对齐，用铜棒敲入销钉，拧紧连接螺钉。装配后，推件块推出端面应高出落料凹模端面；推件装置各零件应动作灵活	平行垫块、铜棒、内六角扳手	
5	总装配	以下模为基准装配上模	平行垫块、铜棒	
6	检验	对模具各部分进行一次全面检查。如模具的闭合高度、卸料板上的挡料销与凹模上的避空孔有无问题，模具零件有无错装、漏装、螺钉是否都已拧紧等。发现问题后及时解决		

4. 复合冲裁模草图的完善

经拆装实验之后，学生对模具的具体结构有了更深入的了解，可对已绘制的装配结构草图和零件图进一步完善与修改。将装配草图进行剖视绘制，尽量把模具的所有零件都剖切到，把结构表达清楚，把零件之间的相互配合关系表达清楚，尽量使装配结构草图符合机械制图标准的要求。

三、复合冲裁模拆装报告的撰写

冲孔落料倒装复合模拆装实验完成后，按要求撰写实验报告二（附录 A-2）。

任务三　冲裁工艺分析

【学习目标】

1. 了解冲裁件的变形过程和变形特点。
2. 能运用冲裁件的工艺性分析方法分析冲裁件的质量。
3. 能正确设计零件的冲裁工艺方案。

【任务导入】

图 2-25 所示为 T 形板冲裁件，大批量生产，所用材料为 10 钢，材料厚度 $t = 2.2mm$，试对该零件进行冲裁工艺分析，并确定冲裁工艺方案。

图 2-25　T 形板冲裁件

【相关知识】

一、冲裁变形过程分析

冲裁过程是在瞬间完成的，为了控制冲裁件的质量，就需要分析冲裁时板料分离的实际过程。图 2-26 所示是金属板料的冲裁变形过程，当模具间隙正常时，这个变形过程大致可以分为如下三个变形阶段。

1. 弹性变形阶段

如图 2-26a 所示，当凸模接触板料并下压时，在凸、凹模的压力作用下，板料开始产生弹性压缩、弯曲、拉伸等变形。这时，凸模略挤入板料，板料下部也略挤入凹模孔口，并在与凸、凹模刃口接触处形成很小的圆角。同时，板料稍有翘曲（穷弯），材料越硬，凸、凹模间隙越大，翘曲越严重。随着凸模的下压，刃口附近板料所受的应力逐渐增大，直至达到弹性极限，弹性变形阶段结束。

2. 塑性变形阶段

当凸模继续下压，使板料变形区的应力达到塑性变形条件时，便进入塑性变形阶段，如图 2-26b 所示。这时，凸模挤入板料和板料挤入凹模的深度逐渐加大，产生塑性剪切变形，形成光亮的剪切断面。随着凸模的下压，塑性变形程度增加，变形区材料硬化加剧，变形抗力不断上升，冲裁力也相应增大，直到刃口附近的应力达到抗拉强度时，塑性变形阶段便结束。由于凸、凹模之间间隙的存在，此阶段中冲裁变形区还伴随有弯曲和拉伸变形，且间隙越大，弯曲和拉伸变形越大。

3. 断裂分离阶段

当板料内的应力达到抗拉强度后，凸模再向下压入时，则在板料上与凸、凹模刃口接触的部位先后产生微裂纹，如图 2-26c 所示。裂纹的起点一般在距刃口很近的侧面，且一般首先在凹模刃口附近的侧面产生，继而才在凸模刃口附近的侧面产生。随着凸模的继续下压，已产生的上、下微裂纹将沿最大切应力方向不断地向板料内部扩展，当上、下裂纹重合时，板料便被剪断分离，如图 2-26d 所示。

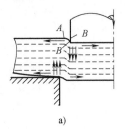 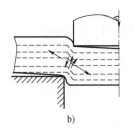 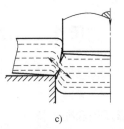 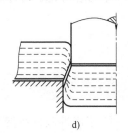

a)　　　　　　　　b)　　　　　　　　c)　　　　　　　　d)

图 2-26　冲裁变形过程

a）弹性变形阶段　b）塑性变形阶段　c）、d）断裂分离阶段

随后，凸模将分离的材料推入凹模孔口，冲裁变形过程便结束。

二、冲裁件的质量分析与控制

1. 冲裁件的质量分析

冲裁件的质量是指冲裁件的断面状况、尺寸精度和形状误差。冲裁件的断面应尽可能垂直、光滑、毛刺小；尺寸精度应保证在图样规定的公差范围内；冲裁件外形应符合图样要求，表面尽可能平直。

影响冲裁件质量的因素很多，主要有材料的性能、冲裁间隙大小及均匀性、刃口锋利程度、模具精度及模具结构型式等。

（1）冲裁件断面特征及其影响因素　　冲裁变形区的应力与应变情况和冲裁件断面情况如图 2-27 所示。图中冲裁件断面存在四个明显的区域性特征，即塌角、光亮带、断裂带和毛刺。

塌角 a：该区域的形成是当凸模刃口压入材料时，刃口附近的材料产生弯曲和拉伸变形，材料被拉入间隙的结果。

光亮带 b：该区域发生在塑性变形阶段，当刃口切入材料后，材料受刃口侧面的剪切和挤压作用而形成光亮垂直的断面。光亮带越宽，说明断面质量越好，通常光亮带占全断面的 $1/3 \sim 1/2$。

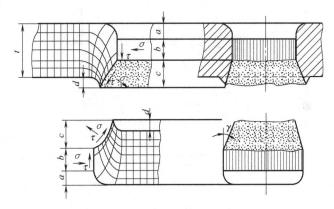

图 2-27　冲裁变形区的应力与应变情况和冲裁件的断面情况

断裂带 c：该区域是在断裂分离阶段形成的，是由刃口附近的微裂纹在拉应力作用下不断扩展而形成的撕裂面。其断面粗糙，且向材料体内倾斜，故对一般应用的冲裁件并不影响其性能。

毛刺 d：该区域开始于塑性变形阶段，形成于断裂分离阶段，它是由于裂纹的起点不在刃口，而是在刃口附近的侧面上而自然形成的。当凸、凹模刃口磨钝后，即使冲裁间隙值合理，也会在冲裁件上产生毛刺。在普通冲裁中，毛刺是不可避免的；冲裁间隙合适时，毛刺的高度可控制到很小，并易于除去。

影响冲裁件的断面质量的主要因素如下：

1）材料力学性能的影响。材料塑性好，冲裁时裂纹较迟出现，材料剪切的深度也大，所得断面中光亮带所占比例大，断裂带较小，但是塌角、毛刺也较大。对于塑性差的材料，情况相反。

2）冲裁间隙的影响。冲裁间隙是影响冲裁件断面质量的主要因素。当间隙合适时，凸、凹模刃口附近沿最大切应力方向产生的裂纹在冲裁过程中能会合，此时断面比较平直光滑，毛刺较小，断面质量较好，如图 2-28a 所示。

当间隙过小时，变形区内弯矩小，压应力成分高，裂纹的产生受到抑制而推迟。凸模刃口处的裂纹相对凹模刃口处的裂纹向外错开，上、下裂纹不重合，在两条裂纹之间的材料将被第二次剪切。当上裂纹压入凹模时，受到凹模壁的挤压产生第二光亮带或断续的小光亮块，同时，部分材料被挤出，在表面形成薄而高的毛刺，如图 2-28b 所示。

当间隙过大时，材料内的拉应力增大，使得拉伸断裂发生较早，导致断面中光亮带减小，断裂带增大，且塌角、毛刺也较大，冲裁件翘曲增大。同时，上、下裂纹也不重合，凸模刃口处的裂纹相对凹模刃口处的裂纹向内错开了一段距离，使断裂角增大，断面质量不理想，如图 2-28c 所示。

3）模具刃口状态的影响。模具刃口状态对冲裁过程中的应力状态及冲裁件的断面质量有较大的影响。刃口越锋利，拉力越集中，毛刺越小。当刃口磨钝后，压应力增大，毛刺也增大。毛刺按照磨钝后的刃口形状，成为根部很厚的大毛刺。因此，凸、凹模磨钝后，应及时修整凸、凹模的工作端面，使刃口保持锋利状态。

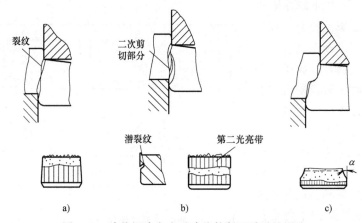

图 2-28　冲裁间隙大小对冲裁件断面质量的影响

当凸模刃口磨钝后，会在落料件上端产生毛刺，如图 2-29a 所示；当凹模刃口磨钝后，会在冲孔件的孔口下端产生毛刺，如图 2-29b 所示；当凸模和凹模刃口同时磨钝后，冲裁件上、下端分别产生毛刺，如图 2-29c 所示。因刃口磨钝产生的毛刺根部很厚，并且随着磨钝量的增大，毛刺会不断地增高，因此出现这种情况时，应及时停止生产。

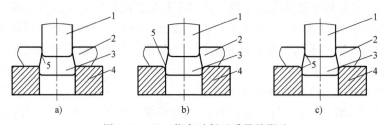

图 2-29　刃口状态对断面质量的影响

1—凸模　2—冲孔件　3—落料件　4—凹模　5—粗大的毛刺

（2）冲裁件的尺寸精度　冲裁件的尺寸精度是指冲裁件的实际尺寸与图样标注的公称尺寸之差。差值越小，精度越高。冲裁件的尺寸精度与许多因素有关，如冲裁模的制造精度、材料性质和冲裁间隙等。影响冲裁件尺寸精度的主要因素如下。

1）冲裁模的制造精度对冲裁件尺寸精度有直接影响。冲裁模的精度越高，冲裁件的尺寸精度也越高。一般情况下，冲裁模的制造精度要比冲裁件的尺寸精度高 2~4 级。冲裁模的制造精度与冲裁模的结构、加工、装配等多方面因素有关。冲裁模制造精度与冲裁件尺寸精度的关系见表 2-8。

表 2-8　冲裁模制造精度与冲裁件尺寸精度的关系

冲裁模制造精度	冲裁件尺寸精度									
	板料厚度 t/mm									
	0.5	0.8	1.0	1.5	2	3	4	5	6	8
IT6～IT7	IT8	IT8	IT9	IT10	IT10	—	—	—	—	—
IT7～IT8	—	IT9	IT10	IT10	IT12	IT12	IT12	—	—	—
IT9	—	—	—	IT12	IT12	IT12	IT12	IT12	IT14	IT14

由于模具加工技术的不断提高，实际生产中已不再强调模具制造精度与工件尺寸精度之间的关系。通常的模具加工设备都能保证模具的加工精度达到标准公差等级 IT7～IT6，已能足够保证普通冲压产品的精度。

2）材料的性质对该材料在冲裁过程中的弹性变形量有很大影响。对于比较软的材料，弹性变形量较小，冲裁后的回弹值也小，因而零件精度高。而对于硬的材料，情况正好与此相反。

3）冲裁间隙。当间隙过大时，板料在冲裁过程中将产生较大的拉伸与弯曲变形，冲裁后因材料弹性回复，而使冲裁件尺寸向实体方向收缩。对于落料件，其尺寸将会小于凹模刃口尺寸；对于冲孔件，其尺寸将会大于凸模刃口尺寸。但因拱弯的弹性回复方向与以上情况相反，故偏差值是二者的综合结果。当间隙过小时，则板料在冲裁过程中除剪切外还会受到较大的挤压作用，冲裁后材料的弹性回复使冲裁件尺寸向实体的反方向胀大。对于落料件，其尺寸将会大于凹模刃口尺寸；对于冲孔件，其尺寸将会小于凸模刃口尺寸。

（3）冲裁件的形状误差及其影响因素　冲裁件的形状误差是指翘曲、扭曲、变形等缺陷。冲裁件呈曲面不平的现象称为翘曲，它是由间隙过大、弯矩增大、变形区拉伸和弯曲成分增多而造成的。另外，材料的各向异性和卷料未矫正等因素也会导致翘曲。冲裁件呈扭歪的现象称为扭曲，它是由于材料表面不平、冲裁间隙不均匀、凹模对材料摩擦不均匀等造成的。冲裁件的变形是由于坯料的边缘冲孔或孔距太小等原因导致侧向挤压而产生的，如图 2-30 所示。

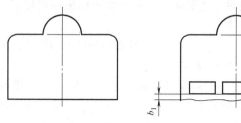

图 2-30　孔间距和孔边距过小引起变形

2. 冲裁件的质量控制

从上述影响冲裁件质量的因素可知，要想控制冲裁件的质量，就需要控制影响冲裁件质量的各关键要素。

（1）模具工作部分尺寸偏差的控制　模具工作部分尺寸偏差的大小直接影响冲裁件的尺寸和形状，可以通过以下措施进行控制：

1）适当提高模具制造精度。

2）适当增减模具冲裁间隙。

3）保持刃口锋利，及时修理刃磨刃口。

4）改善冲裁时刃口的受力状态。

5）对刃口实施热处理，保证刃口具有足够的硬度和良好的耐磨性。

需要说明的是，不能完全依靠提高模具制造精度来保证冲裁件的精度，当冲裁件有很高的精度要求时，应考虑采用精密冲裁。

（2）冲裁间隙的控制　冲裁间隙合理与否直接影响冲裁件的形状、尺寸和断面质量等。合理的间隙值应在保证冲裁件尺寸精度和断面质量的前提下，综合考虑模具寿命、模具结构、冲裁件的尺寸和形状以及生产条件等因素后确定。具体的间隙值可查阅冲裁间隙表，但对下列情况应做适当调整：

1）同样条件下，冲孔间隙大于落料间隙。

2）冲制孔径小于料厚的孔时，间隙适当放大，以避免细小凸模折断。

3）硬质合金冲裁模的间隙应比钢模的间隙大 30%。

4）采用弹性压料装置时，间隙适当增大。

5）高速冲压时，间隙适当增大。

6）热冲压时，间隙适当减小。

7）斜壁刃口的冲裁间隙应小于直壁刃口的冲裁间隙。

（3）冲裁材料的控制　具有较好塑性的材料将有利于保证冲裁件的质量。但除了选用高塑性的材料外，也应关注材料的品质，如材料性能的均匀性等。而材料的表面质量、力学性能、厚度偏差等可以通过加强检测进行控制。

（4）其他方面因素的控制　其他方面如压力机、模具结构等，应尽量选用具有较高导向精度和床身刚性较好的压力机，并对其进行及时维护和检查；尽量选用有较高导向精度的精密导向模架等。

三、冲裁件的工艺性分析

冲裁件的工艺性是指冲裁件对冲裁工艺的适应性，即冲裁加工的难易程度。良好的冲裁工艺性，是指在满足冲裁件使用要求的前提下，能以最简单、最经济的冲裁方式加工出来。因此，在编制冲压工艺规程和设计模具之前，应从工艺角度分析冲裁件设计得是否合理，是否符合冲裁的工艺要求。工艺分析的结果一定要给出一个明确结论，并指出不适合冲裁或需要调整的部分。

冲裁件的工艺性主要包括冲裁件的结构与尺寸、精度与断面的表面粗糙度、材料等方面。

1. 冲裁件的结构与尺寸

1）冲裁件的结构尽可能简单、对称，尽可能有利于材料的合理利用。如图 2-31 所示，该产品在使用时仅对孔间距有尺寸要求，对外形没有要求，可以对外形适当调整。调整后的结构不仅可以节省材料，而且生产率也可以提高近一倍，使产品的成本大为降低。

2）冲裁件的内、外轮廓转角处尽量避免尖角，应采用圆弧过渡，以便于模具加工，减少热处理开裂，减少冲裁时尖角处的崩刃和过快磨损。一般圆角半径 R 应大于或等于板厚的一半，即 $R \geqslant 0.5t$，如图 2-32 所示。

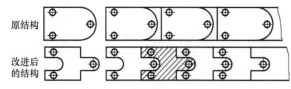

图 2-31　冲裁件的形状改进

 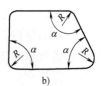

图 2-32　冲裁件圆角

a）冲裁件内轮廓圆角　b）冲裁件的外轮廓圆角

3）尽量避免冲裁件上过于窄长的凸出悬臂和凹槽，否则会降低模具寿命和冲裁件质量。如图 2-33 所示，一般情况下，悬臂和凹槽的宽度 $B \geqslant 1.5t$（t 为料厚，当料厚 $t < 1mm$ 时，按 $t = 1mm$ 时计算）；当冲裁件的材料为黄铜、铝、软钢时，$B \geqslant 1.2t$；当冲裁件的材料为高碳钢时，$B \geqslant 2t$。悬臂的长度和凹槽的深度 $L \leqslant 5B$。

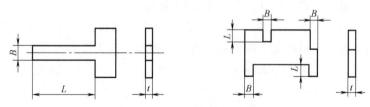

图 2-33　冲裁件的悬臂与凹槽

4）冲孔时，因受凸模强度的限制，孔的尺寸不应太小。冲孔的最小尺寸取决于材料的性能、凸模的强度和模具的结构等。采用无导向凸模和带护套凸模所能冲制的孔的最小尺寸分别参考表 2-9 和表 2-10。

表 2-9　无导向凸模冲孔的最小尺寸

材料	⊘ d	a	a (b)	a (b)
钢（$\tau > 690$MPa）	$d \geqslant 1.5t$	$a \geqslant 1.35t$	$a \geqslant 1.2t$	$a \geqslant 1.1t$
钢（490MPa$< \tau \leqslant 690$MPa）	$d \geqslant 1.3t$	$a \geqslant 1.2t$	$a \geqslant 1.0t$	$a \geqslant 0.9t$
钢（$\tau \leqslant 490$MPa）	$d \geqslant 1.0t$	$a \geqslant 0.9t$	$a \geqslant 0.8t$	$a \geqslant 0.7t$
黄铜、铜	$d \geqslant 0.9t$	$a \geqslant 0.8t$	$a \geqslant 0.7t$	$a \geqslant 0.6t$
铝、锌	$d \geqslant 0.8t$	$a \geqslant 0.7t$	$a \geqslant 0.6t$	$a \geqslant 0.5t$
纸胶板、布胶板	$d \geqslant 0.7t$	$a \geqslant 0.7t$	$a \geqslant 0.5t$	$a \geqslant 0.4t$
硬纸	$d \geqslant 0.6t$	$a \geqslant 0.5t$	$a \geqslant 0.4t$	$a \geqslant 0.3t$

注：τ 为抗剪强度，t 为材料厚度，冲孔最小尺寸一般不小于 0.3mm。

表 2-10　带护套凸模冲孔的最小尺寸

材料	高碳钢	低碳钢、黄铜	铝、锌
圆孔直径 d	$d \geqslant 0.5t$	$d \geqslant 0.35t$	$d \geqslant 0.3t$
长方孔宽度 b	$b \geqslant 0.45t$	$b \geqslant 0.3t$	$b \geqslant 0.28t$

注：t 为材料厚度。

5）冲裁件上孔与孔之间、孔与边缘之间的距离受模具强度和冲裁件质量的制约，其值不应过小，一般要求孔间距 $B \geqslant 1.5t$，孔边距 $A \geqslant 1.5t$，如图 2-34a 所示。在弯曲件或拉深件上冲孔时，为避免冲孔时凸模受水平推力而折断，孔边与直壁之间应保持一定的距离，一般要求 $L \geqslant R + 0.5t$，如图 2-34b 所示。

2. 冲裁件的尺寸精度与断面的表面粗糙度

（1）冲裁件的尺寸精度　冲裁件

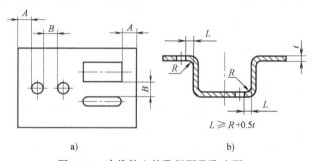

图 2-34　冲裁件上的孔间距及孔边距

a）孔间距和孔边距　b）弯曲件上冲孔的位置

的经济公差等级不高于IT11，一般落料件的公差等级最好低于IT10，冲孔件的公差等级最好低于IT9。冲裁可达到的尺寸公差分别列于表2-11和表2-12。如果冲裁件要求的公差值小于表中数值时，则应在冲裁后进行整修或采用精密冲裁。此外，冲裁件的尺寸标注及基准的选择往往与模具设计密切相关，应尽可能使设计基准与工艺基准一致，以减小误差。

对于冲裁件上未注公差的尺寸，公差按IT14处理。

（2）冲裁件断面的表面粗糙度 冲裁件断面的表面粗糙度及毛刺高度与材料的塑性、厚度、冲裁间隙、刃口锋利程度、冲模的结构、凸模和凹模工作部分的表面粗糙度等因素有关。用普通冲裁方式冲裁厚度为2mm以下的金属板料时，其断面表面粗糙度 Ra 值一般可达12.5~3.2μm。

表 2-11　冲裁件外形与内孔尺寸公差　　　　　　（单位：mm）

材料厚度/mm	一般精度				较高精度			
	零件公称尺寸/mm							
	≤10	>10~50	>50~150	>150~300	≤10	>10~50	>50~150	>150~300
0.2~0.5	0.08/0.05	0.10/0.08	0.14/0.12	0.20	0.025/0.02	0.03/0.04	0.05/0.08	0.08
>0.5~1	0.12/0.05	0.16/0.08	0.22/0.12	0.30	0.03/0.02	0.04/0.04	0.06/0.08	0.10
>1~2	0.18/0.06	0.22/0.10	0.30/0.16	0.50	0.04/0.03	0.06/0.06	0.08/0.10	0.12
>2~4	0.24/0.08	0.28/0.12	0.40/0.20	0.70	0.06/0.04	0.08/0.08	0.10/0.12	0.15
>4~6	0.30/0.10	0.35/0.15	0.50/0.25	1.00	0.10/0.06	0.12/0.10	0.15/0.15	0.20

注：1. 分子为外形尺寸公差，分母为内孔尺寸公差。

　　2. 一般精度的冲裁件采用公差等级为IT8~IT7的普通冲裁模；较高精度的冲裁件采用公差等级为IT7~IT6的精密冲裁模。

表 2-12　冲裁件的孔距尺寸极限偏差　　　　　　（单位：mm）

材料厚度/mm	一般精度			较高精度		
	孔距公称尺寸/mm					
	≤50	>50~150	>150~300	≤50	>50~150	>150~300
≤1	±0.10	±0.15	±0.20	±0.03	±0.05	±0.08
>1~2	±0.12	±0.20	±0.30	±0.04	±0.06	±0.10
>2~4	±0.15	±0.25	±0.35	±0.06	±0.08	±0.12
>4~6	±0.20	±0.30	±0.40	±0.08	±0.10	±0.15

注：适用于本表数值所指的孔应同时冲出。

3. 冲裁件的材料

冲裁件所用的材料，不仅要满足其产品使用性能的要求，还应满足冲裁工艺对材料的基本要求。此外，材料的品种与厚度还应尽量采用国家标准，同时尽可能采取"廉价代贵重，薄料代厚料，黑色代有色"等措施，以降低冲裁件的成本。

必须指出，当冲裁件的结构、尺寸、精度、断面的表面粗糙度等要求与冲裁工艺性发生矛盾时，应与产品设计人员协商研究，并进行必要、合理的修改，力求做到既满足使用要求，又便于冲裁加工，以达到良好的技术经济效果。

【例 2-1】　图 2-35 所示为连接片冲裁件，材料为Q235，料厚为2mm，试分析其冲裁工艺性。

解　1）该冲裁件结构对称，无凹槽、悬臂、尖角等，符合冲裁工艺要求。

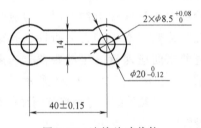

图 2-35　连接片冲裁件

2）Q235 是常用的冲裁用材料，具有良好的冲裁工艺性。

3）由表 2-11 和表 2-12 可知，内孔和外形的精度以及孔距的精度均属于一般精度要求，采用普通冲裁即可冲出。

4）查表 2-9 可知，所冲孔的尺寸满足最小尺寸要求；孔边距和孔间距尺寸满足图 2-34a 所示 $B \geqslant 1.5t$，$A \geqslant 1.5t$ 的要求。

综上分析，该冲裁件的冲裁工艺性良好，适合冲裁。

四、冲裁工艺方案的确定

所谓工艺方案，是指用哪几种基本冲裁工序，按照何种冲裁顺序，以怎样的工序组合方式完成冲裁件的冲裁加工。工艺方案是在工艺分析的基础上结合产品的生产批量确定的，主要解决基本冲裁工序的确定、基本冲裁工序的组合、冲裁工序的安排等问题。

1. 基本冲裁工序的确定

冲裁件所需基本冲裁工序一般可根据冲裁件的结构特点直接进行判断。图 2-36a 所示的冲裁件需要落料和冲孔两道冲裁工序；图 2-36b 所示的冲裁件只需落料一道冲裁工序；图 2-36c 所示的冲裁件则需落料和切舌两道冲裁工序完成。当零件的平面度要求较高时，还需在最后采用校平工序进行精压；当零件的断面质量和尺寸精度要求较高时，则可以直接采用精密冲裁工艺进行冲压。

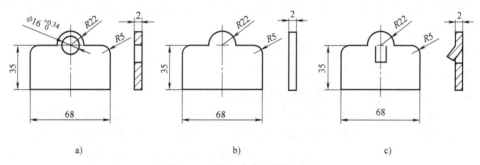

图 2-36　基本冲裁工序的确定

2. 基本冲裁工序的组合

图 2-36a 所示的冲裁件需要落料和冲孔两道冲裁工序完成，而这两道冲裁工序是一步一步地分别完成还是同时组合完成，这就是工序的组合问题。冲裁工序的组合方式可分为单工序冲裁、复合冲裁和级进冲裁，所使用的模具对应为单工序模、复合模和级进模。

单工序冲裁因为在压力机的一次行程中只完成一道冲裁工序，所以对于需要多道工序才能完成的冲裁件就需要多副模具。如图 2-36a 所示的冲裁件就需要一副落料模和一副冲孔模。复合冲裁在压力机的一次行程中能同时完成两道及以上冲裁工序，当用复合模冲制如图 2-36a 所示的冲裁件时，只需要一副模具。级进冲裁在压力机的一次行程中能在不同工位上同时完成多道冲裁工序，当用级进模冲制如图 2-36a 所示的冲裁件时，也只需要一副模具。

3. 冲裁工序的安排

（1）级进冲裁工序的安排　无论冲裁件的形状多复杂，中间需要多少道工序，通常将冲孔工序放在第一工位完成，目的是可以利用先冲好的孔为后面的工序定位。落料和切断工序放在最后一个工位，目的是可以利用条料运送工序件。

如图 2-35 所示零件，材料为 Q235，料厚为 2mm，需要落料、冲孔两道工序，若采用级进冲裁方案，其排样图如图 2-37 所示。第 1 工位冲孔，第 2 工位落料，在落料时，以预先冲出的孔进行定位。

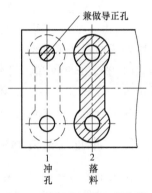

图 2-37　级进冲裁工序安排

（2）多工序冲裁件采用单工序冲裁时的工序安排　采用单工序冲裁多工序冲裁件时，需要先落料，使坯料与条料分离，再冲孔或冲缺口，主要是为了操作方便。冲裁大小不同、相距较近的孔时，为了减少孔的变形，应先冲大孔后冲小孔。

按照以上原则确定的冲裁工艺方案可能有多种，需要根据已知的产品信息，经过比较才能最终确定一个技术上可行、经济上比较合理的最佳方案。

4. 冲裁工艺方案确定的方法与步骤

首先分析冲裁件的工艺性，指出该冲裁件在工艺上存在的缺陷并提出解决的办法。其次列出冲裁件所需的基本冲裁工序，在工艺允许的条件下，列出可能的几种工艺方案。最后从冲裁件的形状、尺寸、精度、批量、模具结构等方面进行分析比较，选择最佳工艺方案。

【例 2-2】　冲制如图 2-35 所示零件，年产量为 30 万件，试制订其冲裁工艺方案。

解　1）工艺分析。工艺分析见例 2-1。

2）冲裁工艺方案设计。该零件需要落料、冲孔两道基本工序才能成形，有以下三种可能的冲裁工艺方案：

方案一，采用单工序模生产，即先落料，后冲孔。

方案二，采用复合模生产，即落料-冲孔复合冲裁。

方案三，采用级进模生产，即冲孔-落料连续冲裁。

3）分析比较。方案一所需模具结构简单，但需两道工序、两副模具，生产率较低，难以满足大量生产的要求。方案二中只需一副模具，冲裁件的尺寸精度和几何精度容易保证，生产率较方案一高，但模具结构比方案一复杂，操作较不方便。方案三也只需一副模具，操作安全方便，生产率最高，模具结构比方案一复杂，冲出的零件精度介于方案一和方案二之间，但产品本身的精度要求不高，因此采用该方案能满足产品的精度要求。通过对上述三种方案的分析比较，确定该件的生产采用方案三最佳。

【任务实施】

图 2-38 所示为 T 形板零件图，该零件为大批量生产，所用材料为 10 钢，料厚 $t = 2.2mm$。

1. 零件的工艺分析

该零件是一个对称件，无凹槽、尖角等；10 钢是优质碳素结构钢，具有良好的冲压性能；所冲孔的尺寸和孔边距满足工艺要求；凸出部分的宽度满足图 2-33 所示宽度要求；所标注尺寸的公差等级为 IT12～IT13，其所对应的冲裁模精度为 IT7～IT9，属于经济精度，零件的冲裁工艺性好，可以冲裁。

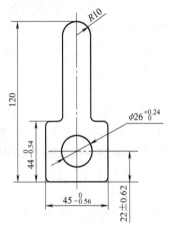

图 2-38　T 形板零件图

2. 确定冲裁工艺方案

该零件需要落料、冲孔两道基本工序才能成形，有以下三种可能的冲裁工艺方案：

方案一，采用单工序模生产，即先落料，后冲孔。

方案二，采用复合模生产，即落料-冲孔复合冲裁。

方案三，采用级进模生产，即冲孔-落料连续冲裁。

方案一所使用的模具结构简单，但生产率低，难以满足大批量生产的要求。方案二中的冲裁件精度和生产率都较高，由图 2-38 所示的尺寸可知，$\phi26mm$ 孔与 45mm 外形两侧的孔边距为 9.5mm，与 T 形板 120mm 尺寸端下边缘的距离为 9mm，孔边距均大于倒装式复合模中凸凹模的最小壁厚要求，可采用倒装式复合冲裁模。方案三的生产率高，冲裁件精度介于方案一和方案二之间，但对条料或带料的要求较高，适用于形状复杂的中小型零件。

经综合分析对比，该零件可采用倒装式复合冲裁模进行加工，冲孔、落料一次冲压成形。

任务四 冲裁工艺计算

【学习目标】

1. 能正确确定冲裁间隙。
2. 能计算凸、凹模刃口尺寸。、
3. 掌握排样的设计方法，能对单工序模进行排样设计，能看懂多工序模的排样图。
4. 能计算冲裁力，并根据冲裁力确定合适的冲压设备。

【任务导入】

图 2-38 所示为 T 形板零件图，该零件为大批量生产，所用材料为 10 钢，料厚 $t = 2.2mm$，试对其进行冲裁工艺计算。

【相关知识】

一、冲裁间隙的确定

1. 冲裁间隙

冲裁间隙是指冲裁模中凹模和凸模刃口侧壁之间的距离。依据 GB/T 16743—2010，单边冲裁间隙用 c 表示，如图 2-39 所示，双间隙用 Z 表示，则 $c = Z/2$。

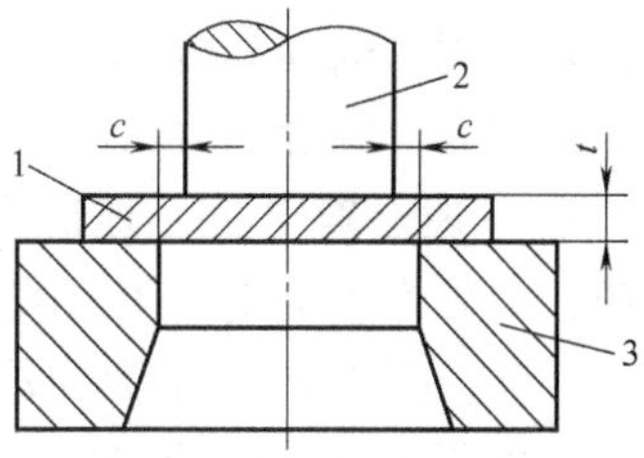

冲裁间隙对冲裁过程有着很大的影响，前面已经分析了冲裁间隙对冲裁件质量起着决定性作用。除此以外，冲裁间隙对冲裁力和模具寿命也有着较大的影响。

图 2-39 模具间隙
1—板料 2—凸模 3—凹模
c—冲裁模单边间隙 t—板料厚度

2. 冲裁间隙对冲裁力的影响

冲裁间隙很小时，因材料的挤压和摩擦作用增强，冲裁力必然较大。随着冲裁间隙的增大，材料所受的拉应力增大，容易断裂分离，因此冲裁力减小。但试验表明，当冲裁间隙介于材料厚度的 5%~20% 范围内时，冲裁力降低不多，不超过 10%。因此，在正常情况下，冲裁间隙对冲裁力的影响不是很大。

冲裁间隙对卸料力、顶件力、推件力的影响比较显著。由于冲裁间隙的增大，使冲裁件的光亮带变窄，材料的弹性回复使落料件尺寸小于凹模尺寸，冲孔件尺寸大于凸模尺寸，因而使卸料力、推件力或顶件力随之减小。一般当单边间隙增大到料厚的 15%~25% 时，卸料力几乎降为零。

3. 冲裁间隙对模具寿命的影响

模具寿命通常是用模具失效前所冲得的合格冲裁件数量来表示。冲裁模的失效形式一般有磨损、变形、崩刃和凹模胀裂。冲裁间隙主要会对模具的磨损及凹模的胀裂产生较大影响。

在冲裁过程中，由于材料的弯曲变形，材料对模具的反作用力主要集中在凸、凹模刃口部分。如果间隙小，垂直冲裁力和侧向挤压力将增大，摩擦力也增大，且间隙小时，光亮带变宽，摩擦距离增长，摩擦发热严重。所以小间隙将使凸、凹模刃口磨损加剧，甚至使模具与材料之间产生黏结现象，严重的还会产生崩刃。另外，间隙小时，因落料件堵塞在凹模洞口的胀力也大，容易产生凹模胀裂。小间隙还易产生小凸模折断，凸、凹模相互啃刃等异常现象。

凸、凹模磨损后，其刃口处形成圆角，冲裁件上就会出现不正常的毛刺，且因刃口尺寸发生变化，冲裁件的尺寸精度也会降低，模具寿命缩短。因此，为了减少模具的磨损，延长模具使用寿命，在保证冲裁件质量的前提下，应适当选用较大的间隙值。若采用小间隙，就必须提高模具的硬度和精度，减小模具表面粗糙度值，提供良好润滑，以减小磨损。

4. 冲裁间隙值的确定

由上述分析可以看出，冲裁间隙对冲裁件的质量、冲裁力、模具寿命等都有很大的影响，但影响的规律各有不同。因此，并不存在一个绝对合理的间隙值，能同时满足冲裁件断面质量最佳、尺寸精度最高、模具寿命最长、冲压力最小等各方面的要求。在实际冲压生产中，为了获得合格的冲裁件、较小的冲裁力和保证模具有一定的使用寿命，给间隙值规定一个范围，这个间隙值范围即为合理间隙。这个范围的最小值称为最小合理间隙（c_{min}），最大值称为最大合理间隙（c_{max}）。考虑到冲裁模在使用过程中会逐渐磨损，间隙会增大，故在设计和制造新模具时，应采用最小合理间隙。

确定合理间隙的方法有理论确定法和经验确定法两种。

（1）理论确定法　理论确定法的主要依据是保证凸、凹模刃口处产生的上、下裂纹相互重合，以便获得良好的断面质量。图 2-40 所示为冲裁过程中开始产生裂纹的瞬时状态，根据图中的几何关系，可得合理间隙 c 的计算公式为

$$c = \frac{Z}{2} = t\left(\frac{1-h_0}{t}\right)\tan\beta \qquad (2\text{-}1)$$

式中，c 为合理间隙；t 为材料厚度；h_0 为产生裂纹时凸模挤入材料的深度；h_0/t 为产生裂纹时凸模挤入材料的相对

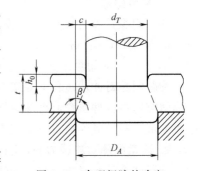

图 2-40　合理间隙的确定

深度；β 为裂纹与垂线间的夹角。

由式（2-1）可以看出，合理间隙与材料厚度 t、相对挤入深度 h_0/t 及裂纹角 β 有关，而 h_0/t 和 β 值与材料的性质有关，具体见表 2-13。因此，影响间隙值的主要因素是材料的性质和厚度。厚度越大、塑性越差的材料，其合理间隙值就越大；反之，厚度越薄、塑性越好的材料，其合理间隙值就越小。

表 2-13　h_0/t 与 β 值

材料	h_0/t		β	
	退火	硬化	退火	硬化
软钢、纯铜、软黄铜	0.5	0.35	6°	5°
中硬钢、硬黄铜	0.3	0.2	5°	4°
硬钢、硬青铜	0.2	0.1	4°	4°

理论确定法在生产中使用不方便，主要用来分析冲裁间隙与上述几个因素之间的关系。因此，实际生产中广泛采用经验数据来确定间隙值。

（2）经验确定法　经验确定法是根据经验数据来确定间隙值的。有关间隙值的经验数据，可在冲压手册中查到，选用时应结合冲裁件的质量要求和实际生产条件考虑。

通常设计时冲裁间隙是按材料的性能和厚度来选择的。金属板料冲裁间隙分类见表 2-14。

表 2-14　金属板料冲裁间隙分类

项目名称		类别和间隙值				
		Ⅰ类	Ⅱ类	Ⅲ类	Ⅳ类	Ⅴ类
剪切面特征		毛刺细长 α很小 光亮带很大 塌角很小	毛刺中等 α小 光亮带大 塌角小	毛刺一般 α中等 光亮带中等 塌角中等	毛刺较大 α大 光亮带小 塌角大	毛刺大 α大 光亮带最小 塌角大
塌角高度 R		(2~5)%t	(4~7)%t	(6~8)%t	(8~10)%t	(10~12)%t
光亮带高度 B		(50~70)%t	(35~55)%t	(25~40)%t	(15~25)%t	(10~20)%t
断裂带高度 F		(25~45)%t	(35~50)%t	(50~60)%t	(60~75)%t	(70~80)%t
毛刺高度 h		细长	中等	一般	较高	高
断裂角 α		—	4°~7°	7°~8°	8°~11°	14°~16°
平面度 f		好	较好	一般	较差	差
尺寸精度	落料件	非常接近凹模尺寸	接近凹模尺寸	稍小于凹模尺寸	小于凹模尺寸	小于凹模尺寸
	冲孔件	非常接近凸模尺寸	接近凸模尺寸	稍大于凸模尺寸	大于凸模尺寸	大于凸模尺寸
冲裁力		大	较大	一般	较小	小
卸、推料力		大	较大	最小	较小	小
冲裁功		大	较大	一般	较小	小
模具寿命		低	较低	较高	高	最高

表 2-14 中各字母的含义如图 2-41 所示。

按金属板料的种类、供应状况、抗剪强度，与表 2-14 对应的五类间隙值见表 2-15。厚度在 10mm 以内的非金属板料的冲裁间隙见表 2-16。

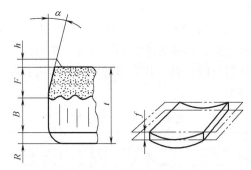

图 2-41　冲裁件断面及平面质量符号

表 2-15　金属板料冲裁间隙值（GB/T 16743—2010）

材料	抗剪强度 τ /MPa	初始间隙（单边间隙）/%t				
		Ⅰ类	Ⅱ类	Ⅲ类	Ⅳ类	Ⅴ类
低碳钢 08、10、10、20、Q235A	≥210~400	1~2	3~7	7~10	10~12.5	21
中碳钢 45、40Cr13、膨胀合金（可伐合金）4J29	≥420~560	1~2	3.5~8	8~11	11~15	23
高碳钢 T8A、T10A、65Mn	≥590~930	2.5~5	8~12	12~15	15~18	25
纯铝 1060、1050A、1035、1200、铝合金（软）3A21、黄铜（软）H62、纯铜（软）T1、T2、T3	≥65~255	0.5~1	2~4	4.5~6	6.5~9	17
黄铜（硬）H62、铅黄铜 HPb59-1、纯铜（硬）T1、T2、T3	≥290~420	0.5~2	3~5	5~8	8.5~11	25
铝合金（硬）2A12、锡磷青铜 QSn4-4-2.5、铝青铜 QAl7、铍铜 TBe2	≥225~550	0.5~1	3.5~6	7~10	11~13.5	20
镁合金 M2M（MB1）、ME20M（MB8）	≥120~180	0.5~1	1.5~2.5	3.5~4.5	5~7	16
电工硅钢	190	—	2.5~5	5~9	—	—

注：1. Ⅰ类冲裁间隙适用于冲裁件剪切面、尺寸精度要求高的场合；Ⅱ类冲裁间隙适用于冲裁件剪切面、尺寸精度要求较高的场合；Ⅲ类冲裁间隙适用于冲裁件剪切面、尺寸精度要求一般的场合，且适用于继续塑性变形的场合；Ⅳ类冲裁间隙适用于冲裁件剪切面、尺寸精度要求不高的场合；Ⅴ类冲裁间隙适用于冲裁件剪切面、尺寸精度要求较低的场合。

2. 当凸、凹模配合使用时，凸、凹模之间的间隙将随着冲裁过程中模具的磨损而变得越来越大，因此，新模具的间隙应取间隙值中的最小值。

表 2-16　非金属板料冲裁间隙值

材　料	初始间隙（单边间隙）/%t
酚醛层压板、石棉板、橡胶板、有机玻璃板、环氧酚醛玻璃布	1.5~3.0
红纸板、胶纸板、胶布板	0.5~2.0
云母片、皮革、纸	0.25~0.75
纤维板	2.0
毛毡	0~0.2

（3）冲裁间隙的选用方法　选用金属板料冲裁间隙时，应针对冲裁件技术要求、使用特点和特定的生产条件等因素，首先按表 2-14 确定拟采用的间隙类别，然后按表 2-15 选择该类相应的间隙值。

二、凸、凹模刃口尺寸的确定

1. 凸、凹模刃口尺寸计算的原则

在冲裁件尺寸的测量中，都以光亮带尺寸为基准。由前述冲裁过程可知，落料件的光亮

带是因凹模刃口挤切材料产生的，而孔的光亮带是因凸模刃口挤切材料产生的。所以，在计算刃口尺寸时，应按落料和冲孔两种情况分别考虑，其原则如下：

（1）落料件　落料时，因落料件光亮带尺寸与凹模刃口尺寸相等或基本一致，故应先确定凹模刃口尺寸，即以凹模刃口尺寸为基准。又因落料件尺寸会随凹模刃口的磨损而增大，为保证凹模磨损到一定程度仍能冲出合格零件，故凹模公称尺寸应取落料件尺寸公差范围内的较小尺寸。落料凸模的公称尺寸则是在凹模公称尺寸上减去最小合理间隙值。

（2）冲孔件　冲孔时，因孔的光亮带尺寸与凸模刃口尺寸相等或基本一致，故应先确定凸模刃口尺寸，即以凸模刃口尺寸为基准。又因冲孔的尺寸会随凸模刃口的磨损而减小，故凸模公称尺寸应取冲件孔尺寸公差范围内的较大尺寸。冲孔凹模的公称尺寸则是在凸模公称尺寸上加上最小合理间隙值。

（3）制造公差　凸、凹模刃口的制造公差应根据冲裁件的尺寸公差和凸、凹模的加工方法确定，既要保证冲裁间隙要求和冲出合格零件，又要便于模具加工。

2. 凸、凹模刃口尺寸的计算方法

凸、凹模刃口尺寸的计算与模具加工方法有关，基本上可分为两类：分别加工法和配作加工法。

（1）分别加工法的计算　凸、凹模分别加工法是指凸模与凹模分别按各自图样上标注的尺寸及公差进行加工，冲裁间隙由凸、凹模刃口尺寸及公差保证。这种方法要求分别计算出凸模和凹模的刃口尺寸及公差，并标注在凸、凹模设计图样上。其优点是凸、凹模具有互换性，便于成批制造，但受冲裁间隙的限制，要求凸、凹模的制造公差较小。该方法主要适用于简单形状（圆形、方形或矩形）的冲裁件。

设落料件外形尺寸为 $D_{-\Delta}^{0}$，冲孔件内孔尺寸为 $d_{0}^{+\Delta}$，根据刃口尺寸计算原则，可得

落料时：
$$D_d = (D_{max} - x\Delta)_0^{+\delta_d} \qquad (2-2)$$
$$D_p = (D_{max} - x\Delta - 2c_{min})_{-\delta_p}^0 \qquad (2-3)$$

冲孔时：
$$d_p = (d_{min} + x\Delta)_{-\delta_p}^0 \qquad (2-4)$$
$$d_d = (d_{min} + x\Delta + 2c_{min})_0^{+\delta_d} \qquad (2-5)$$

式中，D_d、D_p 为落料凹、凸模刃口尺寸；d_p、d_d 为冲孔凸、凹模刃口尺寸；D 为落料件的公称尺寸；d 为冲孔件的公称尺寸；Δ 为冲裁件的制造公差，若冲裁件为自由尺寸，可按标准公差等级 IT14 处理；c_{min} 为最小合理间隙；δ_p、δ_d 为凸、凹模制造公差，按"入体"原则标注，即凸模按单向负偏差标注，凹模按单向正偏差标注。

δ_p、δ_d 可分别按标准公差等级 IT6 和 IT7 确定，也可查表 2-17，或取 $(1/6 \sim 1/4)\Delta$。

x 为磨损系数，x 的值为 0.5~1，它与冲裁件的尺寸公差等级有关，可查表 2-18 或按下列关系选取：冲裁件的尺寸公差等级为 IT10 以上时，$x=1$；冲裁件的尺寸公差等级为 IT11~IT13 时，$x=0.75$；冲裁件的尺寸公差等级为 IT14 以下时，$x=0.5$。

无论是冲孔还是落料，为了保证冲裁间隙，凸、凹模的制造公差必须满足
$$\delta_p + \delta_d \leqslant 2(c_{max} - c_{min}) \qquad (2-6)$$

如果 $\delta_p + \delta_d > 2(c_{max} - c_{min})$，则取
$$\delta_p = 0.8(c_{max} - c_{min})$$
$$\delta_d = 1.2(c_{max} - c_{min})$$

当同一工步冲出两个及两个以上孔时，因凹模磨损后孔距尺寸不变，故凹模型孔的中心距可按式（2-7）确定

$$L_d = L \pm \frac{\Delta}{8} \qquad (2-7)$$

式中，L_d 为凹模型孔中心距；L 为冲裁件中心孔的公称尺寸（mm），需对称标注极限偏差。

表 2-17　规则形状（圆形、方形）件冲裁时凸、凹模的制造公差　（单位：mm）

公称尺寸	δ_p	δ_d	公称尺寸	δ_p	δ_d
≤18	0.020	0.020	>180~260	0.030	0.045
>18~30	0.020	0.025	>260~360	0.035	0.050
>30~80	0.020	0.030	>360~500	0.040	0.060
>80~120	0.025	0.035	>500	0.050	0.070
>120~180	0.030	0.040			

表 2-18　磨损系数 x

材料厚度 t/mm	非圆形工件			圆形工件	
	1	0.75	0.5	0.75	0.5
	冲裁件公差 Δ/mm				
1	<0.16	0.17~0.35	≥0.36	<0.16	≥0.16
>1~2	<0.20	0.21~0.41	≥0.42	<0.20	≥0.20
>2~4	<0.24	0.25~0.49	≥0.50	<0.24	≥0.24
>4	<0.30	0.31~0.59	≥0.60	<0.30	≥0.30

【例 2-3】　图 2-42 所示为垫圈冲裁件，材料为 Q235，料厚 $t=1$mm，试计算冲裁凸、凹模刃口尺寸及公差。

解　分析图 2-42 所示冲裁件的形状、尺寸可知，该冲裁件需要落料、冲孔两道冲裁工序完成。下面分别计算其刃口尺寸及公差。

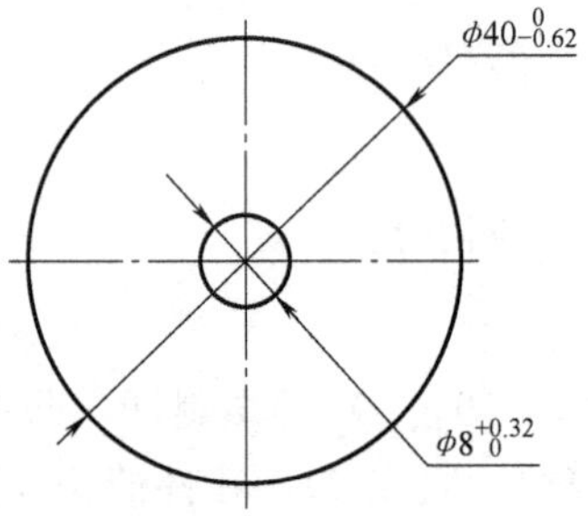

1）落料（$\phi 40_{-0.62}^{0}$mm）。以凹模为基准，由于形状规则简单，采用分别加工法加工模具。

查表 2-14 和表 2-15 得 $c = (7\sim10)\% t$，即

$$c_{min} = 7\% t = 0.07 \times 1mm = 0.07mm$$
$$c_{max} = 10\% t = 0.1 \times 1mm = 0.1mm$$

图 2-42　垫圈冲裁件

查表 2-17 得凸、凹模的制造公差分别为：$\delta_p = 0.02$mm，$\delta_d = 0.03$mm。

$$\delta_p + \delta_d < 2(c_{max} - c_{min})$$

符合式（2-6）的不等式要求，满足冲裁间隙公差条件。

根据料厚 $t = 1$mm，公差 $\Delta = 0.62$mm，查表 2-18 得磨损系数 $x = 0.5$。

由式（2-2）、式（2-3）计算得

$$D_d = (D_{max} - x\Delta)_0^{+\delta_d} = (40 - 0.5 \times 0.62)_0^{+0.03}mm = 39.69_0^{+0.03}mm$$

$$D_p = (D_{max} - x\Delta - 2c_{min})_{-\delta_p}^{0} = (40 - 0.5 \times 0.62 - 2 \times 0.07)_{-0.02}^{0}mm = 39.55_{-0.02}^{0}mm$$

2）冲孔（$\phi 8_0^{+0.32}$mm）。以凸模为基准，因孔形规则简单，选用分别加工法加工模具。

查表 2-17 得 $\delta_p = 0.02$mm，$\delta_d = 0.02$mm，查表 2-18 得 $x = 0.5$。

$$\delta_p + \delta_d < 2(c_{max} - c_{min})$$

符合式 (2-6) 的不等式要求，满足冲裁间隙公差条件。

按式 (2-4)、式 (2-5) 计算得

$$d_p = (d_{min} + x\Delta)^{\;\;0}_{-\delta_p} = (8 + 0.5 \times 0.32)^{\;\;0}_{-0.02}\,mm = 8.16^{\;\;0}_{-0.02}\,mm$$

$$d_d = (d_{min} + x\Delta + 2c_{min})^{+\delta_d}_{\;\;0} = (8.16 + 2 \times 0.07)^{+0.02}_{\;\;0}\,mm = 8.3^{+0.02}_{\;\;0}\,mm$$

【例 2-4】 图 2-43 所示为衬垫零件，材料为 Q235，料厚 $t = 1\,mm$，试计算冲裁凸、凹模刃口尺寸及公差。

解 $2 \times \phi 6^{+0.12}_{\;\;0}\,mm$ 孔尺寸、$\phi 36^{\;\;0}_{-0.63}\,mm$ 外形尺寸的计算方法与例 2-3 相同，此处省略计算。现计算孔距尺寸（18 ± 0.09）mm。

由式 (2-7) 计算得

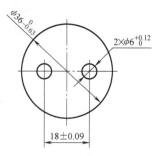

图 2-43 衬垫零件

$$L_d = L \pm \frac{\Delta}{8} = \left(18 \pm \frac{0.18}{8}\right)\,mm = (18 \pm 0.023)\;\;mm$$

由以上两例计算结果可看出，原本冲裁件的制造精度要求并不高，但是采用了凸、凹模分别加工方法，为了保证分别加工的凸、凹模装配时的合理间隙，必须严格控制冲裁模制造公差，致使冲裁模制造困难。因此，对于薄料或形状复杂的工件，在不具备先进模具加工设备时，可采用凸、凹模配作加工法。

（2）配作加工法的计算 凸、凹模配作加工是指先按图样设计尺寸加工凸模或凹模中的一件并作为基准件（一般落料时以凹模为基准件，冲孔时以凸模为基准件），然后根据基准件的实际尺寸按冲裁间隙要求配作另一件。

采用凸、凹模配作法加工时，只需计算基准件的刃口尺寸及公差，并详细标注在设计图样上。而另一非基准件不需计算，且设计图样上只标注公称尺寸（与基准件公称尺寸对应一致），不注公差，但要在技术要求中注明：凸（凹）模刃口尺寸按凹（凸）模实际刃口尺寸配作，保证双面间隙值为 $2c_{min}$。

根据冲裁件的结构、形状不同，刃口尺寸的计算方法如下：

1）落料。落料时以凹模为基准，配作凸模。设落料件的形状与尺寸如图 2-44a 所示，图 2-44b 所示为落料凹模刃口尺寸轮廓图，图中虚线表示凹模磨损后尺寸的变化情况。

从图 2-44b 可看出，凹模磨损后刃口尺寸的变化有增大、减小和不变三种情况，故凹模刃口尺寸也应分三种情况进行计算：凹模磨损后变大的尺寸（图 2-44b 中 A 类尺寸），按一般落料凹模尺寸公式计算；凹模磨损后变小的尺寸（图 2-44b 中 B 类尺寸），因它在凹模上相当于冲孔凸模尺寸，故按一般冲孔凸模尺寸公式计算；凹模磨损后不变的尺寸（图 2-44b 中 C 类尺寸），可按凹模型孔中心距尺寸公式计算。具体计算公式见表 2-19。

2）冲孔。冲孔时以凸模为基准，配作凹模。设冲件孔的形状与尺寸如图 2-45a 所示，图 2-45b 所示为冲孔凸模刃口的轮廓图，图中虚线表示凸模磨损后尺寸的变化情况。

从图 2-45b 中看出，冲孔凸模刃口尺寸的计算同样要考虑三种不同的磨损情况：凸模磨损后变大的尺寸（图 2-45b 中 a 类尺寸），因它在凸模上相当于落料凹模尺寸，故按一般落料凹模尺寸公式计算；凸模磨损后变小的尺寸（图 2-45b 中 b 类尺寸），按一般冲孔凸模尺寸公式计算；凸模磨损后不变的尺寸（图 2-45b 中 c 类尺寸），仍按凹模型孔中心距尺寸公

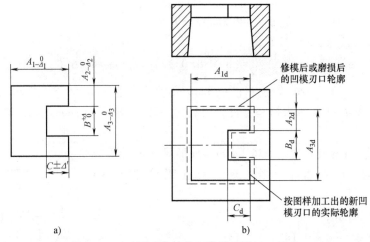

图 2-44 不规则落料件和落料凹模刃口尺寸

a）落料件 b）落料凹模

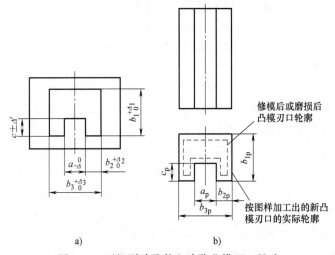

图 2-45 不规则冲孔件和冲孔凸模刃口尺寸

a）冲孔件 b）冲孔凸模

式计算。具体计算公式见表 2-19。

表 2-19 配作加工时模具刃口尺寸计算公式

冲裁工序性质		落料		冲孔	
		冲裁件尺寸及公差标注（图 2-44a）	刃口尺寸计算公式	冲裁件尺寸及公差标注（图 2-45a）	刃口尺寸计算公式
基准		凹模		凸模	
基准模刃口的磨损规律及计算公式	磨损后变大	$A_{-\Delta}^{0}$	$A_d = (A - x\Delta)_0^{+\delta_d}$	$a_{-\Delta}^{0}$	$a_p = (a - x\Delta)_0^{+\delta_p}$
	磨损后变小	$B_{0}^{+\Delta}$	$B_d = (B + x\Delta)_{-\delta_d}^{0}$	$b_{0}^{+\Delta}$	$b_p = (b + x\Delta)_{-\delta_p}^{0}$
	磨损后尺寸不变	$C \pm \Delta'$	$C_d = C \pm \dfrac{1}{8}\Delta = C \pm \dfrac{1}{4}\Delta'$	$c \pm \Delta'$	$c_p = c \pm \dfrac{1}{8}\Delta = c \pm \dfrac{1}{4}\Delta'$

（续）

冲裁工序性质	落料		冲孔	
	冲裁件尺寸及公差标注（图 2-44a）	刃口尺寸计算公式	冲裁件尺寸及公差标注（图 2-45a）	刃口尺寸计算公式
非基准模刃口尺寸		按基准模刃口的实际尺寸配作，保证单面最小间隙 c_{min}		按基准模刃口的实际尺寸配作，保证单面最小间隙 c_{min}

注：A、B、C 为落料件公称尺寸；a、b、c 为冲孔件公称尺寸；A_d、B_d、C_d 为落料凹模刃口尺寸；a_p、b_p、c_p 为冲孔凸模刃口尺寸；Δ 为冲裁件公差；Δ' 为冲裁件极限偏差；δ_p、δ_d 为凸、凹模制造公差，可取 $\delta_p = (1/5 \sim 1/4)\Delta$，$\delta_d = \Delta/4$；$x$ 为磨损系数。

【例 2-5】 接线端子落料件如图 2-46 所示（图中未注圆角为 $R0.2$mm、倒角为 $C1$），所用材料为 H62Y2，材料厚度 $t = 1.5$mm，试确定落料模具的刃口尺寸。

解 该冲裁件属于落料件，尺寸分析如图 2-47 所示，选凹模为设计基准件，只需计算落料凹模刃口尺寸及制造公差，凸模刃口尺寸由凹模实际尺寸按间隙要求配作。

凹模磨损后变大的尺寸为：29mm、6.2mm、$R5$mm、（6.2±0.07）mm。

凹模磨损后变小的尺寸为：1.5mm、2mm。

磨损后基本不变的尺寸为：1mm、（7.3±0.07）mm。

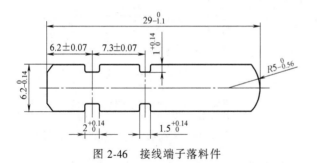

图 2-46 接线端子落料件   图 2-47 接线端子落料凹模尺寸变化

查表 2-14 和表 2-15，取 $c = (5.0 \sim 8.0)\% t$，即

$$c_{min} = 5\% t = 0.05 \times 1.5 \text{mm} = 0.075 \text{mm}$$

$$c_{max} = 8\% t = 0.08 \times 1.5 \text{mm} = 0.12 \text{mm}$$

现分类分别计算模具刃口尺寸。

1）第一类尺寸：磨损后增大的尺寸。

查表 2-18，尺寸 $29_{-1.1}^{0}$mm、$R5_{-0.56}^{0}$mm 的磨损系数 $x = 0.5$，尺寸 $6.2_{-0.14}^{0}$mm、（6.2±0.07）mm 的磨损系数 $x = 1$，按公式 $A_d = (A - x\Delta)_0^{+\delta_d}$，取 $\delta_d = \Delta/4$，计算得

$$A_{d1} = (A_1 - x\Delta)_0^{+\frac{\Delta}{4}} = (29 - 0.5 \times 1.1)_0^{+\frac{1.1}{4}} \text{mm} = 28.45_0^{+0.275} \text{mm}$$

$$A_{d2} = (A_2 - x\Delta)_0^{+\frac{\Delta}{4}} = (5 - 0.5 \times 0.56)_0^{+\frac{0.56}{4}} \text{mm} = 4.72_0^{+0.14} \text{mm}$$

$$A_{d3} = (A_3 - x\Delta)_0^{+\frac{\Delta}{4}} = (6.2 - 1 \times 0.14)_0^{+\frac{0.14}{4}} \text{mm} = 6.06_0^{+0.035} \text{mm}$$

$$A_{d4} = (A_4 - x\Delta)_0^{+\frac{\Delta}{4}} = (6.27 - 1 \times 0.14)_0^{+\frac{0.14}{4}} \text{mm} = 6.13_0^{+0.035} \text{mm}$$

2）第二类尺寸：磨损后减小的尺寸。

查表 2-18，尺寸 $1.5^{+0.14}_{0}$mm、$2^{+0.14}_{0}$mm 的磨损系数 $x = 1$，按公式 $B_d = (B+x\Delta)^{0}_{-\delta_d}$ 计算得

$$B_{d1} = (B_1+x\Delta)^{0}_{-\frac{\Delta}{4}} = (2+1\times0.14)^{0}_{-\frac{0.14}{4}}\text{mm} = 2.14^{0}_{-0.035}\text{mm}$$

$$B_{d2} = (B_2+x\Delta)^{0}_{-\frac{\Delta}{4}} = (1.5+1\times0.14)^{0}_{-\frac{0.14}{4}}\text{mm} = 1.64^{0}_{-0.035}\text{mm}$$

3）第三类尺寸：磨损后不变的尺寸。

按公式 $C_d = C\pm\dfrac{\Delta}{8}$ 计算得

$$C_{d1} = C\pm\frac{\Delta}{8} = \left(7.3\pm\frac{0.14}{8}\right)\text{mm} = (7.3\pm0.018)\text{mm}$$

$$C_{d2} = C\pm\frac{\Delta}{8} = \left(1.07\pm\frac{0.14}{8}\right)\text{mm} = (1.07\pm0.018)\text{mm}$$

将计算好的凹模刃口尺寸标注在落料凹模零件图上，如图 2-48 所示。

落料凸模的公称尺寸与凹模相同，不必标注公差，但要在技术条件中注明：凸模实际刃口尺寸与落料凹模配作，保证单边合理间隙值为 0.075~0.12mm，如图 2-49 所示。

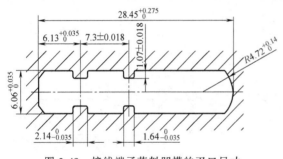

图 2-48　接线端子落料凹模的刃口尺寸

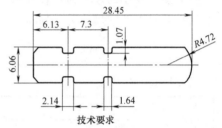

凸模实际刃口尺寸与落料凹模配作，保证单边合理间隙值为0.075~0.12mm。

图 2-49　接线端子落料凸模的刃口尺寸

配作加工的特点是：模具的冲裁间隙由配作来保证，工艺比较简单，不必校核条件 $\delta_p + \delta_d < 2(c_{max}-c_{min})$，并且可以放大基准件的制造公差，因此是目前一般工厂常采用的方法，特别适用于冲裁薄板件和形状复杂的冲孔加工。

三、排样

1. 材料的合理利用

在批量生产中，材料费用占冲裁件成本的 60% 以上。因此，合理利用材料，提高材料的利用率，是排样设计主要考虑的因素之一。

（1）材料利用率　冲裁件的实际面积占所用板料面积的百分比称为材料利用率，它是衡量材料是否合理利用的一项重要经济指标。

一个步距内的材料利用率为

$$\eta = \frac{A}{Bs}\times100\% \tag{2-8}$$

式中，A 为一个步距内冲裁件的实际面积；B 为条料宽度；s 为步距，即冲裁时条料在模具上每次送进的距离，其值为两个对应冲裁件对应点的间距。

一张板料（或带料、条料）上总的材料利用率为

$$\eta_{总} = \frac{nA_1}{LB} \times 100\%$$
(2-9)

式中，n 为一张板料（或带料、条料）上冲裁件的总数目；A_1 为一个冲裁件的实际面积；L 为板料长度；B 为板料宽度。

η 或 $\eta_{总}$ 的值越大，材料利用率就越高。一般 $\eta_{总}$ 要比 η 小，原因是条料和带料可能有料头、料尾消耗，整张板料在剪裁成条料时还会有边料消耗。

（2）提高材料利用率的措施　要提高材料利用率，主要从减少废料着手。冲裁产生的废料分为两类，如图 2-50 所示。一类是工艺废料，是由于冲裁件之间和冲裁件与条料边缘之间存在余料（即搭边），以及料头、料尾和边余料而产生的废料；另一类是结构废料，是由冲裁件结构形状特点所产生的废料，如图 2-50 所示冲裁件因内孔产生的废料。显然，要减少废料，主要是减少工艺废料，但特殊情况下，也可利用结构废料。

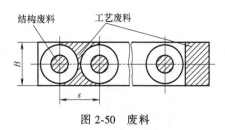

图 2-50　废料

提高材料利用率的措施主要有：

1）采用合理的排样方法。对于同一形状和尺寸的冲裁件，排样方法不同，材料的利用率也会不同。如图 2-51 所示，在同一圆形冲裁件的四种排样方法中，图 2-51a 采用单排方法，材料利用率为 71%；图 2-51b 采用平行双排方法，材料利用率为 72%；图 2-51c 采用交叉三排方法，材料利用率为 80%；图 2-51d 采用交叉双排方法，材料利用率为 77%。因而，从提高材料利用率角度出发，图 2-51c 所示方法最好。

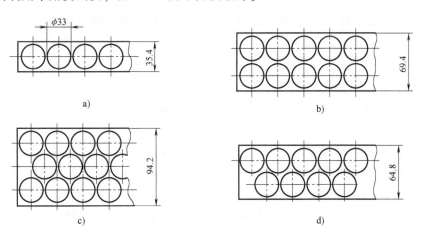

图 2-51　圆形冲裁件的四种排样方法

2）选用合适的板料规格和合理的裁板方法。在排样方法确定以后，可确定条料的宽度，再根据条料宽度和步距大小选用合适的板料规格和合理的裁板方法，以尽量减少料头、料尾和裁板后剩余的边料，从而提高材料的利用率。

3）利用结构废料冲小零件。对于一定形状的冲裁件，结构废料是不可避免的，但充分利用结构废料是可能的。图 2-52 所示是材料和厚度相同的两个冲裁件，尺寸较小的垫圈可以在尺寸较大的"工"字形件的结构废料中冲制出来。

此外，在使用条件许可的情况下，当取得产品零件设计单位同意后，也可通过适当改变零件的结构形状来提高材料的利用率。图 2-53 所示，零件 A 的三种排样方法中，图 2-53c 所示的利用率最高，但也只能达 70% 左右。若将零件 A 修改成 B 的形状，采用直排，则图 2-53d 所示的利用率便可提高到 80%，而且也不需调头冲裁，使操作过程简化。

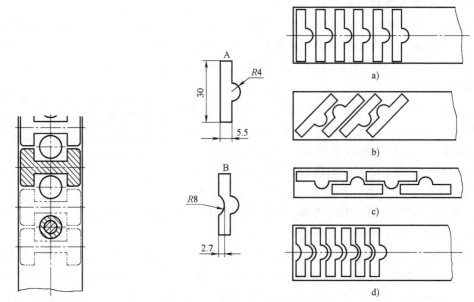

图 2-52　利用结构废料冲小零件　　　　图 2-53　修改零件形状提高材料利用率

2. 排样类型

根据材料的合理利用情况，排样方法可分为有废料排样、少废料排样和无废料排样三种。

（1）有废料排样　如图 2-54a 所示，沿冲裁件的全部外形冲裁，冲裁件与冲裁件之间、冲裁件与条料边缘之间都留有搭边（a、a_1）。有废料排样时，冲裁件尺寸完全由冲裁模保证，因此冲裁件质量好，模具寿命长，但材料利用率低，常用于冲裁形状较复杂、尺寸精度要求较高的冲裁件。

（2）少废料排样　如图 2-54b 所示，沿冲裁件的部分外形切断或冲裁，只在冲裁件之间或冲裁件与条料边缘之间留有搭边。这种排样方法因受剪裁条料质量和定位误差的影响，其冲裁件质量稍差，同时边缘毛刺易被凸模带入间隙，从而影响模具寿命，但材料利用率较高，冲裁模结构简单，一般用于形状较规则、某些尺寸精度要求不高的冲裁件。

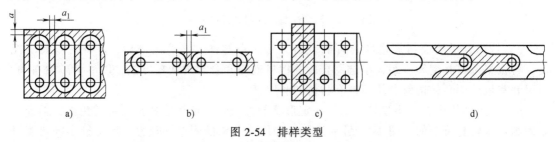

图 2-54　排样类型

a）有废料排样　b）少废料排样　c）、d）无废料排样

（3）无废料排样 如图 2-54c、d 所示，沿直线或曲线切断条料而获得冲裁件，无任何搭边废料。无废料排样的冲裁件质量和模具寿命更差一些，但材料利用率最高，且当步距为冲裁件宽度的两倍时（图 2-54c），一次切断能获得两个冲裁件，有利于提高生产率，可用于形状规则且对称、尺寸精度不高或采用贵重金属材料的冲裁件。

根据冲裁件在条料上的不同排列形式，上述三种排样方法又可分为直排、斜排、直对排、斜对排、混合排、多排及冲裁搭边七种，见表 2-20。

表 2-20 有废料排样和少、无废料排样的主要形式分类

排样方式	有废料排样	少、无废料排样	应用及特点
直排	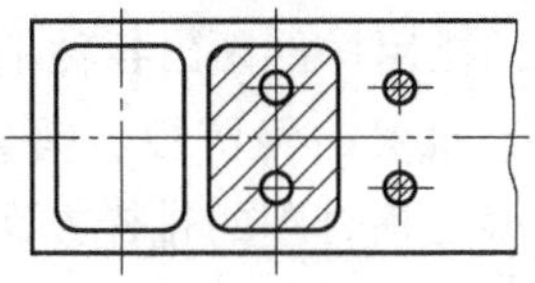	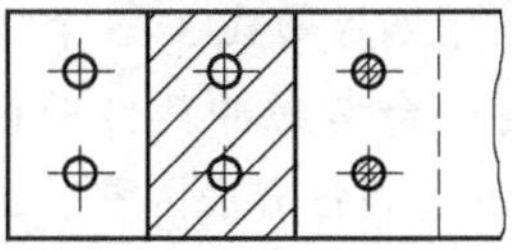	用于简单的矩形、方形冲裁件
斜排	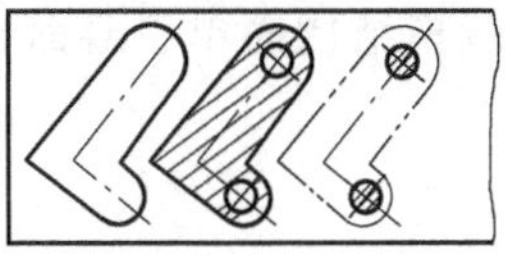	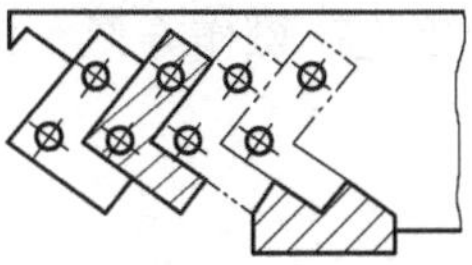	用于椭圆形、十字形、T 形、L 形或 S 形冲裁件。材料利用率比直排高，但受形状限制，应用范围有限
直对排	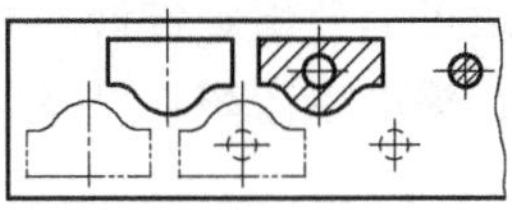	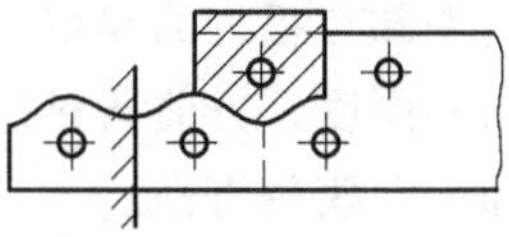	用于梯形、三角形、半圆形、山字形冲裁件。直对排一般需将板料调头往返冲裁，有时甚至要翻转材料往返冲裁，工人劳动强度大
斜对排	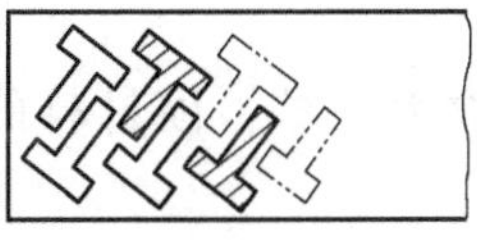	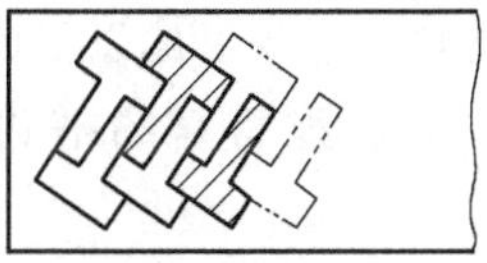	多用于 T 形冲裁件，材料利用率比直对排高，但也存在和直对排同样的问题
多排	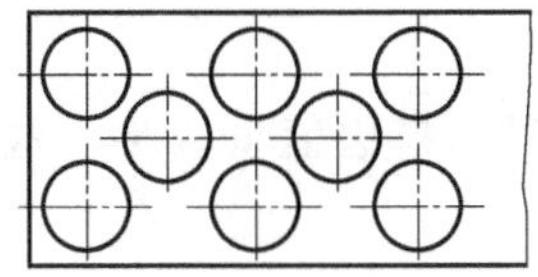 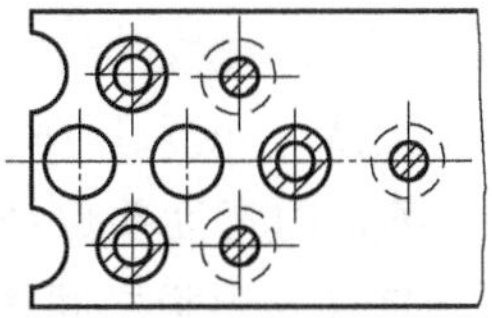	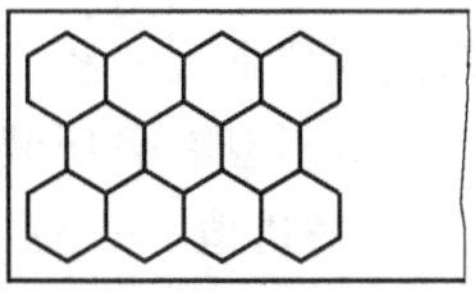 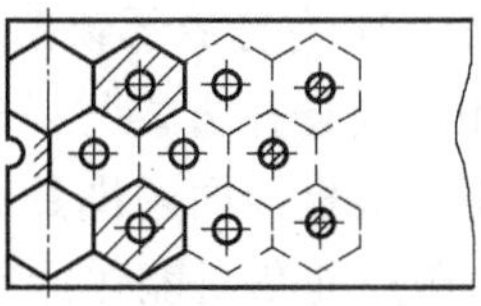	用于大批量生产中尺寸不大的圆形、正多边形冲裁件。材料利用率随行数的增加而大大提高。但它会使模具结构更复杂。由于模具结构的限制，同时冲相邻两件是不可能的，另外，由于增加行数，使模具在送料方向也要增长。短的板料，每块都会产生残件或不能再冲料头等问题，为了克服其缺点，这种排样最好采用卷料
混合排	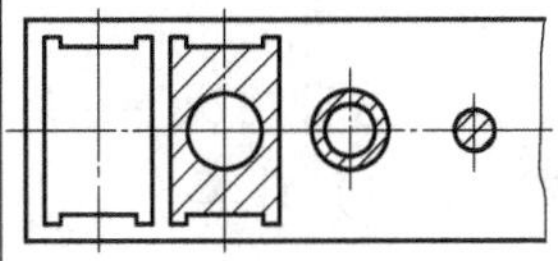	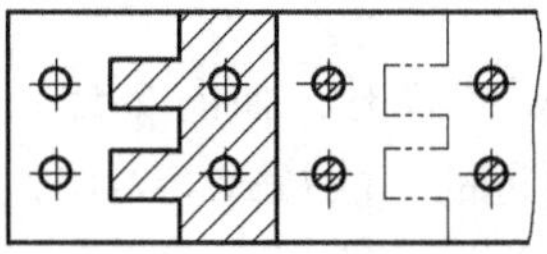	用于材料及厚度都相同的两种或两种以上的冲裁件。混合排样只有采用不同零件同时落料，将不同冲裁件的模具复合在一副模具上，才有价值

（续）

排样方式	有废料排样	少、无废料排样	应用及特点
冲裁搭边	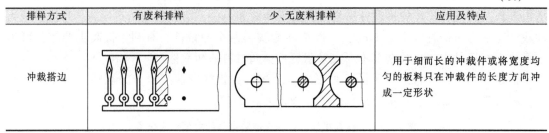		用于细而长的冲裁件或将宽度均匀的板料只在冲裁件的长度方向冲成一定形状

在实际确定排样方式时，通常可先根据冲裁件的形状和尺寸列出几种可能的排样方案（对于形状复杂的冲裁件，可以用纸片剪成 3~5 个样件，再用样件摆出各种不同的排样方案或用计算机软件排列），然后再综合考虑冲裁件的精度、批量、经济性、模具结构与寿命、生产率、操作与安全、原材料供应等各方面因素，最后确定最合理的排样方案。

确定排样方案时，应遵循的原则是：在保证最低材料消耗和最高劳动生产率的条件下得到符合技术要求的零件，同时考虑生产操作方便，使冲裁模结构简单、寿命长，并适应车间生产条件和原材料供应等情况。

3. 搭边与条料宽度的确定

（1）搭边　搭边是指排样时冲裁件之间以及冲裁件与条料边缘之间留下的工艺废料。搭边虽然是废料，但在冲裁工艺中却有很大的作用。搭边可以补偿定位误差和送料误差，保证冲裁出合格的零件；可增加条料刚度，方便条料送进，提高生产率；可避免冲裁时条料边缘的毛刺被拉入模具间隙，从而提高模具寿命。

搭边值的大小要合理。搭边值过大时，材料利用率低；搭边值过小时，达不到在冲裁工艺中的作用。在实际确定搭边值时，主要考虑以下因素：

1）材料的力学性能。软材料、脆材料的搭边值取大一些，硬材料的搭边值可取小一些。

2）冲裁件的形状与尺寸。冲裁件的形状复杂或尺寸较大时，搭边值取大些。

3）材料的厚度。厚材料的搭边值要取大一些。

4）送料及挡料方式。采用手工送料且有侧压装置时，搭边值可以小一些；采用侧刃定距时的搭边值可比用挡料销定距时的搭边值小一些。

5）卸料方式。采用弹性卸料时的搭边值比刚性卸料时的搭边值要小一些。

搭边值一般由经验确定，表 2-21 为普通低碳钢冲裁搭边值的经验数据表，供设计参考。

（2）条料宽度与导料板间距　在排样方式与搭边值确定之后，就可以确定条料的宽度，进而可以确定导料板间距（采用导料板导向的模具结构）。条料的宽度要保证冲裁时冲裁件周边有足够的搭边值，导料板间距应使条料能在冲裁时顺利地在导料板之间送进，并与条料之间有一定的间隙。因此，条料宽度、导料板间距与冲裁模的送料及定位方式有关，应根据不同结构分别进行计算。

1）用导料板导向且有侧压装置时，如图 2-55a 所示。在这种情况下，条料是在侧压装置作用下紧靠导料板的一侧送进的，故按式（2-10）、式（2-11）计算。

条料宽度 $\qquad\qquad B_{-\Delta}^{\ 0}=(D+2a)_{-\Delta}^{\ 0}$ $\qquad\qquad$ （2-10）

导料板间距 $\qquad\qquad A=B+c$ $\qquad\qquad$ （2-11）

式中，D 为条料宽度方向冲裁件的最大尺寸；a 为侧搭边值，可参考表 2-21；Δ 为条料宽度的公差，见表 2-22；c 为导料板与条料之间的最小间隙，其值见表 2-23。

表 2-21　最小搭边值 　　　　　　　　　　　　　　　　　　　　（单位：mm）

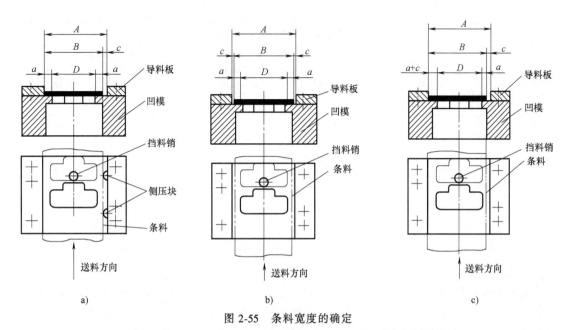

材料厚度 t	圆形或圆角 $r>2t$		矩形件边长 $l \leqslant 50$		矩形件边长 $l>50$ 或圆角 $r \leqslant 2t$	
	冲裁件间 a_1	侧边 a	冲裁件间 a_1	侧边 a	冲裁件间 a_1	侧边 a
$\leqslant 0.25$	1.8	2.0	2.2	2.5	2.8	3.0
$>0.25\sim0.5$	1.2	1.5	1.8	2.0	2.2	2.5
$>0.5\sim0.8$	1.0	1.2	1.5	1.8	1.8	2.0
$>0.8\sim1.2$	0.8	1.0	1.2	1.5	1.5	1.8
$>1.2\sim1.6$	1.0	1.2	1.5	1.8	1.8	2.0
$>1.6\sim2.0$	1.2	1.5	1.8	2.0	2.0	2.2
$>2.0\sim2.5$	1.5	1.8	2.0	2.2	2.2	2.5
$>2.5\sim3.0$	1.8	2.2	2.2	2.5	2.5	2.8
$>3.0\sim3.5$	2.2	2.5	2.5	2.8	2.8	3.2
$>3.5\sim4.0$	2.5	2.8	2.8	3.2	3.2	3.5
$>4.0\sim5.0$	3.0	3.5	3.5	4.0	4.0	4.5
$>5.0\sim12$	$0.6t$	$0.7t$	$0.7t$	$0.8t$	$0.8t$	$0.9t$

图 2-55　条料宽度的确定

a) 有侧压装置　b) 无侧压装置理想送料状态　c) 无侧压装置实际送料状态

此种情况也适用于用导料销导向的冲裁模，这时条料是由人工紧靠导料销一侧送进。

2）用导料板导向且无侧压装置时，如图 2-55b、c 所示。应考虑在实际送料过程中因条料在导料板之间摆动而使侧面搭边值减小的情况，如图 2-55c 所示，为了补偿侧面搭边的减小，条料宽度应增加一个条料可能的摆动量 c，故按式（2-12）计算。

条料宽度 $$B_{-\Delta}^{0} = (D+2a+c)_{-\Delta}^{0} \tag{2-12}$$

式中各参数含义同式（2-10）。

3）用侧刃定距时，如图 2-56 所示。当条料用侧刃定距时，条料宽度必须增加侧刃切去的部分，故按式（2-13）计算。

条料宽度

$$B_{-\Delta}^{0} = (L+2a'+nb)_{-\Delta}^{0} = (L+1.5a+nb)_{-\Delta}^{0} \tag{2-13}$$

导料板间距 $A = B + 2c \tag{2-14}$

$$A' = B' + 2c' \tag{2-15}$$

式中，a' 为裁去料边后的侧搭边值，$a' = 0.75a$（a 是侧搭边值，见表 2-21）；n 为侧刃数；b 为侧刃冲切的料边宽度；c' 为侧刃冲切后条料与导料板间的间隙，

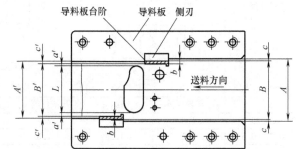

图 2-56　用导料板和侧刃定位时条料的宽度确定

见表 2-24；c 为条料宽度与导料板间的间隙，Δ 为条料宽度的公差，见表 2-22。

表 2-22　条料宽度的公差 Δ （单位：mm）

材料厚度 t	条料宽度 B				
	≤50	>50~100	>100~150	>150~220	>220~300
≤1	0.4	0.5	0.6	0.7	0.8
>1~2	0.5	0.6	0.7	0.8	0.9
>2~3	0.7	0.8	0.9	1.0	1.1
>3~5	0.9	1.0	1.1	1.2	1.3

表 2-23　导料板与条料之间的最小间隙 c （单位：mm）

材料厚度 t	无侧压装置			有侧压装置	
	条料宽度 B				
	≤100	>100~200	>200~300	≤100	>100
≤1	0.5	0.6	1.0	5.0	8.0
>1~5	0.8	1.0	1.0	5.0	8.0

表 2-24　b 和 c' 值 （单位：mm）

条料厚度 t	b		c'
	金属材料	非金属材料	
≤1.5	1~1.5	1.5~2	0.10
>1.5~2.5	2.0	3	0.15
>2.5~3	2.5	4	0.20

4. 排样图的绘制

排样图是排样设计最终的表达形式，通常应绘制在冲压工艺规程的相应卡片上和冲裁模总装图的右上角。排样图的内容应反映出排样方法、冲裁件的冲裁方式、用侧刃定距时侧刃的形状与位置、材料利用率等，如图 2-57 所示。

绘制排样图时应注意以下几点：

1）排样图上应标注条料宽度、条料长度 L、板料厚度 t、步距 s、冲裁件间搭边 a_1 和侧搭边 a、侧刃定距时侧刃的位置及截面尺寸等。

2）用剖切线表示冲裁工位上的工序件形状（即凸模或凹模的截面形状），以便能从排样图上看出是单工序冲裁还是复合冲裁或级进冲裁。

3）采用斜排时，应注明倾斜角度的大小。必要时，还可用双点画线画出送料时定位元件的位置。

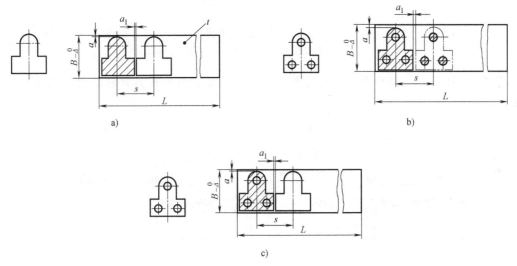

图 2-57　排样图的绘制

a）单工序冲裁　b）级进冲裁　c）复合冲裁

四、冲压力和压力中心的计算

1. 冲压力的计算

（1）冲裁力的计算　冲裁力是冲裁过程中凸模对板料施加的压力，它是随凸模进入材料的深度（凸模行程）而变化的，如图 2-58a 所示。通常说的冲裁力，是指冲裁力的最大值，它是选用压力机和设计模具的重要依据之一。

用普通平刃口模具冲裁时，如图 2-58b 所示，冲裁力 F 一般按式（2-16）计算

$$F = KLt\tau \tag{2-16}$$

式中，F 为冲裁力；L 为冲裁周边长度；t 为材料厚度；τ 为材料抗剪强度（MPa）；K 为安全系数。

安全系数 K 是考虑到实际生产中，模具冲裁间隙值的波动和不均匀、刃口的磨损、板料力学性能和厚度波动等因素的影响而给出的修正系数。一般取 $K = 1.3$。

（2）卸料力、推件力和顶件力的计算　一次冲裁结束后，被冲下来的冲裁件由于弹性回复会卡在凹模孔内，带孔的条料因弹性回复会紧箍在凸模外面，如图 2-59a 所示。从凸模或凸凹模上卸下箍着的料所需的力称为卸料力；将卡在凹模内的废料或冲裁件顺着冲裁方向推出所需要的力称为推件力；逆着冲裁方向将废料或冲裁件从凹模内顶出所需要的力称为顶件力。

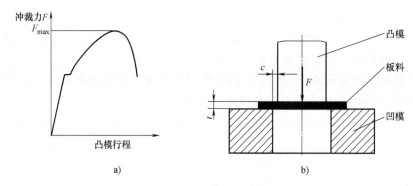

图 2-58 冲裁力的计算

a）冲裁力随凸模行程的变化曲线 b）平刃口的模具

如图 2-59b 所示，卸料力、推件力和顶件力是由压力机和模具卸料装置或顶件装置传递的。

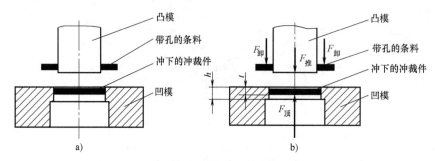

图 2-59 卸料力、推件力和顶件力

在选择设备的公称力或设计冲裁模时，对这些力应分别予以考虑。影响这些力的因素较多，主要有材料的力学性能、材料的厚度、模具冲裁间隙、凹模孔口的结构、搭边值大小、润滑情况、冲裁件的形状和尺寸等。要准确地计算这些力是困难的，生产中常用下列经验公式计算。

卸料力 $\qquad\qquad\qquad F_{卸}=K_{卸}F$ $\qquad\qquad\qquad$ (2-17)

推件力 $\qquad\qquad\qquad F_{推}=nK_{推}F$ $\qquad\qquad\qquad$ (2-18)

顶件力 $\qquad\qquad\qquad F_{顶}=K_{顶}F$ $\qquad\qquad\qquad$ (2-19)

式中，F 为冲裁力；$K_{卸}$、$K_{推}$、$K_{顶}$分别为卸料力、推件力、顶件力系数，见表 2-25；n 为同时卡在凹模孔内的冲裁件或废料数目，$n=h/t$（h 为凹模孔口的直刃壁高度，一般取 4～12mm；t 为板料厚度）。

表 2-25 卸料力、推件力及顶件力系数

材料及材料厚度 t		$K_{卸}$	$K_{推}$	$K_{顶}$
钢	$t\leqslant0.1$	0.065～0.075	0.1	0.14
	$0.1<t\leqslant0.5$	0.045～0.055	0.063	0.08
	$0.5<t\leqslant2.5$	0.04～0.05	0.055	0.06
	$2.5<t\leqslant6.5$	0.03～0.04	0.045	0.05
	$t>6.5$	0.02～0.03	0.025	0.03
铝、钢合金		0.025～0.08	0.03～0.07	
纯铜、黄铜		0.02～0.06	0.03～0.09	

（3）压力机公称力的计算　压力机的公称力必须大于或等于各种冲压工艺力的总和 $F_总$。$F_总$ 应根据不同的模具结构分别计算。

1）对于采用弹性卸料装置和下出料方式的冲裁模，有

$$F_总 = F + F_卸 + F_推 \qquad (2\text{-}20)$$

2）对于采用弹性卸料装置和上出料方式的冲裁模，有

$$F_总 = F + F_卸 + F_顶 \qquad (2\text{-}21)$$

3）对于采用刚性卸料装置和下出料方式的冲裁模，有

$$F_总 = F + F_推 \qquad (2\text{-}22)$$

对于冲裁工序，压力机的公称力 F_n 应大于或等于冲裁时总冲压力的 1.3 倍，即

$$F_n \geqslant 1.3 F_总 \qquad (2\text{-}23)$$

（4）减小冲裁力的方法　当采用平刃冲裁时的冲裁力太大时，可采用以下的方法来减小冲裁力。

1）凸模阶梯冲裁。在多凸模的冲裁模中，将凸模设计成不同长度，使工作端面呈阶梯式布置，这样各凸模冲裁力的最大峰值不同时出现，从而达到减小冲裁力的目的。

如图 2-60 所示，在几个凸模直径相差较大、间距又很近的情况下，为避免小直径凸模由于承受材料流动的侧压力而产生折断或倾斜现象，也应采用阶梯布置，即将小凸模做短一些。

凸模间的高度差 H 与板料厚度 t 有关，当 $t < 3mm$，$H = t$；当 $t \geqslant 3mm$，$H = 0.5t$。

阶梯凸模冲裁的冲裁力，一般按产生最大冲裁力的那一个阶梯进行计算。

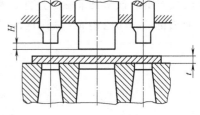

图 2-60　阶梯凸模冲裁

2）斜刃冲裁。用平刃口模具冲裁时，沿刃口整个周边同时冲切材料，故冲裁力较大。如图 2-61 所示，若将凸模（或凹模）刃口平面做成与其轴线倾斜一个角度的斜刃，则冲裁时刃口就不是全部同时切入，而是逐步地将材料切离，这样就相当于把冲裁件整个周边长分成若干小段进行剪切分离，因而能显著减小冲裁力。

斜刃配置的原则是：必须保证冲裁件平整，只允许废料发生弯曲变形。因此，落料时，凸模应为平刃，将凹模做成斜刃，如图 2-61a、b 所示。冲孔时，则凹模应为平刃，凸模为斜刃，如图 2-61c、d、e 所示。斜刃还应当对称布置，以免冲裁时模具承受单向侧压力而发生偏移，啃伤刃口。向一边斜的斜刃，只能用于切舌或切开，如图 2-61f 所示。

斜刃冲裁模虽有减小冲裁力、使冲裁过程平稳的优点，但模具制造复杂，刃口易磨损，刃口修磨困难，冲裁件不够平整，且不适于冲裁外形复杂的冲裁件，因此在一般情况下尽量不用，只用于大型冲裁件或厚板的冲裁。

最后应当指出，采用斜刃冲裁或阶梯凸模冲裁时，虽然减小了冲裁力，但凸模进入凹模较深，冲裁行程增加，因此这些模具省力而不省功。

3）加热冲裁（红冲）。金属在常温时的抗剪强度是一定的，但是，当金属材料加热到一定的温度之后，其抗剪强度显著减小，所以加热冲裁能减小冲裁力。但加热冲裁易影响冲裁件的表面质量，同时会产生热变形，精度低，因此应用比较少。

【例 2-6】　冲制如图 2-46 所示的接线端子落料件，图 2-62 所示为接线端子落料件的落

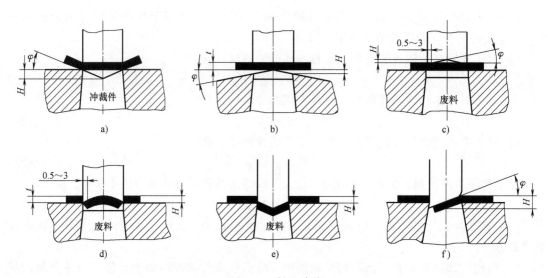

图 2-61 斜刃冲裁

a)、b) 落料用   c)、d)、e) 冲孔用   f) 切舌用

料模装配图。该模具采用了弹性卸料装置，出件方式为下出料，已知材料为 H62Y2，厚度为 1.5mm，$\tau = 412$MPa，试计算冲制该落料件所需总的冲压力。

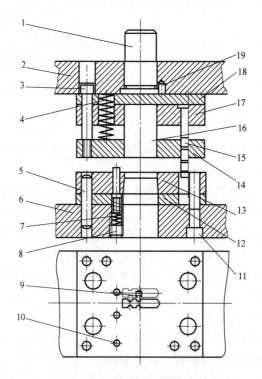

图 2-62 接线端子落料模

1—模柄 2—上模座 3—卸料螺钉 4—弹簧 5—定位销 6—下模座 7—弹簧 8、11—螺钉
9—挡料块 10—导料销 12—下垫板 13—落料凹模 14—卸料板 15—导柱
16—落料凸模 17—凸模固定板 18—上垫板 19—防转销

解　经绘制 CAD 图形，得接线端子落料件的周长 L 为 74.04mm，因为 $t = 1.5$mm，故其冲裁力为

$$F = KLt\tau = 1.3 \times 74.04 \times 1.5 \times 412\text{N} = 59483.74\text{N}$$

查表 2-25，取 $K_{卸} = 0.05$，$K_{推} = 0.055$，故

$$F_{卸} = K_{卸} F = 0.05 \times 59483.74\text{N} = 2974.187\text{N}$$

$$F_{推} = K_{推} F = 0.055 \times 59483.74\text{N} = 3271.6057\text{N}$$

$$F_{总} = F + F_{卸} + F_{推} = (59483.74 + 2974.187 + 3271.6057)\text{N} = 65729.5327\text{N}$$

由式（2-23）得

$$F_n \geqslant 1.3F_{总} = 1.3 \times 65729.5327\text{N} = 85448.3925\text{N}$$

2. 压力中心的计算

压力中心是指冲压力合力的作用点位置。为了保证压力机和模具正常平稳地工作，必须使模具的压力中心与压力机滑块中心重合。对于带模柄的中小型冲裁模，就是要使其压力中心与模柄轴线重合，否则冲裁过程中压力机滑块和冲裁模将会承受偏心载荷，使滑块导轨和冲裁模导向部分产生不正常磨损，合理间隙得不到保证，刃口迅速变钝，从而降低冲裁件的质量和模具寿命，甚至损坏模具。因此，设计模具时，应正确计算出冲裁时的压力中心，并使压力中心与模柄轴线重合。若因冲裁件的形状特殊，从模具结构方面考虑不宜使压力中心与模柄轴线重合。也应注意尽量使压力中心的偏离不超出所选压力机模柄孔投影面积的范围。

压力中心的确定方法有解析法、图解法和实验法，这里主要介绍解析法。

（1）单凸模冲裁时的压力中心　对于形状简单或对称的冲裁件，其压力中心即位于冲裁件轮廓图形的几何中心，如图 2-63 所示。

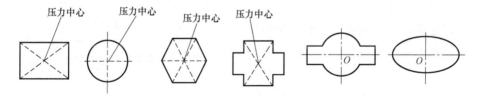

图 2-63　形状对称的冲裁件的压力中心

冲裁直线段时，其压力中心位于直线段的中点。冲裁圆弧段时，如图 2-64 所示，其压力中心的位置按式（2-24）计算

$$x_0 = R \frac{180° \sin\alpha}{\pi\alpha} = R \frac{b}{l} \tag{2-24}$$

对于形状复杂的冲裁件，如图 2-65 所示，计算步骤如下：

1）按比例画出冲裁件的轮廓。

2）建立直角坐标系 Oxy。

3）将组成图形的轮廓线划分为若干简单的直线段及圆弧段，并计算各线段的长度 l_1，l_2，l_3，…，l_n。

4）算出各线段的重心至 y 轴和 x 轴的距离 x_1，x_2，x_3，…，x_n 和 y_1，y_2，y_3，…，y_n。

5）根据"合力对某轴之矩等于各分力对同轴力矩之和"的力学原理，即可求出压力中心坐标，公式为

$$x_0 = \frac{l_1 x_1 + l_2 x_2 + \cdots + l_n x_n}{l_1 + l_2 + \cdots l_n} \tag{2-25}$$

$$y_0 = \frac{l_1 y_1 + l_2 y_2 + \cdots + l_n y_n}{l_1 + l_2 + \cdots l_n} \tag{2-26}$$

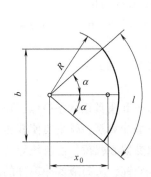

图 2-64　圆弧段的压力中心

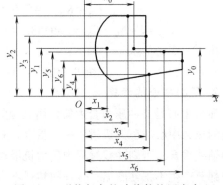

图 2-65　形状复杂的冲裁件的压力中心

（2）多凸模冲裁时的压力中心　多凸模冲裁时，首先应计算各凸模的压力中心，然后再计算模具的压力中心。计算步骤如下：

1）按比例并根据各凸模的相对位置画出每个凸模的刃口轮廓形状，如图 2-66 所示。

2）在任意位置建立直角坐标系 Oxy。

3）分别计算每个凸模刃口轮廓的压力中心到 x、y 轴的距离 y_1，y_2，y_3，$\cdots$，y_n 和 x_1，x_2，x_3，$\cdots$，x_n。

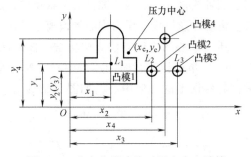

图 2-66　多个凸模冲裁时压力中心计算

4）分别计算每个凸模刃口轮廓的周长 L_1，L_2，L_3，$\cdots$，L_n。

5）根据力矩平衡原理，可得压力中心坐标 x_c、y_c 的计算公式为

$$x_c = \frac{L_1 x_1 + L_2 x_2 + \cdots + L_n x_n}{L_1 + L_2 + \cdots L_n} \tag{2-27}$$

$$y_c = \frac{L_1 y_1 + L_2 y_2 + \cdots + L_n y_n}{L_1 + L_2 + \cdots L_n} \tag{2-28}$$

【任务实施】

图 2-38 所示的 T 形板零件采用大批量生产，所用材料为 10 钢，料厚 $t = 2.2\text{mm}$，其冲裁工艺计算如下。

1. 排样设计与计算

为了提高材料利用率，采用直对排的排样方案，如图 2-67 所示。

由表 2-21 查得最小搭边值 $a = 2.5\text{mm}$，$a_1 = 2.2\text{mm}$，计算冲裁件坯料面积为

$$A = \left(44 \times 45 + 66 \times 20 + \frac{1}{2}\pi \times 10^2 - \frac{\pi}{4} \times 26^2\right)\text{mm}^2 = 2926.3\text{mm}^2$$

条料宽度为　$B = (120+3×2.5+44)\text{mm} = 171.5\text{mm}$

步距为　$s = (45+2.2)\text{mm} = 47.2\text{mm}$

一个步距的材料利用率为

$$\eta = \frac{2A}{Bs} = \frac{2×2926.3}{171.5×47.2}×100\% = 72.3\%$$

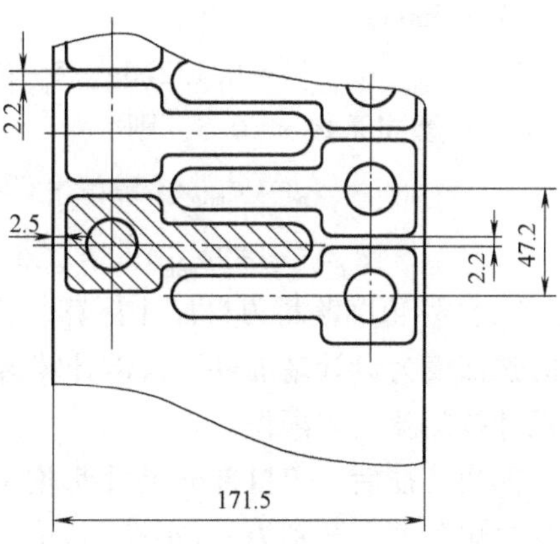

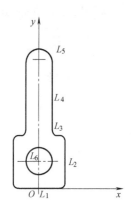

图 2-67　T 形板排样图

2. 计算冲压力与压力中心

1）10 钢的抗剪强度取 $\tau = 300\text{MPa}$。

2）根据零件图可算得一个零件的外周边之和 $L_1 = 321.4\text{mm}$，则落料力为

$$F_1 = KL_1 t\tau = 1.3×321.4×2.2×300\text{N} ≈ 275761\text{N}$$

3）零件的内孔周长 $L_2 = 81.64\text{mm}$，则冲孔力为

$$F_2 = KL_2 t\tau = 1.3×81.64×2.2×300\text{N} ≈ 70047\text{N}$$

4）查表 2-25，取 $K_卸 = 0.05$，则落料时卸料力为

$$F_卸 = K_卸 F_1 = 0.05×275761\text{N} ≈ 13788\text{N}$$

5）根据料厚，取凹模刃口直壁高度 $h = 6\text{mm}$，故 $n = h/t = 6/2.2 ≈ 2$。查表取 $K_推 = 0.055$，则推件力为

$$F_推 = nK_推 F = 2×0.055×70047\text{N} = 7705\text{N}$$

6）总的冲压力为

$$F_总 = F_1 + F_2 + F_卸 + F_推 = (275761+70047+13788+7705)\text{N} = 367301\text{N} ≈ 367.3\text{kN}$$

7）应选取的压力机公称力为 $F_n ≥ 1.3 F_总 = 1.3×367.3\text{kN} ≈ 477\text{kN}$，因此可选压力机型号为 J23-63。

8）按比例画出零件的形状，选取坐标系 Oxy，如图 2-68 所示。零件左右对称。即 $x_0 = 0$，只需计算 y_0。将零件冲裁周边分成 L_1，L_2，L_3，…，L_6 六条基本线段，求出各段长度和各段的重心位置。

$L_1 = 45\text{mm}$，$y_1 = 0$

$L_2 = 88\text{mm}$，$y_2 = 22\text{mm}$

$L_3 = 25\text{mm}$，$y_3 = 44\text{mm}$

$L_4 = 132\text{mm}$，$y_4 = 77\text{mm}$

$L_5 = 31.4\text{mm}$，$y_5 = (110+6.29)\ \text{mm} = 116.29\text{mm}$

$L_6 = 81.64\text{mm}$，$y_6 = 22\text{mm}$

$$y_0 = \frac{L_1 y_1 + L_2 y_2 + L_3 y_3 + L_4 y_4 + L_5 y_5 + L_6 y_6}{L_1 + L_2 + L_3 + L_4 + L_5 + L_6} = 46.27\text{mm}$$

图 2-68　T 形板的压力中心

设计模具时，确定落料凹模周界，将压力中心适当调整到 $y_0 = 50\text{mm}$ 处。

3. 计算凸、凹模刃口尺寸及公差

查表 2-14 和表 2-15，取单边间隙 $c_{min} = 0.154\text{mm}$，$c_{max} = 0.22\text{mm}$。

（1）$\phi 26^{+0.24}_{0}\text{mm}$ 冲孔刃口尺寸计算　孔 $\phi 26^{+0.24}_{0}\text{mm}$ 结构规则简单，采用凸、凹模分别加工的方法，取凸模作为基准。由表 2-17 得凸、凹模制造公差为：$\delta_p = 0.02\text{mm}$，

$\delta_d = 0.025mm$。

因 $2(c_{max}-c_{min}) = 0.132mm$，$\delta_p+\delta_d = 0.045mm$，满足 $\delta_p+\delta_d \le 2(c_{max}-c_{min})$ 的条件。查表 2-18 得磨损系数 $x = 0.5$，则

$$d_p = (d_{min}+x\Delta)_{-\delta_p}^{0} = (26+0.5\times0.24)_{-0.02}^{0}mm = 26.12_{-0.02}^{0}mm$$

$$d_d = (d_p+2c_{min})_{0}^{+\delta_d} = (26.12+2\times0.154)_{0}^{+0.025}mm = 26.428_{0}^{+0.025}mm$$

（2）外轮廓落料刃口尺寸计算　由于外轮廓形状比较复杂，采用配作加工的方法。落料时选凹模为设计基准件，只需计算落料凹模刃口尺寸及制造公差，凸模刃口尺寸由凹模实际尺寸按间隙要求配作。

凹模磨损后，刃口部分尺寸都增大，因此都属于 A 类尺寸。零件图中未注公差的尺寸采用自由公差，分别为：$120_{-0.87}^{0}mm$，$R10_{-0.36}^{0}mm$。

查表 2-18 得磨损系数：当 $\Delta \ge 0.5mm$ 时，$x = 0.5$；当 $\Delta = 0.25\sim0.49mm$ 时，$x = 0.75$。

零件尺寸 45mm 处的凹模尺寸为

$$A_{d1} = (A_1-x\Delta)_{0}^{+\frac{\Delta}{4}} = (45-0.5\times0.56)_{0}^{+\frac{0.56}{4}}mm = 44.72_{0}^{+0.14}mm$$

零件尺寸 44mm 处的凹模尺寸为

$$A_{d2} = (A_2-x\Delta)_{0}^{+\frac{\Delta}{4}} = (44-0.5\times0.54)_{0}^{+\frac{0.54}{4}}mm = 43.73_{0}^{+0.14}mm$$

零件尺寸 120mm 处的凹模尺寸为

$$A_{d3} = (A_3-x\Delta)_{0}^{+\frac{\Delta}{4}} = (120-0.5\times0.87)_{0}^{+\frac{0.87}{4}}mm = 119.57_{0}^{+0.22}mm$$

零件尺寸 R10mm 处的凹模尺寸为

$$A_{d4} = (A_4-x\Delta)_{0}^{+\frac{\Delta}{4}} = (10-0.75\times0.36)_{0}^{+\frac{0.36}{4}}mm = 9.73_{0}^{+0.09}mm$$

中心距尺寸 （22±0.62） mm 对应的凹模尺寸为

$$L_d = L\pm\frac{\Delta}{8} = \left(22\pm\frac{1.24}{8}\right)mm = (22\pm0.155)mm$$

任务五　冲裁模典型结构

【学习目标】

1. 了解冲裁模的分类。
2. 掌握冲裁模典型结构及其工作原理。

【任务导入】

如图 2-38 所示的 T 形板零件，采用大批量生产，所用材料为 10 钢，料厚 $t = 2.2mm$，试设计其模具结构。

⟫⟫【相关知识】

一、冲裁模的基本类型与结构

1. 冲裁模的基本类型

冲裁模的类型很多，一般可按下列不同特征分类。

1）按工序性质分类：可分为落料模、冲孔模、切断模、弯曲模、拉深模、成形模等。

2）按工序组合方式分类：可分为单工序模、级进模、复合模等。

3）按模具导向方式分类：可分为无导向模、导板模、导柱模等。

4）按模具专业化程度分类：可分为通用模、专用模、自动模、组合模、简易模等。

5）按模具工作零件所用材料分类：可分为钢质冲模、硬质合金冲模、锌基合金冲模、橡胶冲模、钢带冲模等。

6）按模具结构尺寸分类：可分为大型冲模和中小型冲模等。

2. 冲裁模的结构组成

冲裁模的类型虽然很多，但任何一副冲裁模都由上模和下模两个部分组成。上模通过模柄或上模座固定在压力机的滑块上，可随滑块做上、下往复运动，是冲裁模的活动部分；下模通过下模座固定在压力机工作台或垫板上，是冲裁模的固定部分。

图 2-69 所示是一副零部件比较齐全的连接板复合冲裁模。该模具的上模由模柄 14、上模座 13、垫板 11、凸模固定板 9、冲孔凸模 17、落料凹模 7、推件装置（由打杆 15、推件块 8 构成）、导套 10、紧固用螺钉 16 和销钉 12 等零部件组成；下模由凸凹模 18、卸料装置（由卸料板 19、卸料螺钉 2、橡胶 5 构成）、导料销 6、挡料销 22、凸凹模固定板 4、下模座 1、导柱 3、紧固用螺钉 21 和销钉 20 等零部件组成。工作时，条料沿导料销 6 送至挡料销 22 处定位，开动压力机，上模随滑块向下运动，具有锋利刃口的冲孔凸模 17、落料凹模 7 与凸凹模 18 一起穿过条料，使冲裁件和冲孔废料与条料分离而完成冲裁工作。滑块带动上模回升时，卸料装置将箍在凸凹模上的条料卸下，推件装置将卡在落料凹模与冲孔凸模之间的冲裁件推落在下模上面，而卡在凸凹模内的冲孔废料是在一次次冲裁过程中由冲孔凸模逐次向下推出。将推落在下模上面的冲裁件取走后，可进行下一次冲压循环。

从上述模具结构可知，组成冲裁模的零部件各有其独特的作用，并在冲压时相互配合，以保证冲压过程正常进行，从而冲出合格的冲裁件。根据各零部件在模具中所起的作用不同，一般可将冲裁模分成以下几个部分。

1）工作零件：直接使坯料产生分离或塑性变形的零件，如图 2-69 中的冲孔凸模 17、落料凹模 7、凸凹模 18 等。工作零件是冲裁模中最重要的零件。

2）定位零件：确定坯料或工序件在冲裁模中正确位置的零件，如图 2-69 中的挡料销 22、导料销 6 等。

3）卸料与出件零件：这类零件可将箍在凸模上或卡在凹模内的废料或冲裁件卸下、推出或顶出，以保证冲压工作能继续进行，如图 2-69 中的卸料板 19、卸料螺钉 2、橡胶 5、打杆 15、推件块 8 等。

4）导向零件：确定上、下模的相对位置并保证运动导向精度的零件，如图 2-69 中的导柱 3、导套 10 等。

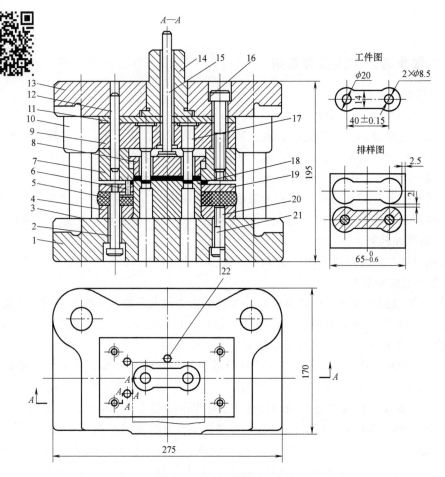

图 2-69　冲裁模的结构组成

1—下模座　2—卸料螺钉　3—导柱　4—凸凹模固定板　5—橡胶　6—导料销　7—落料凹模
8—推件块　9—凸模固定板　10—导套　11—垫板　12、20—销钉　13—上模座　14—模柄
15—打杆　16、21—螺钉　17—冲孔凸模　18—凸凹模　19—卸料板　22—挡料销

　　5）支承与固定零件：将上述各类零件固定在上、下模上，以及将上、下模连接在压力机上的零件，如图 2-69 中的固定板 4 与 9、垫板 11、上模座 13、下模座 1、模柄 14 等。这些零件是冲裁模的基础零件。

　　6）其他零件：除上述零件以外的零件，如紧固件（主要为螺钉、销钉）和侧孔冲裁模中的滑块、斜楔等。

　　当然，不是所有的冲裁模都具备上述各类零件，但工作零件和必要的支承与固定零件是不可缺少的。

二、冲裁模的典型结构

1. 单工序模

　　单工序冲裁模又称为简单冲裁模，是指在压力机的一次行程内只完成一道冲裁工序的模具，如落料模、冲孔模、切断模、切口模等。

（1）落料模　落料模是指沿封闭轮廓将冲裁件从板料上分离的冲裁模。

图 2-70 所示为导柱式固定卸料落料模，落料凸模 3 和落料凹模 9 是工作零件，固定挡料销 8 与导料板（与固定卸料板 1 做成了一个整体）是定位零件，导柱 5、导套 7 为导向零件，固定卸料板 1 只起卸料作用。这种冲裁模的上、下模的正确位置是利用导柱和导套的导向来保证的，且凸模在进行冲裁之前，导柱已经进入导套，从而保证了在冲裁过程中凸、凹模之间间隙的均匀性。该模具用固定挡料销和导料板对条料定位，冲裁件由凸模逐次从凹模孔中推下并经压力机工作台孔漏入料箱。

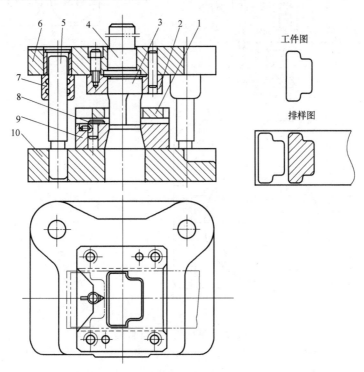

图 2-70　导柱式固定卸料落料模

1—固定卸料板　2—凸模固定板　3—落料凸模　4—模柄　5—导柱　6—上模座　7—导套

8—固定挡料销　9—落料凹模　10—下模座

图 2-71 所示为导柱式弹压落料模，该模具除上、下模采用导柱 19 和导套 20 进行导向以外，还采用了由卸料板 11、卸料弹簧 2 及卸料螺钉 3 构成的弹性卸料装置和由顶件块 13、顶杆 15、弹顶器（由托板 16、橡胶 22、螺栓 17、螺母 21 构成）构成的弹性顶件装置卸下废料和顶出冲裁件，冲裁变形小且尺寸精度、平面度较高。这种结构广泛用于冲裁材料厚度较小且有平面度要求的金属件和易于分层的非金属件。

（2）冲孔模　冲孔模是指沿封闭轮廓将废料从坯料或工序件上分离而得到带孔冲裁件的冲裁模。冲孔模的结构与一般落料模相似，但冲孔模有自己的特点：冲孔大多是在工序件上进行的，为了保证冲裁件平整，冲孔模一般采用弹性卸料装置（兼压料作用），并注意解决好工序件的定位和取出问题；冲小孔时，必须考虑凸模的强度和刚度，以及快速更换凸模的结构；冲裁成形零件上的侧孔时，需考虑凸模水平运动方向的转换机构等。

图 2-72 所示为导柱式冲孔模，凸模 2 和凹模 3 是工作零件，定位销 1、17 是定位零件，

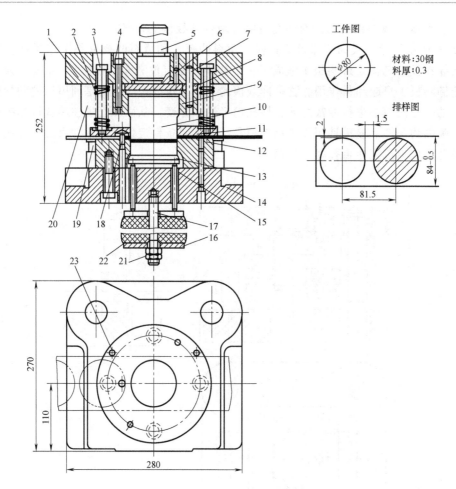

工件图

材料:30钢
料厚:0.3

排样图

图 2-71 导柱式弹压落料模

1—上模座 2—卸料弹簧 3—卸料螺钉 4—螺钉 5—模柄 6—止动销 7—销钉 8—垫板
9—凸模固定板 10—落料凸模 11—卸料板 12—落料凹模 13—顶件块 14—下模座 15—顶杆
16—托板 17—螺栓 18—固定挡料销 19—导柱 20—导套 21—螺母 22—橡胶 23—导料销

卸料板 5、卸料螺钉 10 和橡胶 9 构成弹性卸料装置。工件以内孔 $\phi50mm$ 和圆弧 $R7mm$ 分别在定位销 1 和 17 上定位,弹性卸料装置在凸模 2 下行冲孔时可将工件压紧,以保证冲裁件平整;在凸模回程时又能起卸料的作用。冲孔废料直接由凸模依次从凹模孔内推出。定位销 1 的右边缘与凹模板外侧平齐,可使工件定位时右凸缘悬于凹模板以外,以便于取出冲裁件。

图 2-73 所示为斜楔式侧面冲孔模,它的工作过程是:将毛坯放入模具,由冲孔凹模 13 的外形进行定位,压料板 12 将毛坯压紧在凹模的上表面,冲孔凸模 14 在斜楔 7、滑块 6 的驱动下向左运动完成冲孔;冲孔结束后,上模回程,斜楔上行,滑块在复位装置的作用下带动凸模退出凹模;同时压料板上行,取出工件,废料由冲孔凸模直接从凹模孔内推出。这副模具的特点是采用斜楔实现水平冲压。

图 2-74 所示为凸模全长导向结构的小孔冲孔模,该模具的结构特点如下:

1)采用了凸模全长导向结构。由于设置了扇形块 10 和凸模护套 9,凸模 7 在工作行程中除了进入被冲材料以内的工作部分以外,其余部分都受到了凸模护套 9 不间断的导向作

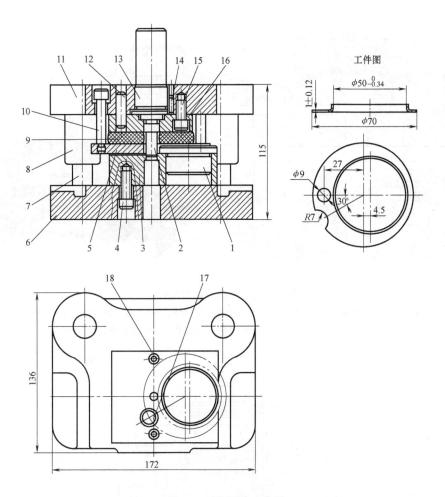

图 2-72　导柱式冲孔模

1、17—定位销　2—凸模　3—凹模　4、15—螺钉　5—卸料板　6—下模座　7—导柱　8—导套
9—橡胶　10—卸料螺钉　11—上模座　12、18—销钉　13—模柄　14—防转销　16—固定板

用，因而大大提高了凸模的稳定性。

2）模具导向精度高。模具的导柱 4 不但在上、下模之间导向，而且对卸料板 6 也进行导向。冲压过程中，由于导柱的导向作用，严格地保证了卸料板中凸模护套与凸模之间的精确滑配，避免了卸料板在冲裁过程中的偏摆。此外，为了提高导向精度，消除压力机滑块导向误差的影响，该模具还采用了浮动模柄结构。

2. 复合模

复合模是一种多工序冲裁模，它在结构上的主要特征是有一个或几个有双重作用的工作零件——凸凹模。如在落料冲孔复合模中有一个既能用作落料凸模又能用作冲孔凹模的凸凹模。根据凸凹模在模具中的装配位置不同，复合模可分为正装式和倒装式两种。凸凹模装在上模的称为正装式复合模，凸凹模装在下模的称为倒装式复合模。

（1）正装式复合模　图 2-75 所示为正装式落料冲孔复合模，凸凹模 6 装在上模，落料凹模 8 和冲孔凸模 11 装在下模。

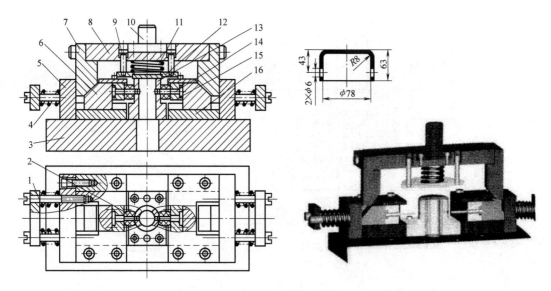

图 2-73　斜楔式侧面冲孔模

1、9—螺钉　2—橡胶　3—下模板　4、11—弹簧　5—托板　6—滑块　7—斜楔　8—上模板
10—模柄　12—压料板　13—冲孔凹模　14—冲孔凸模　15—凸模固定板　16—底座

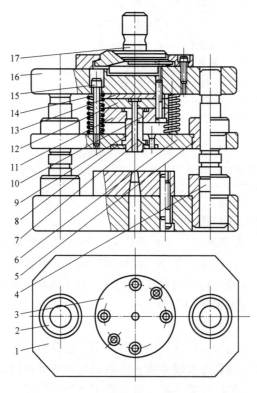

图 2-74　凸模全长导向结构的小孔冲孔模

1—下模座　2、5—导套　3—凹模　4—导柱　6—卸料板　7—凸模　8—托板　9—凸模护套　10—扇形块
11—扇形块固定板　12—凸模固定板　13—垫板　14—弹簧　15—阶梯螺钉　16—上模座　17—模柄

工作时，条料由导料销 13 和挡料销 12 定位，上模下行，凸凹模外形与落料凹模配合进行落料，落下的冲裁件卡在凹模内，同时冲孔凸模与凸凹模内孔配合进行冲孔，冲孔废料卡在凸凹模孔内。卡在凹模内的冲裁件由顶件装置顶出。顶件装置由带肩顶杆 10、顶件块 9 及装在下模座底下的弹顶器（与下模座的螺纹孔连接，图中未画出）组成。当上模上行时，原来在冲裁时被压缩的弹性元件回复，弹力通过顶杆和顶件块把卡在凹模中的冲裁件顶出凹模面。该顶件装置因弹顶器装在模具底下，弹性元件的高度不受模具空间的限制，顶件力大小容易调节，可获得较大的顶件力。卡在凸凹模内的冲孔废料由推件装置推出。推件装置由打杆 1、推板 3 和推杆 4 组成。当上模上行至上死点时，压力机滑块内的打料杆通过打杆、推板和推杆将废料推出。每冲裁一次，冲孔废料被推出一次，凸凹模孔内不积存料，因而胀力小，凸凹模不易破裂。但冲孔废料落在下模工作面上，清除废料较麻烦（尤其是孔较多时）。条料的边料由弹性卸料装置卸下。由于采用固定挡料销和导料销，需在卸料板上钻出让位孔。

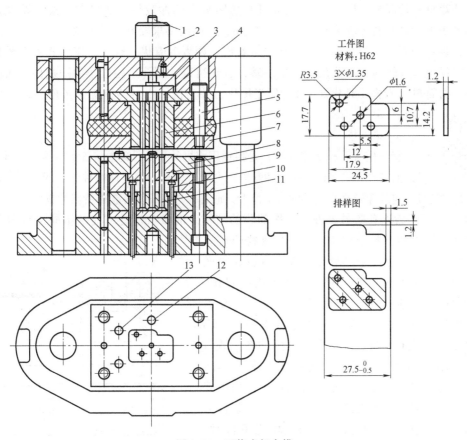

图 2-75　正装式复合模

1—打杆　2—模柄　3—推板　4—推杆　5—卸料螺钉　6—凸凹模　7—卸料板　8—落料凹模
9—顶件块　10—带肩顶杆　11—冲孔凸模　12—挡料销　13—导料销

图 2-76 所示为落料冲孔复合模工作部分的结构，凸凹模 5 起落料凸模和冲孔凹模的作用，它与落料凹模 3 配合完成落料工序，与冲孔凸模 2 配合完成冲孔工序。在压力机的一次行程内，在冲裁模的同一工位上，凸凹模既完成了落料又完成了冲孔。冲裁结束后，冲裁件

卡在落料凹模内腔中，由推件块 1 推出；条料箍在凸凹模上，由卸料板 4 卸下；冲孔废料卡在凸凹模内，由冲孔凸模 2 逐次推下。

从上述工作过程可以看出，正装式复合模工作时，板料是在压紧的状态下分离，故冲出的冲裁件平面度较高，但由于弹性顶件和弹性卸料装置的作用，分离后的冲裁件容易被嵌入边料中影响操作，从而影响生产率。

（2）倒装式复合模　图 2-69 所示即为倒装式复合模，该模具的凸凹模 18 装在下模，落料凹模 7 和冲孔凸模 17 装在上模。倒装式复合模一般采用刚性推件装置，冲裁件不是处于被压紧状态下分离，因而其平面度不高。同时，由于冲孔废料直接从凸凹模孔内推下，当采用直刃壁凹模孔口时，凸凹模内孔中会聚积废料，凸凹模壁厚较小时可能引起胀裂，因而这种复合模结构适用于冲裁材料较硬或厚度大于 0.3mm 且孔边距较大的冲裁件。如果在上模内设置弹性元件，即可用来冲制材料较软或料厚小于 0.3mm、平面度要求较高的冲裁件。

从正装式和倒装式复合模结构分析中可看出，两者各有优、缺点。正装式复合模较适用于冲制材料较软或较薄、平面度较高的冲裁件，还可以冲制孔边距较小的冲裁件。而倒装式复合模结构简单（省去了顶出装置），便于操作，并为机械化出件提供了条件，故应用非常广泛。

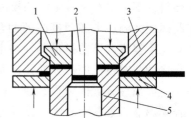

图 2-76　复合模工作部分的结构
1—推件块　2—冲孔凸模　3—落料凹模
4—卸料板　5—凸凹模

3. 级进模

级进模（又称为连续模）是指在压力机的一次行程中，依次在同一模具的不同工位上同时完成多道工序的冲裁模。在级进模上，根据冲裁件的实际需要，将各工序沿送料方向按一定顺序安排在模具的各工位上，通过级进冲压便可获得所需冲裁件。

图 2-77 所示为冲孔落料级进模工作部分的结构。沿条料送进方向的不同工位上分别安排了冲孔凸模 1 和落料凸模 2，冲孔和落料凹模型孔均开设在凹模 7 上。条料沿导料板 5 从右往左送进时，先由始用挡料销 8（用手压住始用挡料销，可使始用挡料销伸出导料板而挡住条料；松开手后，在弹簧作用下始用挡料销便缩进导料板内，不起挡料作用）定位，在 O_1 的位置上由冲孔凸模 1 冲出内孔 d，此时落料凸模 2 因无料可冲是空行程。当条料继续往左送进时，松开始用挡料销，利用固定挡料销 6 粗定位，导正销 3 精定位，这时条料上已冲出的孔处在 O_2 的位置上。当上模再下行时，落料凸模 2 端部的导正销 3 首先导入条料孔中进行精确定位，接着落料凸模 2 对条料进行落料，得到外径为 D、内径为 d 的环形垫圈。与此同时，在 O_1 的位置上又由冲孔凸模 1 冲出了内孔 d，待下次冲压时在 O_2 的位置上又可冲出一个完整的冲裁件。这样连续冲压，在压力机的一次行程中可在冲裁模

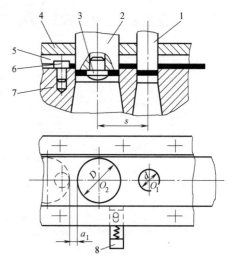

图 2-77　级进模工作部分的结构
1—冲孔凸模　2—落料凸模　3—导正销
4—卸料板　5—导料板　6—固定挡料销
7—凹模　8—始用挡料销

两个工位上分别进行冲孔和落料两种不同的冲压工序，且每次冲压均可得到一个冲裁件。

级进模不但可以完成冲裁工序，还可完成成形工序（如弯曲、拉深等），甚至装配等工序。许多需要多工序冲压的复杂冲裁件可在一副模具上完全成形，因而它是一种多工序高效率冲模。级进模可分为普通级进模和精密级进模，这里只介绍普通冲裁级进模的典型结构及排样设计应注意的问题。

（1）级进模的典型结构　采用级进模冲压时，冲裁件是依次在几个不同工位上逐步成形的，因此要保证冲裁件的尺寸及内、外形相对位置精度，必须从模具结构上解决条料或带料的准确送进与定距问题。根据级进模定位零件的特征，级进模有以下两种典型结构。

1）用挡料销和导正销定位的级进模。图 2-78 所示为用挡料销和导正销定位的冲孔落料级进模，上、下模通过导板（兼卸料板）导向，冲孔凸模 3 与落料凸模 4 之间的中心距等于送料距离 s（称为送料步距），条料由固定挡料销 6 粗定位，由装在落料凸模 4 上的两个导正销 5 精确定位。为了保证首件冲裁时的正确定距，采用始用挡料销 7 初定位。工作时，先用手按住始用挡料销 7 对条料进行初始定位，冲孔凸模 3 在条料上冲出两孔，然后松开始用挡料销 7，将条料送至固定挡料销 6 进行粗定位，上模下行时，导正销 5 先行导入条料上已冲出的孔进行精确定位，接着同时进行落料和冲孔。以后各次冲裁时，都由固定挡料销 6 控制送料步距做粗定位，每次行程即可冲下一个冲裁件并冲出两个内孔。

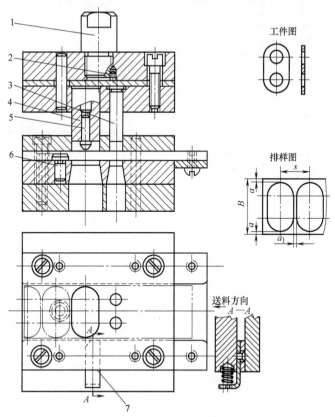

图 2-78　用挡料销和导正销定位的冲孔落料级进模

1—模柄　2—螺钉　3—冲孔凸模　4—落料凸模

5—导正销　6—固定挡料销　7—始用挡料销

2) 侧刃定距的级进模。图 2-79 所示为双侧刃定距的冲孔落料级进模。它用一对侧刃 16 代替了始用挡料销、固定挡料销和导正销来控制条料的送料步距。侧刃实际上是一个具有特殊功用的凸模,其作用是在压力机每次冲压行程中,沿条料边缘切下一块长度等于送料步距的边料。由于沿着送料方向,侧刃前后两导料板的间距不同,前宽后窄形成一个凸肩,所以条料上只有被切去料边的部分才能通过,通过的距离等于送料步距。采用双侧刃前后对角排列,在料头和料尾冲压时都能起定距作用,从而减少条料的损耗,工位较多的级进模都应采用这种结构方式。此外,因为该模具冲裁的板料较薄(料厚为 0.3mm),又是侧刃定距,所以采用弹性卸料代替固定卸料。

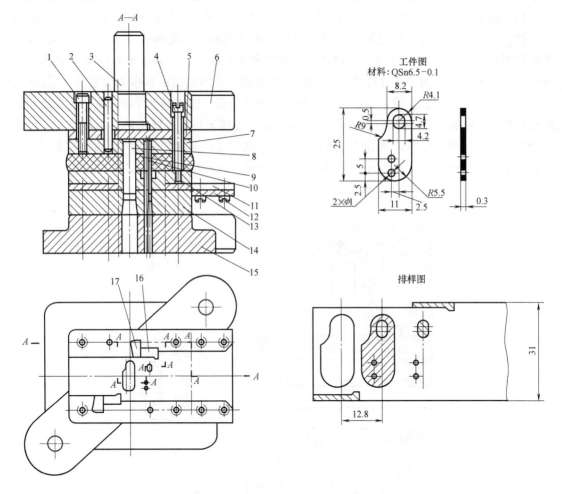

图 2-79　双侧刃定距的冲孔落料级进模

1—内六角螺钉　2—销钉　3—模柄　4—卸料螺钉　5—垫板　6—上模座　7—凸模固定板

8、10—凸模　9—橡胶　11—导料板　12—承料板　13—卸料板　14—凹模

15—下模座　16—侧刃　17—侧刃挡块

图 2-80 为侧刃定距的弹压导板级进模。该模具除了具有上述侧刃定距级进模的特点外,还具有如下特点:凸模以装在弹压导板 2 中的导板镶块 4 导向,弹压导板又以导柱 1、10 导向,保证了凸模与凹模的正确配合,并加强了凸模的纵向稳定性,避免小凸模产生纵向弯

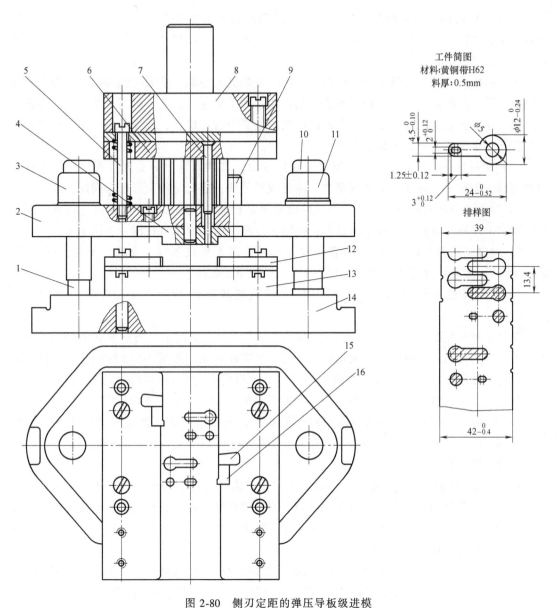

工件简图
材料:黄铜带H62
料厚:0.5mm

排样图

图 2-80　侧刃定距的弹压导板级进模

1、10—导柱　2—弹压导板　3、11—导套　4—导板镶块　5—卸料螺钉　6—凸模固定板

7—凸模　8—上模座　9—限位柱　12—导料板　13—凹模　14—下模座　15—侧刃挡块　16—侧刃

曲；凸模 7 与凸模固定板 6 为间隙配合，凸模装配调整和更换较方便；弹压导板用卸料螺钉与上模座连接，加上凸模与固定板是间隙配合，因此能消除压力机导向误差对模具的影响，可延长模具的寿命；设置了淬硬的侧刃挡块 15，提高了导料板 12 挡料处的寿命，从而提高了条料的定距精度。

　　比较上述两种级进模不难看出，如果板料厚度较小，用导正销定位时孔的边缘可能被导正销摩擦压弯，因而不能起正确导正和定位作用；对于窄长形的冲裁件，一般送料步距较小，不宜安装始用挡料销和固定挡料销；落料凸模尺寸不大时，若在凸模上安装导正销，将影响凸模强度。因此，采用固定挡料销与导正销定位的级进模，一般适用于冲制板料厚度大于 0.3mm、材料较硬的冲裁件及送料步距与落料凸模稍大的场合，否则宜采用侧刃定距。侧刃定距的级进模不存在上述问题，且操作方便，效率高，定位准确，但材料消耗较多，冲裁力较大，模具也比较复杂。

在实际生产中，对于精度要求较高、工位较多的级进冲裁，可采用侧刃与导正销联合定位的级进模。此时侧刃相当于始用和固定挡料销，用于粗定位；导正销用于精定位。导正销像凸模一样安装在凸模固定板上，在凹模的相应位置设有让位孔，或在条料的适当位置预冲出工艺孔，供导正销导正条料。

（2）级进冲裁的排样设计 采用级进模冲裁时，排样设计十分重要，不仅要考虑材料的利用率，还要考虑冲裁件的精度要求、冲压成形规律、模具结构及强度等问题。

1）冲裁件精度对排样的要求。冲裁件精度要求较高时，除采用精确定位方法外，还应尽量减少工位数，以减少工位积累误差；孔距公差较小的孔应尽量在同一工位上冲出。

2）模具结构对排样的要求。冲裁件较大或虽小但工步较多时，为减小模具轮廓尺寸，可采用级进-复合排样方法，如图 2-81a 所示，以减小工位数。

3）模具强度对排样的要求。对于孔壁间距离较小的冲裁件，孔应分步冲出，如图 2-81a、b 所示。

工位之间凹模型孔壁厚较小时，应增设空位，如图 2-81c 所示；外形复杂的冲裁件应分步冲出，以简化凸、凹模结构，增加强度，便于加工和装配，如图 2-81d 所示；侧刃的位置应尽量避免导致凸、凹模局部工作而损坏刃口，可将侧刃与落料凹模刃口之间的距离增大 0.2~0.4mm，以避免落料凸、凹模切下条料端部的极小宽度，如图 2-81b 所示。

4）冲压成形规律对排样的要求。对于需要经过弯曲、拉深、翻边等成形工序的冲裁件，采用级进冲压时，位于变形部位的孔应安排在成形工位之后冲出，落料或切断工步一般安排在最后的工位上。

5）全部是冲裁工序的级进模，一般是先冲孔后落料或切断。先冲出的孔可作为后续工位的定位孔，若该孔不适合于定位或定位精度要求较高时，则可在料边冲出辅助定位工艺孔（又称为导正销孔），如图 2-81a 所示。对套料进行级进冲裁时，按由里向外的顺序，先冲内轮廓后冲外轮廓，如图 2-81e 所示。

前面介绍了单工序模、复合模、级进模三类冲裁模的典型结构，这三类模具的结构特点与适用场合各有不同，表 2-26 列出了它们之间的对比关系，供选择时参考。

表 2-26 单工序模、复合模、级进模的对比关系

对比项目	单工序模		级进模	复合模
	无导向的	有导向的		
制件精度	低	一般	可达 IT13~IT9	可达 IT10~IT8
制件平整度	差	一般	不平整,要求较高时需校平	因压料较好,制件平整
制件形状尺寸	尺寸不受限	中小型尺寸	复杂及小制件,尺寸在250mm 以下	受模具结构与强度制约,尺寸在300mm 以下
制件厚度	厚度不受限	厚度较大	厚度为 0.1~6mm	厚度为 0.05~3mm
生产率	低	较低	最高	一般

（续）

对比项目	单工序模		级进模	复合模
	无导向的	有导向的		
模具制造工作量和成本	低	比无导向的略高	冲制较简单的制件时比复合模低	冲制复杂制件时比级进模低
适应制件批量	小批量	中小批量	大批量	大批量
操作的安全性	不安全,需采取安全措施		较安全	不安全,需采取安全措施
自动化的可能性	不能使用		最宜使用	一般不用

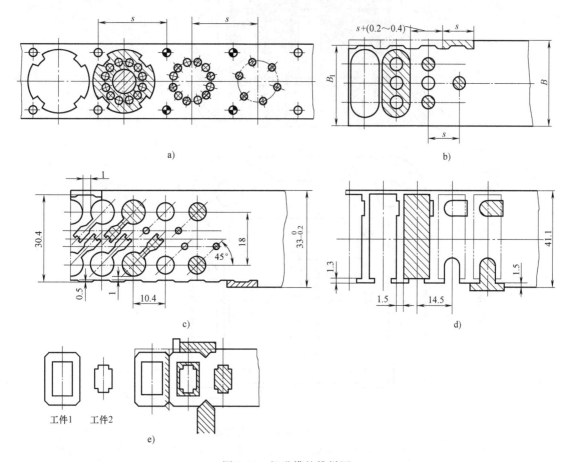

图 2-81　级进模的排样图

【任务实施】

图 2-82 所示为 T 形板倒装式复合冲裁模。条料由 2 个导料销 25 送料定向,活动挡料销 1 送料定距;由落料凹模 6、冲孔凸模 5、凸凹模 24 完成落料、冲孔的工序;由卸料板 20、卸料螺钉 22 和橡胶 4 组成的弹性卸料装置卸下条料;由推杆 18、推板 13 和推件块 19 组成的刚性推件装置推出 T 形板冲裁件;冲孔废料可通过凸凹模的内孔从压力机工作台漏下。

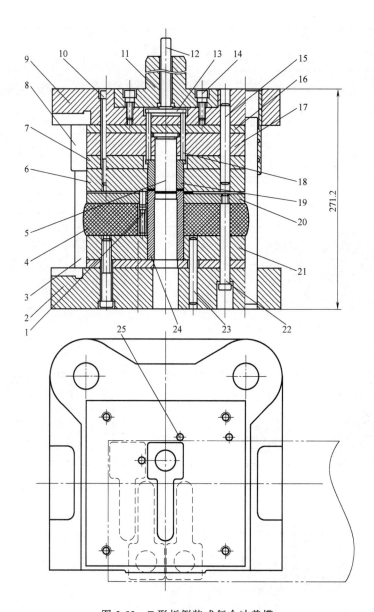

图 2-82　T形板倒装式复合冲裁模

1—活动挡料销　2—下模座　3—导柱　4—橡胶　5—冲孔凸模　6—落料凹模　7、16—垫板　8—导套
9—上模座　10、14—螺钉　11—模柄　12—打杆　13—推板　15、23—销钉　17—凸模固定板　18—推杆
19—推件块　20—卸料板　21—凸凹模固定板　22—卸料螺钉　24—凸凹模　25—导料销

任务六　冲裁模主要零部件的设计与选用

【学习目标】

1. 能正确设计工作零件结构。

2．能正确选用定位零件及其尺寸。

3．能正确选用卸料与出件装置。

4．能正确选用导向与固定零件。

【任务导入】

如图 2-38 所示的 T 形板零件，采用大批量生产，所用材料为 10 钢，料厚 $t = 2.2\,\mathrm{mm}$，试对其进行冲裁零部件设计与选用。

【相关知识】

前面介绍了各类冲裁模的典型结构，通过分析这些冲裁模的结构可知，尽管各类冲裁模的结构型式和复杂程度不同，但每一副冲裁模都是由一些能协同完成冲压工作的基本零部件构成的，这些零部件按其在冲裁模中所起作用不同，可分为工艺零件和结构零件两大类。

1）工艺零件：直接参与完成工艺过程并与板料或冲裁件直接发生作用的零件，包括工作零件、定位零件、卸料与出件零部件等。

2）结构零件：将工艺零件固定连接起来构成模具整体，是对冲裁模完成工艺过程起保证和完善作用的零件，包括支承与固定零件、导向零件、紧固件及其他零件等。

冲裁模零部件的详细分类如图 2-83 所示。

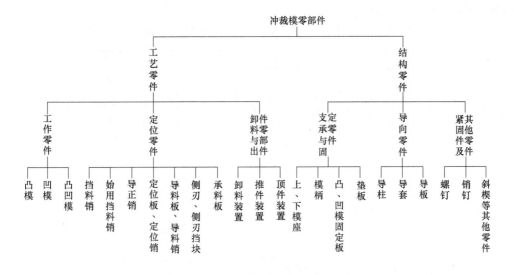

图 2-83　冲裁模零部件详细分类

我国对中小型冲压模具先后制定了相应的标准，这些标准根据模具类型、导向方式、凹模形状等不同，规定了多种典型组合形式。每一种典型组合中，又规定了多种模架类型及相应的凹模周界尺寸（长×宽或直径）、凹模厚度、凸模长度和固定板、卸料板、垫板、导料板等模板的具体尺寸，还规定了选用标准件的种类、规格、数量、布置方式、有关的尺寸及技术条件等。相关现行标准代号可在设计手册或网上查询。在模具设计时，重点只需放在工作零件的设计上，其他零件可尽量选用标准件或选用标准件后再进行二次加工，可简化模具设计，缩短设计周期，同时为模具计算机辅助设计奠定基础。

一、工作零件

1. 凸模

（1）凸模的结构型式与固定方法　由于冲裁件的形状和尺寸不同，生产中使用的凸模结构型式很多，按整体结构分有整体式（包括阶梯式和直通式）、护套式和镶拼式；按截面形状分有圆形和非圆形；按刃口形状分有平刃和斜刃等。

不管凸模的结构型式如何，其基本结构均由两部分组成：一是工作部分，用以成形冲裁件；二是安装部分，用来使凸模正确地固定在模座上。对于刃口尺寸不大的小凸模，从增加刚度等因素考虑，可在这两部分之间增加过渡段，如图 2-84 所示。

1）圆形凸模。为了保证强度、刚度及便于加工与装配，圆形凸模常做成圆滑过渡的阶梯形。前端直径为 d 的部分是具有锋利刃口的工作部分；中间直径为 D 的部分是安装部分，它与固定板采用 H7/m6 或 H7/n6 过渡配合；尾部台肩 D_1 是为了保证卸料时

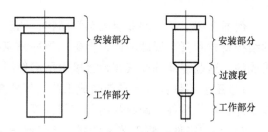

图 2-84　凸模的构成

凸模不被拉出。圆形凸模的结构和尺寸规格现已标准化（如 JB/T 5826—2008），其他标准结构请参阅相关标准选用。

图 2-85a 所示为常用于较大直径的凸模，图 2-85b 所示为常用于较小直径的凸模，它们

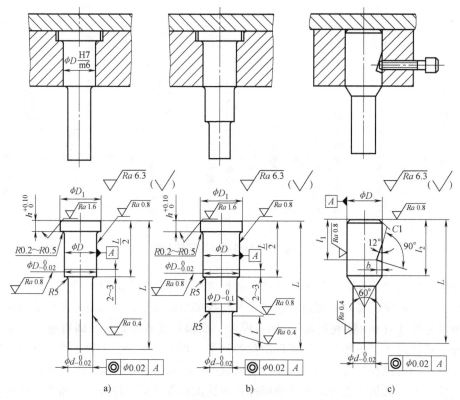

图 2-85　标准圆形凸模的结构及固定

都采用台肩式固定；图 2-85c 所示是快换式小凸模，维修、更换方便。

2）非圆形凸模。非圆形凸模在实际生产中应用广泛，常分为阶梯式（图 2-86a、b）和直通式（图 2-86c、d）。

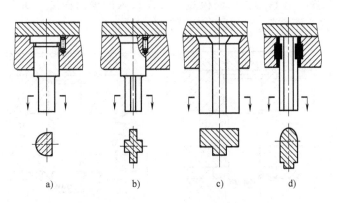

图 2-86　非圆形凸模的结构与固定

3）冲小孔凸模。所谓小孔，通常是指孔径 d 小于被冲板料的厚度或直径 $d<1\text{mm}$ 的圆孔和面积 $A<1\text{mm}^2$ 的异形孔。冲小孔凸模的强度和刚度差，容易弯曲和折断，所以必须采取措施提高它的强度和刚度。生产实际中，最有效的措施之一就是对小凸模增加起保护作用的导向结构，如图 2-87 所示。其中图 2-87a、b 所示是局部导向结构，用于导板模或利用弹压卸料板对凸模进行导向的模具上，其导向效果不如全长导向结构；图 2-87c、d 所示基本上是全长导向结构，其护套装在卸料板或导板上，在工作过程中护套对凸模在全长方向始终起导向和保护作用，避免了小凸模受到侧压力，从而可有效防止小凸模的弯曲和折断。

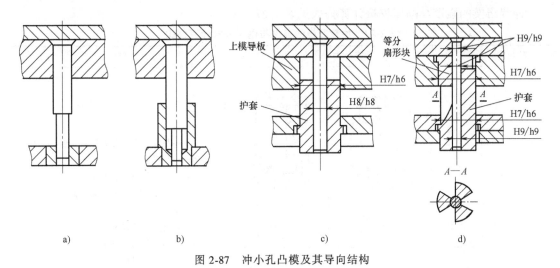

图 2-87　冲小孔凸模及其导向结构

（2）凸模长度的计算　凸模的长度尺寸应根据模具的具体结构确定，同时要考虑凸模的修磨量及固定板与卸料板之间的安全距离等因素。

采用固定卸料时（图 2-88a），凸模长度可按式（2-29）计算

$$L=h_1+h_2+h_3+h \tag{2-29}$$

采用弹压卸料时（图 2-88b），凸模长度可按式（2-30）计算

$$L = h_1 + h_2 + t + h \tag{2-30}$$

式中，L 为凸模长度；h_1 为凸模固定板厚度；h_2 为卸料板厚度；h_3 为导料板厚度；t 为材料厚度；h 为增加的长度，包括凸模的修模量、凸模进入凹模的深度（0.5~1mm）、凸模固定板与卸料板之间的安全距离等，一般取经验值 10~20mm。

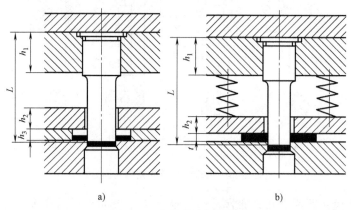

图 2-88　凸模长度的计算

若选用标准凸模，按照上述方法得出凸模长度后，还应根据冲模标准中的凸模长度系列选取最接近的标准长度作为实际凸模的长度。

（3）凸模的强度与刚度校核　一般情况下，凸模的强度和刚度是足够的，没有必要进行校核。但当凸模的截面尺寸很小而冲裁的板料厚度较大，或根据结构需要确定的凸模特别细长时，则必须进行承压能力和抗纵向弯曲能力的校核。

冲裁凸模的强度与刚度校核计算公式见表 2-27。

表 2-27　冲裁凸模的强度与刚度校核计算公式

校核内容		计算公式		式中符号意义
弯曲应力	简图	无导向	有导向	L——凸模允许的最大自由长度（mm） d——凸模的最小直径（mm） A_1——凸模最小断面面积（mm²） J——凸模最小截面的惯性矩（mm⁴） F——冲裁力（N） τ——材料抗剪强度（MPa） t——冲压材料的厚度（mm） $[\sigma_压]$——凸模材料的许用压应力（MPa），碳素工具钢淬火后的许用压应力一般为淬火前的 1.5~3 倍
	圆形	$L \leqslant 94\dfrac{d^2}{\sqrt{F}}$	$L \leqslant 266\dfrac{d^2}{\sqrt{F}}$	
	非圆形	$L \leqslant 423\sqrt{\dfrac{J}{F}}$	$L \leqslant 1190\sqrt{\dfrac{J}{F}}$	
压应力	圆形	$d \geqslant \dfrac{4t\tau}{[\sigma_压]}$		
	非圆形	$A_1 \geqslant \dfrac{F}{[\sigma_压]}$		

2. 凹模

凹模的结构型式也较多，按外形可分为标准圆形凹模和矩形凹模；按结构可分为整体式、组合式和镶块式；按刃口的结构型式可分为直筒形和锥形。

（1）凹模的结构型式与固定方法　图 2-89 所示是整体式凹模及其固定方式，它是普通冲裁模最常用的结构型式。其优点是模具结构简单，强度较好，装配比较容易、方便；缺点是一旦刃口局部磨损或损坏就需要整体更换，同时因为凹模的非工作部分也采用模具钢，所以制造成本较高。这种结构型式适用于中小型冲裁件的模具。由于凹模的平面尺寸较大，可以直接利用螺钉和销钉将其固定在下模座上。

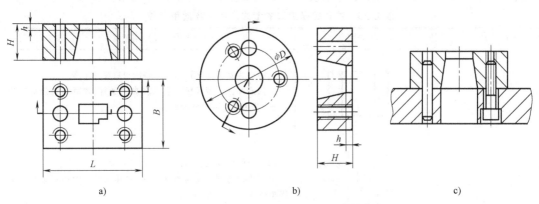

图 2-89　整体式凹模及其固定方式
a）矩形凹模　b）圆形凹模　c）整体式凹模的固定

整体式凹模推荐用材料有 T10A、9Mn2V、Cr12、Cr12MoV，热处理硬度为 60~64HRC。

根据冲模标准，圆形凹模有 A 型、B 型两种，可以冲制直径 d 为 1~36mm 的圆形工件。它一般以 H7/m5（图 2-90a）或 H7/n5（图 2-90b）的配合关系压入凹模固定板，然后再通过螺钉和销钉将凹模固定板固定在模座上。这种结构的优点是：节省材料；模具刃口磨损后，只需更换凹模，维修方便，降低了维修成本。推荐材料为 Cr12、Cr12MoV、Cr6WV、CrWMn，热处理硬度为 58~62HRC。图 2-91 所示是快换式凹模及其固定方式。

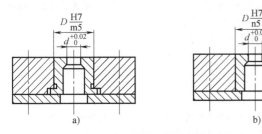

图 2-90　圆形凹模及其固定方式

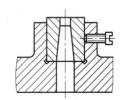

图 2-91　快换式凹模及其固定方式

图 2-92 所示为镶块式凹模的结构及其固定方式。这种凹模是将凹模上容易磨损的局部凸起、凹进或局部薄弱的地方单独做成一块，再固定到凹模主体上。其优点是加工方便，易损部分更换容易，降低了复杂模具的加工难度，适于冲制窄臂、形状复杂的冲裁件。

（2）凹模刃口的结构型式　冲裁凹模的刃口型式有直筒形和锥形两种，主要根据冲裁件的形状、厚度、尺寸精度及模具的具体结构来确定。表 2-28 列出了冲裁凹模刃口的型式、

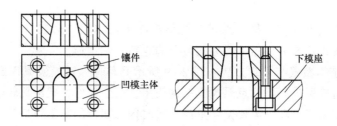

图 2-92　镶块式凹模及其固定方式

特点及适用范围，表 2-29 列出了冲裁模刃口的主要参数，可供设计选用时参考。

表 2-28　冲裁凹模刃口的型式、特点及适用范围

刃口型式	序号	简图	特点及适用范围
直筒形刃口	1		1)刃口为直通式,强度高,修磨后刃口尺寸不变 2)用于冲裁大型或精度要求较高的零件,模具装有反向顶出装置,不适用于下出件的模具
	2		1)刃口强度较高,修磨后刃口尺寸不变 2)凹模内易积存废料或冲裁件,尤其间隙小时刃口直壁部分磨损较快 3)用于冲裁形状复杂或精度要求较高的零件
	3		1)特点同序号 2 的刃口,且刃口直壁下面的扩大部分可使凹模加工简单,但采用下漏料方式时,刃口强度不如序号 2 高 2)用于冲裁形状复杂、精度要求较高的中小型件,也可用于装有反向顶出装置的模具
	4		1)凹模硬度较低,一般为 40HRC 左右,可用锤子敲击刃口外侧斜面,以调整冲裁间隙 2)用于冲裁薄而软的金属或非金属件
锥形刃口	5		1)刃口强度较低,修磨后刃口尺寸略有增大 2)凹模内不易积存废料或冲裁件,刃口内壁磨损较慢 3)用于冲裁形状简单、精度要求不高的零件
	6		1)刃口强度较低,修磨后刃口尺寸略有增大 2)凹模内不易积存废料或冲裁件,刃口内壁磨损较慢 3)可用于冲裁形状较复杂的零件

表 2-29 冲裁模刃口的主要参数

材料厚度 t/mm	α	β	刃口直壁高度 h/mm	备 注
<0.5	15′	2°	≥4	α 值适用于钳工加工。采用线切割时，可取 $\alpha=5′\sim20′$
0.5~1			≥5	
1~2.5			≥6	
2.5~6	30′	3°	≥8	
>6			≥10	

（3）凹模轮廓尺寸的确定 凹模的轮廓尺寸包括凹模板的平面尺寸 $L\times B$（长×宽）及厚度尺寸 H。从凹模刃口至凹模外边缘的最短距离，称为凹模的壁厚 c。对于具有简单对称形状刃口的凹模，由于压力中心即为刃口对称中心，凹模的平面尺寸即可沿刃口型孔向四周扩大一个凹模壁厚来确定，如图 2-93a 所示，即

$$L=l+2c,B=b+2c \qquad (2\text{-}31)$$

式中，l 为沿凹模长度方向刃口型孔的最大距离；b 为沿凹模宽度方向刃口型孔的最大距离；c 为凹模壁厚，主要考虑布置螺孔与销孔的需要，同时也要保证凹模的强度和刚度，计算时可参考表 2-30 选取。

对于多型孔凹模，如图 2-93b 所示，设压力中心 O 沿矩形 $l\times b$ 的宽度方向对称，而沿长度方向不对称，则为了使压力中心与凹模板的中心重合，凹模平面尺寸应按式（2-32）计算

$$L=l'+2c,B=b+2c \qquad (2\text{-}32)$$

式中，l' 为沿凹模长度方向压力中心至最远刃口间距的 2 倍。

考虑到螺钉旋入深度和凹模刚度的需要，凹模板的厚度一般应不小于 8mm。随着凹模板平面尺寸的增大，其厚度也应相应增大。

整体式凹模板的厚度 H 可按经验公式（2-33）估算

$$H=K_1K_2\sqrt[3]{0.1F} \qquad (2\text{-}33)$$

式中，F 为冲裁力（N）；K_1 为凹模材料修正系数，对于合金工具钢，取 $K_1=1$，对于碳素工具钢，取 $K_1=1.3$；K_2 为凹模刃口周边长度修正系数，可参考表 2-31 选取。

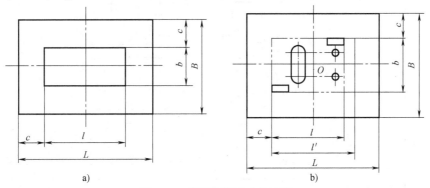

图 2-93 凹模轮廓尺寸的计算

当在设计标准模具或非标准模具，但凹模板毛坯需要外购时，应将以上计算得出的凹模轮廓尺寸 $L\times B\times H$ 按冲模国家标准中凹模板的系列尺寸进行修正，取接近的较大规格的尺寸。

3. 凸凹模

凸凹模是复合模中的主要工作零件，工作端的内外缘都是刃口，一般内缘与凹模刃口结构型式相同，外缘与凸模刃口结构型式相同。图 2-94 所示为凸凹模的常见结构及固定形式。

表 2-30　凹模壁厚 c　　　　　　　　　　　　　（单位：mm）

条料宽度	冲裁件材料厚度 t			
	≤0.8	>0.8~1.5	>1.5~3	>3~5
≤40	20~25	22~28	24~32	28~36
>40~50	22~28	24~32	28~36	30~40
>50~70	28~36	30~40	32~42	35~45
>70~90	32~42	35~45	38~48	40~52
>90~120	35~45	40~52	42~54	45~58
>120~150	40~50	42~54	45~58	48~62

注：1. 冲裁件料薄时，取表中较小值；反之，取较大值。
　　2. 型孔为圆弧时，取较小值；为直边时，取中值；为尖角时，取大值。

表 2-31　凹模刃口周边长度修正系数 K_2

刃口长度/mm	≤50	>50~75	>75~150	>150~300	>300~500	>500
修正系数 K_2	1	1.12	1.25	1.37	1.5	1.6

　　凸凹模内、外缘之间的壁厚是由冲裁件孔边距离决定的。当冲裁件孔边距离较小时，必须考虑凸凹模的强度，凸凹模的强度不够时，就不能采用复合模冲裁。凸凹模的最小壁厚与冲裁模的结构有关。正装式复合模因凸凹模内孔不积存废料，胀力小，最小壁厚可小些；倒装式复合模的凸凹模内孔一般积存废料，胀力大，最小壁厚应大些。

　　凸凹模的最小壁厚目前一般按经验数据确定，对于倒装式复合模，可查表2-32；对于正装式复合模，冲裁件材料为黑色金属时，取其料厚的 1.5 倍，但不应小于 0.7mm；冲裁件材料为有色金属等软材料时，取等于料厚的值，但不应小于 0.5mm。

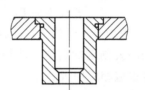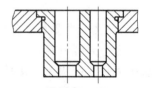

图 2-94　凸凹模的常见结构及固定形式

表 2-32　倒装式复合模的凸凹模最小壁厚　　　　　　　　　（单位：mm）

简图											
材料厚度 t	0.4	0.6	0.8	1.0	1.2	1.4	1.6	1.8	2.0	2.2	2.5
最小壁厚 a	1.4	1.8	2.3	2.7	3.2	3.6	4.0	4.4	4.9	5.2	5.8
材料厚度 t	2.8	3.0	3.2	3.5	3.8	4.0	4.2	4.4	4.6	4.8	5.0
最小壁厚 a	6.4	6.7	7.1	7.6	8.1	8.5	8.8	9.1	9.4	9.7	10

二、定位零件

　　定位零件的作用是确定送进模具的坯料或工序件在模具中的正确位置，以保证冲出合格的冲裁件。定位零件的结构型式很多，用于对条料进行定位的零件有挡料销、导料销、导料板、侧压装置、导正销和侧刃等；用于对工序件进行定位的零件有定位销、定位板等。定位零件基本上都已标准化，可根据坯料或工序件形状、尺寸、精度及模具的结构型式与生产率等要求选用相应的标准结构和尺寸。

1. 导料销

导料销的作用是保证条料沿正确的方向送进。导料销一般设置两个，并位于条料的同一侧。当条料从右向左送进时，导料销通常设在后侧，从前向后送进时，导料销通常设在左侧。导料销可设在凹模面上（一般为固定式），也可设在弹性卸料板上（一般为活动式），还可设在固定板或下模座上，用挡料螺栓代替。

固定式和活动式导料销的结构与固定式和活动式挡料销的结构基本相同，可根据标准选用，推荐材料为 45 钢，热处理硬度为 43~48HRC。导料销多用于单工序模和复合模。

2. 导料板

导料板的作用与导料销相同，但操作更简便。在采用导料板导向或采用固定卸料的冲模中必须用导料板导向，导料板一般设在条料两侧，其结构有两种：一种是标准结构，如图 2-95a 所示，它与导板或固定卸料板分开制造；另一种是非标准结构，它与导板或固定卸料板制成整体，如图 2-95b 所示。为使条料沿导料板顺利通过，两导料板间的距离应略大于条料最大宽度；导料板厚度 H 取决于挡料方式和板料厚度，以便于送料为原则。导料板厚度可参见表 2-33。

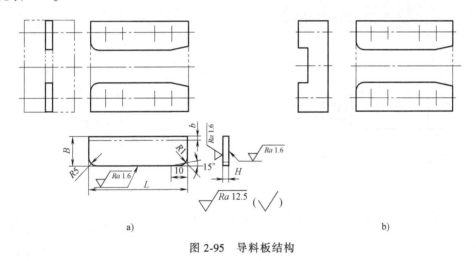

a)　　　　　　　　　　　　　　　　　b)

图 2-95　导料板结构

表 2-33　导料板厚度 H　　　　　　　　　（单位：mm）

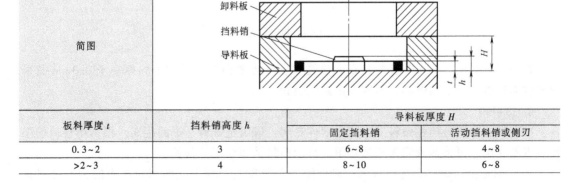

简图			
板料厚度 t	挡料销高度 h	导料板厚度 H	
		固定挡料销	活动挡料销或侧刃
0.3~2	3	6~8	4~8
>2~3	4	8~10	6~8

（续）

板料厚度 t	挡料销高度 h	导料板厚度 H	
		固定挡料销	活动挡料销或侧刃
>3~4	4	10~12	8~10
>4~6	5	12~15	8~10
>6~10	8	15~25	10~15

3. 侧压装置

如果条料的尺寸公差较大，为避免条料在导料板中偏摆，使最小搭边得到保证，应在送料方向的一侧设置侧压装置，使条料始终紧靠导料板的另一侧送料。侧压装置的结构如图2-96所示。其中图2-96a所示是弹簧式侧压装置，其侧压力较大，常用于被冲材料较厚的冲裁模；图2-96b所示是簧片侧压装置，侧压力较小，常用于被冲材料厚度为0.3~1mm的冲裁模；图2-96c所示是簧片压块式侧压装置，其应用场合同图2-96b；图2-96d所示是板式侧压装置，侧压力大且均匀，一般装在模具进料一端，适用于侧刃定距的级进模。上述四种结构型式中，图2-96a、b所示两种型式已经标准化。

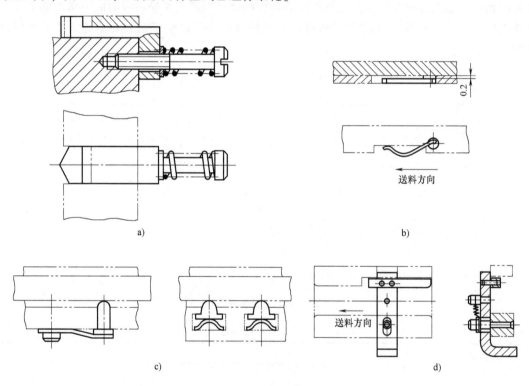

图2-96　侧压装置

在一副模具中，侧压装置的数量和位置视实际需要而定。但对于料厚小于0.3mm及采用辊轴自动送料装置的模具，不宜采用侧压装置。

4. 挡料销

挡料销的作用是挡住条料搭边或冲裁件轮廓，以限定条料送进的距离。根据挡料销的工作特点及作用，可将其分为固定挡料销、活动挡料销和始用挡料销。

（1）固定挡料销　固定挡料销一般固定位于下模的凹模上。国家标准中的圆形挡料销结构如图 2-97a 所示。该类挡料销广泛用于手工送料冲压中、小型冲裁件时的挡料定距，其缺点是销孔距凹模孔口较近，削弱了凹模的强度。使用时，直接将挡料销杆部以 H7/m6 配合固定在凹模上，头部起挡料作用。操作方法是：送料时，使挡料销的头部挡住搭边进行定位，冲压结束后，人工将条料抬起，使其头部越过搭边再次送料。挡料销头部的高度尺寸 h 的值见表 2-34。

图 2-97b 所示是一种行业标准中的钩形挡料销，这种挡料销的销孔距凹模孔口较远，不会削弱凹模的强度，但为了防止钩头在使用过程中发生转动，需增加防转销，从而增加了制造工作量。

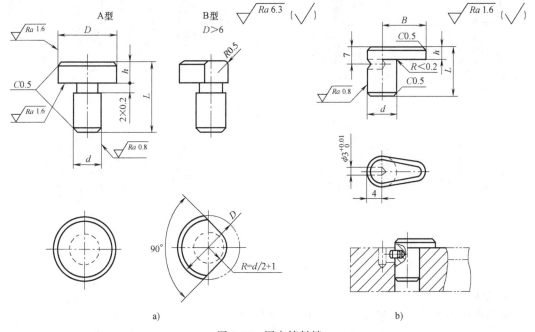

图 2-97　固定挡料销

表 2-34　挡料销头部高度尺寸 h

材料厚度 t/mm	<1	1~3	>3
高度 h/mm	2	3	4

（2）活动挡料销　当凹模安装在上模时，挡料销只能设置在位于下模的卸料板上。此时若在卸料板上安装固定挡料销，则需在凹模上开设挡料销让位孔，从而削弱了凹模的强度，这时应采用活动挡料销。当模具闭合后，活动挡料销的顶端不会高出板料。

符合行业标准的活动挡料销结构如图 2-98 所示，其中图 2-98a 所示为压缩弹簧式活动挡料销；图 2-98b 所示为扭簧式活动挡料销；图 2-98c 所示为橡胶（直接依靠卸料装置中的弹性橡胶）式活动挡料销；图 2-98d 所示为回带式挡料销。回带式挡料销常用于有固定卸料板或导板的模具上，其他型式的活动挡料销常用于具有弹性卸料板的模具上。回带式挡料销对着送料方向带有斜面，送料时，搭边碰撞斜面使挡料销跳起并越过搭边，然后将条料后拉，挡料销便挡住搭边而定位，即每次送料都要先推后拉，做方向相反的两个动作，操作比较麻烦。采用哪一种结构型式的挡料销，需根据卸料方式、卸料装置的具体结构及操作等因素确定。

（3）始用挡料销 始用挡料销只在条料开始送进时起定位作用，以后送进时不再起定位作用。采用始用挡料销的目的是提高材料的利用率。图 2-99 所示为符合行业标准的始用挡料销，一般用于条料以导料板导向的级进模或单工序模中。一副模具中使用几个始用挡料销，取决于冲裁件的排样方法和凹模上的工位安排。

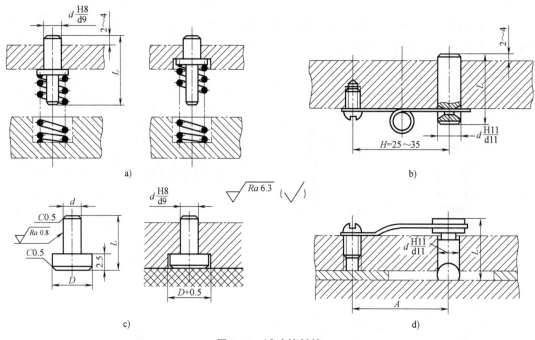

a)

b)

c)

d)

图 2-98 活动挡料销

5. 导正销

使用导正销的目的是消除送料时用挡料销、导料板（或导料销）等定位零件做粗定位时的误差，保证冲裁件在不同工位上冲出的内形与外形之间的相对位置公差要求。导正销主要用于级进模，也可用于单工序模。导正销通常设置在落料凸模上，与挡料销配合使用，也可与侧刃配合使用。

标准的导正销结构型式如图 2-100 所示，其中 A 型用于导正 $d = 2 \sim 12\text{mm}$ 的孔；B 型用于导正 $d \leqslant 10\text{mm}$ 的孔，也可用于级进模上对条料工艺孔的导正，导正销背部的压缩弹簧在送料不准确时可避免导正销损坏；C 型用于导正 $d = 4 \sim 12\text{mm}$ 的孔，导正销拆卸方便，且凸模刃磨后导正销长度可以调节；D 型可用于导正 $d = 12 \sim 50\text{mm}$ 的孔。导正销推荐材料为 9Mn2V，热处理硬度为 $52 \sim 56\text{HRC}$。

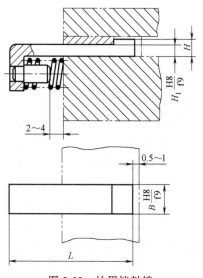

图 2-99 始用挡料销

导正销的导正方式有直接导正和间接导正。直接利用冲裁件上的孔作为导正销孔，称为直接导正。为了使导正销工作可靠，导正销孔的直径一般应大于 2mm。当冲裁件上的导正销孔的直径小于 2mm 或孔的精度要求较高或料很薄时，需在条料上另外冲出直径较大的工艺孔进行导正，即采用间接导正。

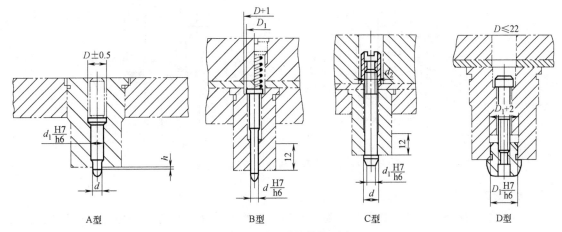

图 2-100　导正销的结构型式

导正销由杆部和头部两部分组成，如图 2-101 所示。其中杆部主要用于固定，头部由圆弧形的导入部分和圆柱形的导正部分组成。导正部分的高度 h 与料厚 t 及导正孔有关，一般 h 取 $(0.8 \sim 1.2)t$，料薄、导正销孔大时，取大值。导正部分的直径 d 可按式（2-34）计算，与导正销孔之间的配合一般为 H7/h6 或 H7/h7，也可查有关冲压资料。

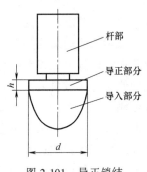

图 2-101　导正销结构简图

$$d = d_p - a \qquad (2\text{-}34)$$

式中，d 为导正销导正部分的直径；d_p 为导正孔的冲孔凸模直径；a 为导正销直径与冲孔凸模直径的差值，可参考表 2-35 选取。

表 2-35　导正销直径与冲孔凸模直径的差值 a　　　　（单位：mm）

材料厚度 t	冲孔凸模直径 d_p						
	2~6	>6~10	>10~16	>16~24	>24~32	>32~42	>42~60
≤1.5	0.04	0.06	0.06	0.08	0.09	0.10	0.12
>1.5~3	0.05	0.07	0.08	0.10	0.12	0.14	0.16
>3~5	0.06	0.08	0.10	0.12	0.16	0.18	0.20

导正销常与挡料销配合使用，挡料销只起粗定位作用，所以挡料销的位置应能保证导正销在导正过程中条料有被前推或后拉少许的可能。挡料销与导正销的位置关系如图 2-102 所示。

按图 2-102a 所示方式定位时，挡料销与导正销的中心距为

$$s_1 = s - D_p/2 + D/2 + 0.1\text{mm} \qquad (2\text{-}35)$$

按图 2-102b 所示方式定位时，挡料销与导正销的中心距为

$$s_1' = s + D_p/2 - D/2 - 0.1\text{mm} \qquad (2\text{-}36)$$

式中，s_1、s_1' 为挡料销与导正销的中心距；s 为送料步距；D_p 为落料凸模直径；D 为挡料销

头部直径；0.1mm 为送料步距误差的补偿值。

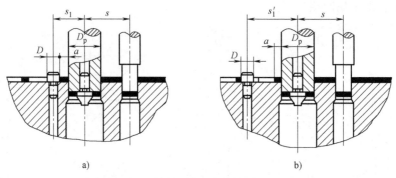

图 2-102 挡料销与导正销的位置关系

6. 侧刃

侧刃用于控制条料的送进距离。通常与导料板配合使用，依靠导料板的台阶挡住条料，再利用侧刃冲切掉长度等于送料步距的料边后，条料再送进模具一个送料步距。图 2-79、图 2-80 所示是使用侧刃定距的级进模。侧刃定位可靠，可单独使用，通常用于薄料、定距精度和生产率要求较高的级进模。侧刃的材料推荐选用 T10A，热处理硬度为 56~60HRC。

常用的侧刃结构如图 2-103 所示，Ⅰ型侧刃的工作端面为平面，Ⅱ型侧刃的工作端面为台阶面。台阶面侧刃在冲切前凸出部分先进入凹模起导向作用，可避免因侧刃单边冲切时产生的侧压力导致侧刃损坏。Ⅰ型和Ⅱ型侧刃按截面形状都可分为长方形侧刃和成形侧刃。长方形侧刃（ⅠA 型、ⅡA 型）结构简单，易于制造，但当侧刃刃口尖角磨损后，在条料侧边形成的毛刺会影响送进和定位的准确性。成形侧刃（ⅠB 型、ⅡB 型、ⅠC 型、ⅡC 型）磨损后，在条料侧边形成的毛刺离开了导料板和侧刃挡块的定位面，因而不影响送进和定位的准确性，但这种侧刃消耗材料增多，结构较复杂，制造较麻烦。长方形侧刃一般用于板料厚度小于 1.5mm、冲裁件精度要求不高的送料定距；成形侧刃多用于板料厚度小于 0.5mm、冲裁件精度要求较高的送料定距。

在生产实际中，还可采用既可起定距作用，又可成形冲裁件部分轮廓的特殊侧刃，如图 2-104 所示的侧刃 1 和 2。侧刃的截面形状由冲裁件的形状决定。

侧刃相当于一种特殊的凸模，按与凸模相同的固定方式固定在凸模固定板上，其长度与凸模长度基本相同。侧刃截面的主要尺寸是宽度 b，其值原则上等于送料步距，但对于长方形侧刃和侧刃与导正销兼用时，宽度 b 按式（2-37）确定

$$b = \left[s + (0.05 \sim 0.1)\text{mm} \right]_{-\delta_{e}}^{0} \qquad (2\text{-}37)$$

式中，b 为侧刃宽度；s 为送料步距；δ_{e} 为侧刃宽度制造公差，可按 h6 选取。

7. 定位板与定位销

定位板和定位销用于单个坯料或工序件的定位。常见的定位板和定位销的结构型式如图 2-105 所示，其中图 2-105a 所示是以坯料或工序件的外缘作为定位基准；图 2-105b 所示是以坯料或工序件的内缘作为定位基准。具体选择哪种定位方式，应根据坯料或工序件的形状、尺寸和冲压工序性质等确定。定位板的厚度或定位销的高度 h 与材料厚度 t 有关，当 $t < 1\text{mm}$ 时，$h = t + 2\text{mm}$；当 $t = 1 \sim 3\text{mm}$ 时，$h = t + 1\text{mm}$；当 $3\text{mm} < t < 5\text{mm}$ 时，$h = t$。

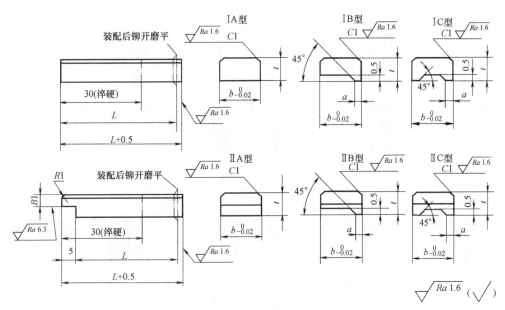

图 2-103 常用侧刃的结构型式

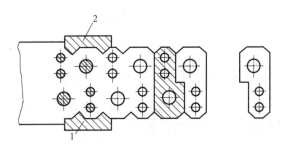

图 2-104 特殊侧刃

三、卸料与出件装置

卸料与出件装置的作用是当冲模完成一次冲压后，把冲裁件或废料从模具工作零件上卸下来，以便冲压工作继续进行。通常，把冲裁件或废料从凸模上卸下称为卸料，把冲裁件或废料从凹模中卸下称为出件。

1. 卸料装置

卸料装置按卸料方式分为固定卸料装置、弹性卸料装置和废料切刀三种。

（1）固定卸料装置　固定卸料装置仅由固定卸料板构成，一般安装在下模的凹模上，如图 2-106 所示。其中图 2-106a、b 所示为用于平板的冲裁卸料，图 2-106c、d 所示为用于经弯曲或拉深等成形后工序件的冲裁卸料。

固定卸料板的平面外形尺寸一般与凹模板相同，其厚度由所冲板料厚度 t 决定，与卸料力大小及卸料尺寸等有关，可查阅相关手册，一般卸料板厚度为 5~15mm。当卸料板仅起卸料作用时，凸模与卸料板的间隙取决于所冲板料厚度 t，单边间隙一般取（0.1~0.5）t（板料薄时取小值，板料厚时取大值）。当固定卸料板兼起导板作用时，其厚度可取凹模厚度的

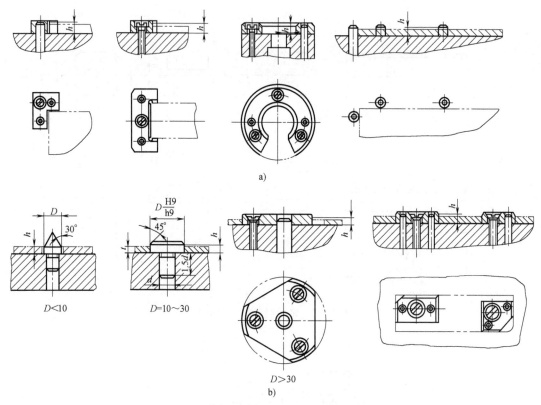

a)

b)

图 2-105　定位板与定位销的结构型式

0.8~1 倍，凸模与导板之间一般按 H7/h6 配合，但应保证导板与凸模之间的间隙小于凸、凹模之间的冲裁间隙，以保证凸、凹模的正确配合。

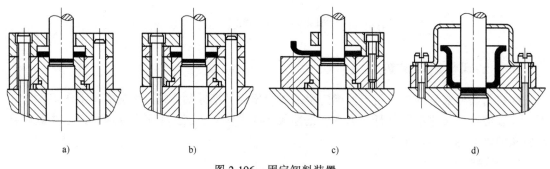

a)　　　　b)　　　　c)　　　　d)

图 2-106　固定卸料装置

　　固定卸料装置的卸料力大，卸料可靠，但冲裁时坯料得不到压紧，因此常用于冲裁坯料较厚（大于 0.5mm）、卸料力大、平面度要求不太高的冲裁件。

　　（2）弹性卸料装置　弹性卸料装置由卸料板、卸料螺钉和弹性元件（弹簧或橡胶）组成。常用的弹性卸料装置结构型式如图 2-107 所示，其中图 2-107a 所示是直接用弹性橡胶卸料，用于简单冲裁模；图 2-107b 所示是导料板导向冲模使用的弹性卸料装置，卸料板凸台部分的高度 h 应比导料板厚度 H 小，即 $h=H-t+(0.1~0.3)t$（t 为板料厚度）；图 2-107c、e 所示是倒装式冲模上使用的弹性卸料装置，其中图 2-107c 所示是利用安装在下模下方的弹顶器作为弹性元件，卸料力大小容易调节；图 2-107d 所示为带小导柱的弹性卸料装置，卸料板由小导柱导向，可防止卸料板产生水平摆动，从而保护小凸模不被折断，多用于小孔冲裁模。

弹性卸料板的平面外形尺寸等于或稍大于凹模板尺寸，其厚度由所冲板料厚度 t 决定，可取凹模厚度的 0.6~0.8 倍，对于中小冲裁件卸料，厚度可取 5~15mm。卸料板与凸模的单边间隙根据冲裁件料厚 t 确定，一般取（0.1~0.2）t（料厚时取大值，料薄时取小值）。在级进模中，特别小的冲孔凸模与卸料板的单边间隙可取 0.05~0.15mm。当卸料板对凸模起导向作用时，卸料板与凸模采用 H7/h6 配合，但其间隙应比凸、凹模之间的冲裁间隙小，此时凸模与凸模固定板按 H7/h6 或 H8/h7 配合。此外，为便于可靠卸料，在模具开启状态时，卸料板工作平面应高出凸模刃口端面 0.3~0.5mm。

卸料螺钉一般选用标准的圆柱头内六角阶梯形螺钉，选用依据如下：卸料螺钉螺纹部分的长度 l 一般比卸料板厚度小约 0.3mm；其数量按卸料板形状与大小确定，卸料板为圆形时，常用 3~4 个，卸料板为矩形时，一般用 4~6 个；卸料螺钉的直径根据模具大小可取 8~12mm；各卸料螺钉的长度应一致，以保证装配后卸料板水平和均匀卸料。

弹性卸料装置可装于上模或下模，依靠弹簧或橡胶的弹力来卸料，卸料力不太大，但冲裁时可兼起压料作用，故多用于薄料（一般料厚≤1.5 mm）及平面度要求较高的冲裁件。

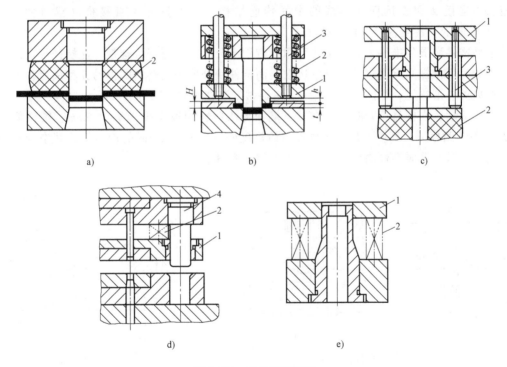

图 2-107　弹性卸料装置
1—卸料板　2—弹性元件　3—卸料螺钉　4—小导柱

（3）废料切刀　废料切刀的作用是切断废料。对于落料或成形件的切边，由于切下的废料多为封闭的环状，如果尺寸较大，则卸料力大，往往需要采用废料切刀代替卸料板，将废料切开而进行卸料，如图 2-108 所示。当切边凹模向下切边时，同时把已切下的废料压向废料切刀上，从而将其切开，达到卸料的目的。对于形状简单的冲裁件，一般设置两个废料切刀；对于形状复杂的冲裁件，可用弹性卸料装置加废料切刀进行卸料。废料切刀可固定在凸模固定板上，刃口的高度比凸模刃口端面低 2~4 个板料厚度，但高度差不小于 2mm。废料切刀是标准件，结构有圆形和方形两种，其数量可根据冲裁件的尺寸和复杂程度来确定。

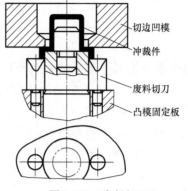

图 2-108　废料切刀

2. 出件装置

出件装置的作用是从凹模内卸下冲裁件或废料。装在上模内的出件装置称为推件装置，装在下模内的出件装置称为顶件装置。

（1）推件装置　推件装置有刚性推件装置和弹性推件装置两种。图 2-109 所示为刚性推件装置，它是在冲压结束后上模回程时，利用压力机滑块上的打料杆撞击模柄内的打杆，再将推力传至推件块而将凹模内的冲裁件或废料推出的。刚性推件装置的基本零件由打杆 1、推板 2、连接杆 3、推件块 4 组成，如图 2-109a 所示。当打杆下方投影区域内无凸模时，也可省去由推板 2 和连接杆 3 组成的中间传递结构，而由打杆 1 直接推动推件块 4，如图 2-109b 所示，甚至直接由打杆推件。

刚性推件装置的推件力大，工作可靠，应用十分广泛。打杆、推板、连接杆等现已标准化，设计时可根据实际要求从标准中选取。而推件块外形则由落料凹模的孔型决定，内孔由冲孔凸模的外形决定，如图 2-110 所示。它通常安装在落料凹模和冲孔凸模之间，并能进行上下相对滑动，在模具打开时，要求其下端面伸出落料凹模端面 0.3~0.5mm。推件块的高度 H 应等于凹模刃口高度 h 加上推件块台阶高度 h' 和 0.3~0.5mm 的伸出量，其中台阶的作用是防止模具打开时推件块由于重力作用而掉出模具。

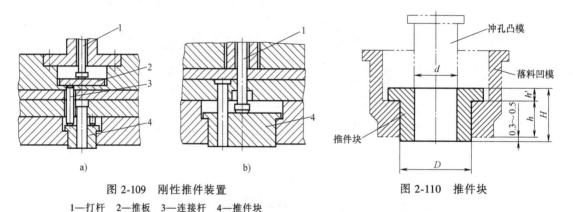

图 2-109　刚性推件装置
1—打杆　2—推板　3—连接杆　4—推件块

图 2-110　推件块

图 2-111 所示为弹性推件装置，与刚性推件装置不同的是，它是以安装在上模内的弹性元件的弹力来代替打杆给推件块的推件力。弹性推件装置由橡胶 1（弹性元件）、推板 2、连接杆 3 和推件块 4 组成，如图 2-111a 所示；或直接由橡胶 1（弹性元件）和推件块 4 组成，如图 2-111b 所示。采用弹性推件装置时，可使板料处于压紧状态下分离，因而冲裁件的平面度较高，

但开模时冲裁件易嵌入边料中，取件较麻烦，且受模具结构空间限制，弹性元件产生的弹力有限，所以弹性推件装置主要适用于板料厚度较薄且平面度要求较高的冲裁件。

（2）顶件装置　顶件装置一般是弹性的，其基本零件是顶件块 1、顶杆 2 和弹顶器，如图 2-112 所示。弹顶器可做成通用的，一般由弹性元件、托板（上、下两块）、双头螺柱和锁紧螺母等组成，通过双头螺柱紧固在下模座上。

弹性顶件装置的顶件力容易调节，工作可靠，冲裁件平面度较高，质量较好，但冲裁件也易嵌入边料，产生与弹性推件装置同样的问题。当模具打开时，顶件块工作面也应伸出凹模平面 0.3~0.5mm，以保证顶件可靠。

无论是推件装置还是顶件装置，其与凹模和凸模的配合都应保证顺利滑动，一般与凹模的配合为间隙配合，推件块或顶件块的外形配合面可按 h8 制造，与凸模的配合可呈较松的间隙配合或根据料厚取适当间隙。

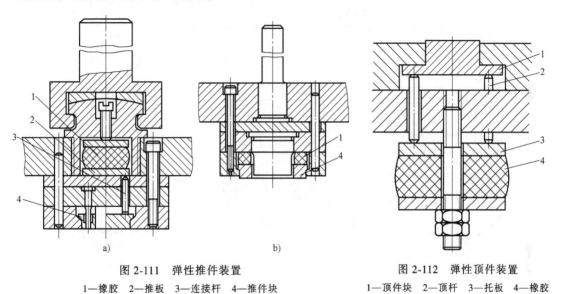

图 2-111　弹性推件装置
1—橡胶　2—推板　3—连接杆　4—推件块

图 2-112　弹性顶件装置
1—顶件块　2—顶杆　3—托板　4—橡胶

四、模架及其零件

模架是上、下模座与导向零件的组合体。为了便于学习和按标准选用，这里将冲裁模零件分类中的导向零件、支承与固定零件中的上、下模座作为模架及其零件进行介绍。

1. 模架

冲模模架已标准化，标准模架主要有两大类：一类是由上、下模座和导柱、导套组成的导柱模架；另一类是由弹压导板、下模座和导柱、导套组成的弹压导板模架。

（1）导柱模架　导柱模架按导柱、导套间的运动关系不同，可分为滑动导向模架和滚动导向模架两种。滑动导向模架中的导柱与导套通过小间隙或无间隙滑动配合，因导柱、导套结构简单，加工与装配方便，故应用广泛。滚动导向模架中的导柱通过滚珠与导套实现有微量过盈的无间隙配合（一般过盈量为 0.01~0.02mm），导向精度高，使用寿命长，但结构较复杂，制造成本高，主要用于精密冲裁模、硬质合金冲裁模、高速冲模及其他精密冲模。

　　根据导柱、导套在模架中的安装位置不同，滑动导向模架有对角导柱模架、后侧导柱模架、中间导柱模架、中间导柱圆形模架和四导柱模架五种结构型式，如图 2-113 所示。滚动导向模架有对角导柱模架、中间导柱模架、四导柱模架和后侧导柱模架四种结构型式，如图 2-114 所示。

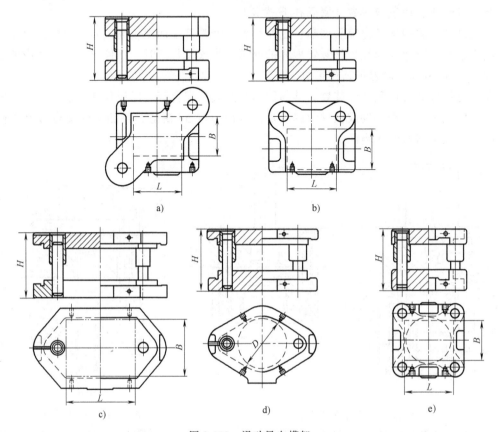

图 2-113　滑动导向模架

a）对角导柱模架　b）后侧导柱模架　c）中间导柱模架　d）中间导柱圆形模架　e）四导柱模架

　　对角导柱模架、中间导柱模架和四导柱模架的共同特点是导向零件都是安装在模具的对称线上，滑动平稳，导向准确可靠。不同的是，对角导柱模架工作面的横向（左右方向）尺寸一般大于纵向（前后方向）尺寸，故常用于横向送料的级进模、纵向送料的复合模或单工序模；中间导柱模架只能纵向送料，一般用于复合模或单工序模；四导柱模架常用于精度要求较高或尺寸较大的冲裁件的冲压及大批量生产用的自动模。

　　后侧导柱模架的特点是导向装置在后侧，横向和纵向送料都比较方便，但如果有偏心载荷，压力机导向又不精确，就会造成上模偏斜，导向零件和凸、凹模都易磨损，从而影响模具寿命，一般用于较小的冲模。

　　（2）弹压导板模架　弹压导板模架有对角导柱弹压导板模架和中间导柱弹压导板模架两种，如图 2-115 所示。弹压导板模架的特点是：弹压导板对凸模起导向作用，并与下模座以导柱、导套为导向构成整体结构；凸模与固定板是间隙配合而不是过渡配合，因而凸模在固定板中有一定的浮动量，这样的结构型式可以起保护凸模的作用。因而弹压导板模架一般

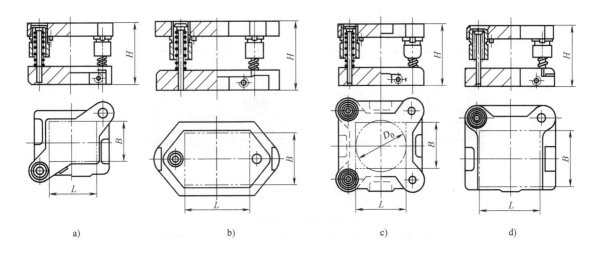

图 2-114　滚动导向模架

a）对角导柱模架　b）中间导柱模架　c）四导柱模架　d）后侧导柱模架

用于带有细小凸模的级进模。

标准模架的选用包括三个方面：根据冲裁件的形状、尺寸、精度、模具种类及条料送进方向等选择模架的类型；根据凹模周界尺寸和闭合高度要求确定模架的大小规格；根据冲裁件精度、模具工作零件配合精度等确定模架的精度。

2. 导向零件

导向零件的作用是保证运动导向和确定上、下模相对位置，目的是使凸模能正确进入凹模，并尽可能地使凸、凹模周边间隙均匀。使用最广泛的导向装置是导柱和导套，其次是导板。

图 2-116 所示是标准导柱的结构型式。其中，A 型导柱和 B 型导柱结构

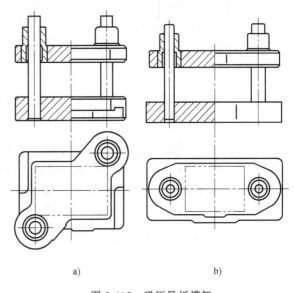

图 2-115　弹压导板模架

a）对角导柱弹压导板模架　b）中间导柱弹压导板模架

简单，但是与模座为过盈配合（H7/r6），装拆麻烦；A 型可卸导柱和 B 型可卸导柱通过锥面与衬套配合，并用螺钉和垫圈紧固，衬套再与模座过渡配合（H7/m6）并用压板和螺钉紧固，结构复杂，制造麻烦，但导柱磨损后可及时更换，便于模具维修和刃磨。为使导柱能顺利地进入导套，导柱的顶部一般均以圆弧过渡或 30°锥面过渡。

图 2-117 所示为常用的标准导套的结构型式。其中，A 型和 B 型导套与模具为过盈配合（H7/r6），为保证润滑，与导柱配合的内孔开有储油环槽，扩大的内孔是为了避免导套与模座过盈配合使孔径缩小而影响导柱和导套的配合；C 型导套与模座也采用过盈配合（H7/

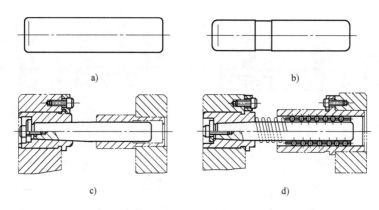

图 2-116　导柱的结构型式

a）A 型导柱　　b）B 型导柱　　c）A 型可卸导柱　　d）B 型可卸导柱

r6），并用压板与螺钉固定，磨损后便于更换和维修。

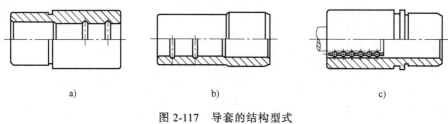

图 2-117　导套的结构型式

a）A 型导套　　b）B 型导套　　c）C 型导套

A 型导柱、B 型导柱、A 型可卸导柱一般与 A 型或 B 型导套配套用于滑动导向，导柱和导套按 H7/h6 或 H7/h5 配合，但应注意使其配合间隙小于冲裁间隙。B 型可卸导柱的公差和表面粗糙度 Ra 值较小，一般与 C 型导套配合用于滚动导向，导柱与导套之间通过滚珠实现微量过盈的无间隙配合，且滚动摩擦磨损较小，精度高、寿命长。

五、其他支承与固定零件

1. 模柄

模柄的作用是把模具的上模固定在压力机滑块上，同时使模具中心通过滑块的压力中心。中小型模具一般都是通过模柄与压力机滑块相连接的。

模柄的结构型式较多，并已标准化。标准模柄的结构型式如图 2-118 所示。图 2-118a 所示为旋入式模柄，通过螺纹与上模座连接，并加螺钉防松，这种模柄装拆方便，但模柄轴线与上模座的垂直度较差，多用于有导柱的小型模具。图 2-118b 所示为压入式模柄，它与上模座孔以 H7/m6 配合并加销钉防转，模柄轴线与上模座的垂直度较好，适用于上模座较厚的各种中小型模具，生产中最常用。图 2-118c 所示为凸缘式模柄，用 3~4 个螺钉固定在上模座的窝孔内，模柄的凸缘与上模座窝孔以 H7/js6 配合，主要用于大型模具或上模座中开设了推板孔的中小型模具。图 2-118d 所示是槽形模柄，图 2-118e 所示为通用模柄，这两种模柄都用来直接固定凸模，故也可称为带模座的模柄，主要用于简单模具，更换凸模方便。图 2-118f 所示是浮动模柄，其主要特点是压力机的压力通过凹球面模柄 1 和凸球面垫块 2 传递到上模，可以消除压力机导向误差对模具导向精度的影响，主要用于硬质合金冲模等精密导柱模具。图 2-118g 所示为推入式活动模柄，压力机的压力通过模柄接头 4、凹球面垫块 5 和活动模柄 6 传递到上模，它也是一种浮动模柄，主要用于精密模具，这种模柄因槽孔单面开通（呈 U 形），所以使用时导柱、导套不易脱离。

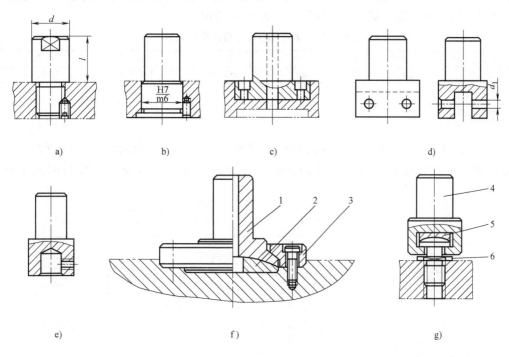

图 2-118　标准模柄的结构型式

1—凹球面模柄　2—凸球面垫块　3—锥面压圈　4—模柄接头　5—凹球面垫块　6—活动模柄

选择模柄时，应先根据模具大小、上模结构、模架类型及精度等确定模柄的结构类型，再根据压力机滑块上模柄孔的尺寸确定模柄的尺寸规格。一般模柄的直径应与模柄孔直径相等，模柄的长度应比模柄孔深度小 5~10mm。

2. 垫板与固定板

垫板的作用是承受并扩散凸模或凹模传递的压力，以防止模座被挤压损伤。因此，当凸模或凹模与模座接触的端面上产生的单位压力超过模座材料的许用压应力时，就应在与模座的接触面之间加上一块淬硬磨平的垫板，反之，则可不加垫板。

垫板的外形尺寸与凸模固定板相同，厚度可取 3~10mm。凸模固定板和垫板的轮廓形状及尺寸均已标准化，可根据上述尺寸确定原则从相应标准中选取。

固定板的作用是安装并固定小型的凸模、凹模或凸凹模，并作为一个整体安装在上模座或下模座的正确位置上。固定板有凸模固定板和凹模固定板两种，均已标准化，常见的有矩形和圆形两种，外形尺寸通常与凹模一致。凸模固定板的厚度可取凸模固定部分直径的 1~1.5 倍；凹模固定板的厚度可取凹模厚度的 60%~80%。固定板与凸模或凸凹模采用 H7/n6 或 H7/m6 配合，压装后应将凸模端面与固定板一起磨平。对于多凸模固定板，其凸模安装孔之间的位置尺寸应与凹模型孔相应的位置尺寸保持一致。

3. 螺钉与销钉

冲压模具中常用内六角圆柱头螺钉固定模具零件，用圆柱销钉定位模具零件，它们都是标准件，设计时主要根据冲压力的大小和凹模厚度确定其规格大小和紧定位置。通常一副模具中的螺钉、销钉的直径相同。一组销钉一般不少于两个，销钉的配合深度一般不小于其直径的 2 倍，但不宜太深。螺钉的规格可参考表 2-36 选用。

表 2-36　螺钉规格与凹模厚度的关系

凹模厚度 H/mm	≤13	>13～19	>19～25	>25～32	>32
螺钉规格	M4、M5	M5、M6	M6、M8	M8、M10	M10、M12

【任务实施】

图 2-119 所示为 T 形板复合模的凸模、凹模和凸凹模。考虑到生产批量较大，凹模的刃口型式采用直壁式刃口，凹模的外形尺寸通过查冲压设计资料，取凹模高度系数

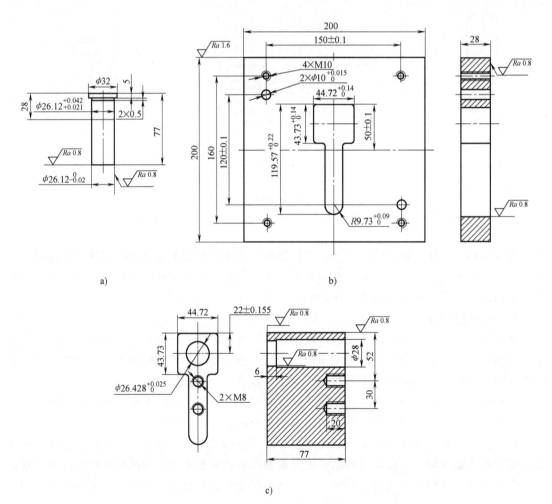

图 2-119　T 形板复合模的工作零件

a) 冲孔凸模　b) 落料凹模　c) 凸凹模

为 0.22，则 $H = Kb = 0.22 \times 120\text{mm} = 26.4\text{mm}$，取凹模高度为 28mm；凹模壁厚 $c = 1.5H \approx 40\text{mm}$。

凸凹模的最小壁厚 $m = 1.5t = 3.3\text{mm}$，而实际壁厚为 9.5mm，故符合强度要求。凸凹模的外刃口尺寸按凹模尺寸配制并保证单边间隙为 0.154~0.22mm。

卸料弹性元件采用橡胶，选用厚度为 50mm 的橡胶，满足卸料力 $F_{卸} = 13788\text{N}$ 的要求。

模架选用中等精度、操作与观察方便、中小尺寸冲压件常用的后侧导柱模架，从右向左送料。查询标准模架得尺寸如下。

1）上模座：$L \times B \times H = 200\text{mm} \times 200\text{mm} \times 45\text{mm}$。

2）下模座：$L \times B \times H = 200\text{mm} \times 200\text{mm} \times 50\text{mm}$。

3）导柱：$d \times L = 32\text{mm} \times 220\text{mm}$。

4）导套：$d \times L \times D = 32\text{mm} \times 105\text{mm} \times 43\text{mm}$。

5）垫板厚度为 10mm、16mm、10mm，凸模固定板厚度为 30mm，凹模固定板厚度为 30mm，卸料板厚度为 12mm，橡胶压缩厚度为 40mm，凸凹模固定板厚度为 30mm。

6）模具的闭合高度：$H = (45+10+28+16+28+2.2+12+40+30+10+50)\text{mm} = 271.2\text{mm}$。

7）J23-63 压力机的最大闭合高度为 400mm，调节量为 80mm，垫板厚度为 80mm，符合装模高度要求。

思 考 题

1. 模具装配前应做哪些准备工作？
2. 冲压模具的装配原则是什么？
3. 简述冲压模具测绘的方法。
4. 怎样合理选择装配顺序？
5. 采用修配调整法装配的优、缺点是什么？
6. 板料冲裁时，其切断面有什么特征？这些特征是如何形成的？
7. 影响冲裁件尺寸精度的因素有哪些？如何提高冲裁件的尺寸精度？
8. 冲裁间隙的大小对断面质量有什么影响？冲裁间隙对尺寸精度、冲裁力和模具寿命又有什么影响？
9. 什么是材料的利用率？在冲裁过程中如何提高材料利用率？
10. 什么是压力中心？压力中心在冲裁模设计中起什么作用？
11. 冲裁模一般由哪几类零部件组成？它们在冲裁模中分别起什么作用？
12. 试比较单工序模、级进模和复合模的结构特点及应用。
13. 冲裁模的卸料方式有哪几种？分别适用于何种场合？
14. 计算冲裁图 2-120 所示零件 $\phi 22^{+0.13}_{0}$mm 孔的凸、凹模刃口尺寸及其公差。
15. 试分析图 2-120 所示零件的冲裁工艺性，并确定其冲裁工艺方案（零件大批量生产）。
16. 针对图 2-121 所示的零件，请分别确定排样方法和搭边值，计算其材料的利用率，并画出排样图。（材料为硅钢片，厚度 $t = 0.8\text{mm}$。）

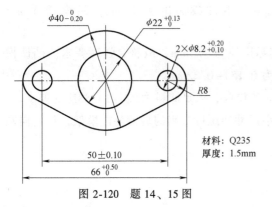

图 2-120　题 14、15 图

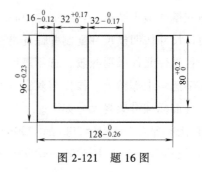

图 2-121　题 16 图

材料：Q235
厚度：1.5mm

项目三　弯曲模的拆装与设计

弯曲是将金属材料沿弯曲线弯成一定的角度和形状的工艺方法。弯曲所使用的模具称为弯曲模。弯曲是冲压的基本工序之一，在冲压生产中占有很大的比重。它可用于制造大型零件，也可用于生产中、小型零件及电子仪器仪表等零件。

本项目以弯曲模的拆装和设计为任务驱动，在完成任务的过程中，使学生逐步掌握弯曲模的结构和工作原理，了解弯曲变形的过程及特点，熟悉弯曲件的质量问题及控制方法，了解弯曲件的结构工艺性，重点掌握弯曲工艺计算及模具设计方法，以达到能分析弯曲件的质量问题并提出合理有效的控制方法，能进行弯曲工艺计算，能设计弯曲模并绘制图样的目的。

任务一　U 形件弯曲模的拆装

【学习目标】

1. 掌握典型弯曲模的组成、结构和工作原理。
2. 掌握弯曲模的拆装方法。
3. 了解凹模的镶拼结构型式。
4. 培养学生团结合作、分析并解决问题的基本能力。

【任务导入】

本任务主要介绍弯曲模的拆装方法，使学生重点掌握图 3-1 所示的 U 形件弯曲模的拆装工艺过程，理解典型弯曲模的工作原理和结构组成，对弯曲模有良好的感性认识，为弯曲模的结构设计打下基础。

一般情况下，弯曲模的导向配合精度略低于冲裁模，但工作零件工作部分的表面质量要求比冲裁模要高。图 3-2 所示为 U 形件弯曲模装配图，通过对图样的分析，可了解弯曲模的整体结构、动作原理和各零部件相互位置关系及其在模具中的作用，预先考虑拆装时的方案和方法。

该模具的结构特点是在一次弯曲过程中形成两个弯曲角，弯曲凹模采用镶拼结

图 3-1　U 形件弯曲模结构图

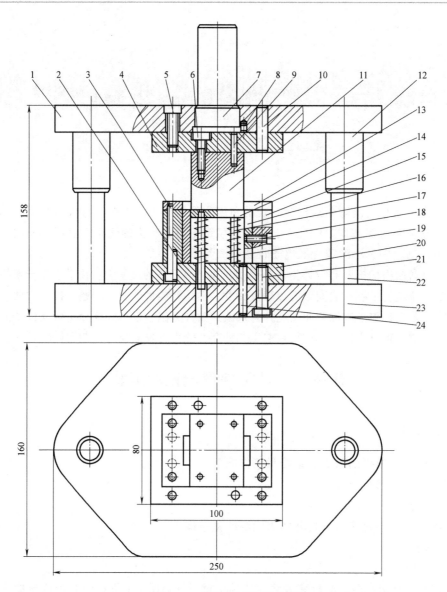

图 3-2 U 形件弯曲模装配图

1—上模座 2、9、10、24—定位销钉 3、5、6、17、18、21—螺钉 4—凸模固定板 7—模柄
8—止转销 11—凸模 12—导套 13—定位板 14—顶件板 15—凹模固定板 16—凹模
19—弹簧 20—垫板 22—导柱 23—下模座

构，将整体凹模分割成两块后再拼接起来组成凹模。

该模具的工作过程是：冲压时，将坯料放入定位板 13 内；上模下行，坯料被压在凸模 11 和顶件板 14 之间逐渐下行，两端未被压住的坯料沿着凹模 16 的圆角滑动并弯曲，进入凸、凹模的间隙；凸模 11 上行时，顶件板 14 在弹簧 19 的作用下将工件顶出（由于材料的回弹作用，工件一般不会包在凸模上）完成弯曲。

【相关知识】

弯曲模的基本结构与冲裁模一样，也是由工作零件、定位零件、卸料零件、导向零件和固定零件等组成。工作零件中的凸模和凹模的结构取决于弯曲件的形状。弯曲模的拆装方法和冲裁模也基本相似，但装配要求应根据模具的具体结构特点确定。弯曲模装配后的凸、凹模要定位准确，拆装方便，四周间隙必须均匀适当，装配后的偏差值最大不应超过"料厚+料厚的上极限偏差"，而最小值不应超过"料厚+料厚的下极限偏差"。

一、弯曲模的拆装要点

1. 弯曲模的拆卸要点

1）根据弯曲模的具体结构，预先确定拆卸顺序，一般先分开上、下模，再拆卸外部附件，最后拆卸主体部件，遵循从外到内、从上到下的顺序依次拆卸零部件。

2）拆卸时，应使用合理的工具，严禁猛拆猛敲，严禁在零件的工作部位上敲击，以免影响模具的精度。

3）对于小型弯曲模，拆卸时可以托住上模部分，用铜棒轻敲下模座，从而使上、下模分开。敲击时，要稳、准，不能敲偏，以防出现卡死而损坏模具。

4）对不易拆卸或拆卸后会降低配合质量和损坏的零件，应尽量避免拆卸，如导柱、导套的连接。

5）拆卸时，对容易产生位移而又无定位或有方向性的零件，应做好标记或拍照，以防装配时出错；对于精密零件，应放在专用的盘内或单独存放，以防碰伤工作部分。

6）拆卸销钉时，可用比定位销细的铜棒顶住销后用榔头敲打，盲孔定位销应使用专门的卸销工具。若使用管子钳，必须垫上铜片或抹布，以防销钉表面出现伤痕。

2. 弯曲模的装配要点

1）装配顺序一般和拆卸顺序相反，一般先装内部附件，再装外部附件。在装配部件或组件时，应遵循从内到外、从下到上的顺序依次组装零部件。

2）装配前，根据装配图所示装配关系，从装配方便和易于保证装配精度出发，确定装配基准件。

3）根据各零件与装配基准件的关系确定装配顺序。一般先装配的零件要有利于后续零件的定位和固定，不得影响后续零件的装配。

4）装配时，应使用合理的工具，严禁猛敲，必须保证工作面不被划伤或损坏。

5）对于精密的模具零件，如弯曲凸模与凹模等，应擦拭干净再进行装配，以免有杂质进入模具工作表面。

6）在模具的装配中，一般情况下可先装销钉再装螺钉。安装螺钉或销钉时，应做到分次、对称、逐步拧紧，否则会使模具零件受力不均而导致零件变形。

7）装配后，模具应动作无误，各活动部件应位置正确，活动配合部位应灵活可靠。

二、镶拼结构

对于大中型的凸模、凹模或形状复杂、局部薄弱的小型凸模与凹模，如果采用整体式结构，将给零件的机械加工带来困难或因热处理造成零件变形等问题，而且当零件发生局部损坏时，会造成整个凸、凹模的报废。镶拼结构的凸、凹模可以防止以上缺点。

1. 镶拼结构的型式

（1）镶嵌 它是将局部凸出、凹入部分或局部易磨损部分单独制成一块制件，再将其镶嵌入凹模的基本体内或凹模固定板内。

（2）拼接　它是将整个凸、凹模的形状按分段原则分成若干块，分别加工后拼接起来。

2. 镶拼结构的固定方法

（1）平面固定　它是把拼块直接用螺钉紧固定位于固定板或模座平面上，这种固定方法制造容易，拆装方便。

（2）嵌入式固定　它是把各拼块拼合后嵌入固定板凹槽内。

（3）压入式固定　它是把各拼块拼合后，以过盈配合压入固定板孔内。

（4）热套法固定　它是把套孔的尺寸设计成比拼合件的外形尺寸稍小，装配时，采用加热使套孔胀大，然后装入拼合体，经冷却后套孔收缩而紧固拼块。这种方法连接牢固，拼合缝小，但是加热会引起附属零件的退火而降低零件的硬度，且制造麻烦。

（5）锥套固定　它是用锥套来固定拼接零件，锥套的内孔和拼合体的外圆是相同的圆锥。

【任务实施】

一、U形件弯曲模的拆卸

1. 模具与工具的准备

选取图 3-1 所示的 U 形件弯曲模作为拆卸对象，其实物图如图 3-3 所示，学生 4~6 人为一组进行分组实验，利用相关拆装工具进行拆卸。拆卸时，需注意工具的使用方法，并遵守相关安全操作规程。

2. U形件弯曲模的分析

将所要拆卸的模具放置在钳工台上，按照图 3-1 所示的模具结构图分析模具的类型、工作原理、模具零件的组成及各零件的作用（见后续设计部分）。

3. 模具拆卸方案的制订

首先分析模具零件的配合关系，再制订拆卸方案。对照图 3-2 所示模具装配图可知，本任务中导柱与下模座，导套与上模座为过盈配合，一般不拆卸（如有损坏除外），其余各零件均可拆卸。

图 3-3　U 形件弯曲模实物图

1）分开上模、下模部分。

2）先拆下模部分，再拆上模部分。

4. 拆卸任务的实施

U 形件弯曲模的拆卸步骤及要点见表 3-1。

表 3-1　U 形件弯曲模的拆卸步骤及要点

步骤	任务	要求及注意事项	工具	拆装图片
1	草绘模具结构图	画出模具闭合状态下的主、俯视图，以便了解模具的具体结构	铅笔、纸张	

（续）

步骤	任务	要求及注意事项	工具	拆装图片
2	分开上、下模	模具在装配时,都会在模板同一侧按顺序打标记,所以在分开模具前,应认真观察模板原有标记号的位置。为确保装配时不出错,也可以用粉笔或记号笔在模板上做标记或拍照留证,并在拆卸时按顺序整齐地摆放在钳工台的两侧,以免出错 把模具放在钳工台上,用铜棒从下往上轻敲上模座的四周,使上、下模分离	铜棒、粉笔、记号笔	
3	拆卸下模部分	将下模座与垫板的四个连接螺钉拧出	内六角扳手	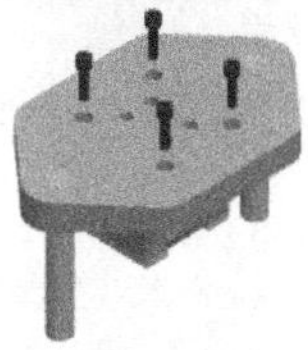
		将下模部分放置在平行垫块上,用小铜棒敲出两颗定位销钉	铜棒、平行垫块	
		将垫板和下模座分离,导柱和下模座为过盈配合,不拆卸		
		拧出垫板上的四颗顶杆螺钉,取下弹簧,拆卸顶件板	内六角扳手	
		拧出定位板中的四颗螺钉,拆卸定位板	内六角扳手	
		用铜棒轻敲垫板,使垫板和凹模组件分开	铜棒	

（续）

步骤	任务	要求及注意事项	工具	拆装图片
3	拆卸下模部分	用管子钳取出凹模固定板中的定位销钉，分别拧出凹模固定板中的螺钉，拆下凹模	管子钳、内六角扳手	
4	拆卸上模部分	将四颗内六角连接螺钉拧出，将上模部分放置在平行垫块上，用小铜棒敲出两颗定位销钉，将凸模组件和上模座分开 导套和上模座为过盈配合，不拆卸。模柄为压入式，为防止经常拆卸造成磨损或损坏，也不拆卸	内六角扳手、平行垫块、铜棒	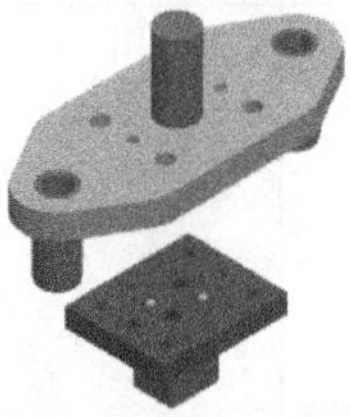
		拧出凸模组件中的两颗螺钉，用铜棒轻敲凸模固定板，使凸模和固定板分开，用管子钳取出凸模固定板中的定位销钉	内六角扳手、平行垫块、铜棒、管子钳	

将拆卸下来的模具零件按照顺序依次摆放在钳工工作台上，以便模具装配时使用。完成所拆卸弯曲模零件明细表的填写，见表3-2。

表 3-2　弯曲模零件明细表

零件类别	序号	名称	数量	规格	备注
工作零件					
定位零件					
卸料与出件零件					
导向零件					
支承与固定零件					
紧固件及其他零件					

二、U形件弯曲模的装配

弯曲模的工作部分一般形状比较复杂，尺寸精度要求较高。在弯曲过程中，影响弯曲件产生回弹的因素很多，加工制造后的凸、凹模形状不可能与弯曲件形状完全相同，很难用设计计算加以消除，因此在制造及装配模具时，常需反复试模来确定回弹值，再根据回弹值的大小修整凸模或凹模的形状和角度。装配时，还需保证上、下模座的垂直度和各模板底面的平行度。上模装配时，须保证凸模、模柄和上模座的垂直度，且安装牢固。

1. 弯曲模装配的主要步骤

上、下模的装配顺序应根据上模和下模上所安装的模具零件在装配和调整过程中所受限制的情况来决定。如果上模部分的模具零件在装配和调整时所受限制最大，应先装上模部分，并以它为基准调整下模部分的零件，以保证凸、凹模配合间隙均匀。反之，则应先装模具的下模部分，并以它为基准调整上模部分的零件。

弯曲模装配的基本步骤如下：

1）确定装配方案。根据图样分析模具结构，确定装配方案和装配要求。

2）组件装配。例如：将模柄装入上模座，将凸模装入凸模固定板作为凸模组件等。

3）确定装配基准件。例如：以凸模为装配基准件，装配时首先确定凸模在模架中的位置。

4）组装上模部分。

5）组装下模部分。

6）模具总装。

2. 弯曲模装配任务的实施

对于图3-1所示U形件弯曲模，选择弯曲凸模作为装配基准件，先装上模部分，再装下模部分。装配步骤及要点见表3-3。

表3-3　U形件弯曲模的装配步骤及要点

步骤	任务	要求及注意事项	工具	拆装图片
1	组件装配	将凸模与凸模固定板孔位对齐,打入销钉定位,再拧入两颗紧固螺钉	铜棒、内六角扳手	
		将凹模和凹模固定板用两颗螺钉紧固	内六角扳手	
		将凹模固定板与凹模垫板孔位对齐,打入定位销钉	铜棒	

（续）

步骤	任务	要求及注意事项	工具	拆装图片
2	上模装配	将上模座放置在平行垫块上,凸模固定板与上模座各相应孔对齐,用铜棒打入销钉	平行垫块、铜棒	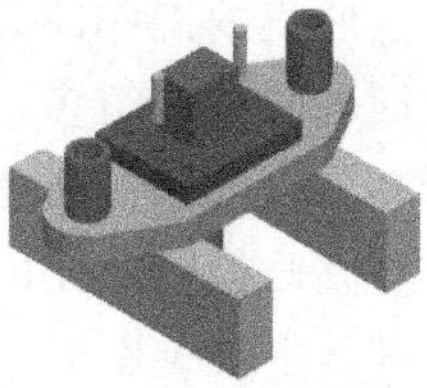
		拧入四颗紧固螺钉	内六角扳手	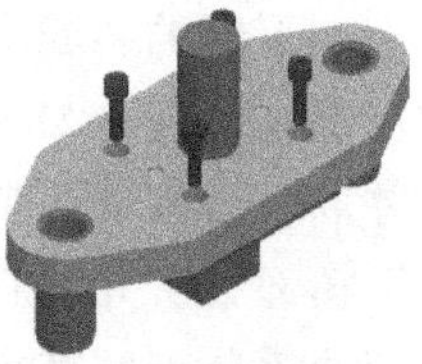
3	下模装配	将定位板和凹模固定板孔位对齐,拧入螺钉并紧固	内六角扳手	
		将凹模垫板和下模座孔位对齐,打入销钉定位,再拧入四颗螺钉紧固	铜棒、内六角扳手	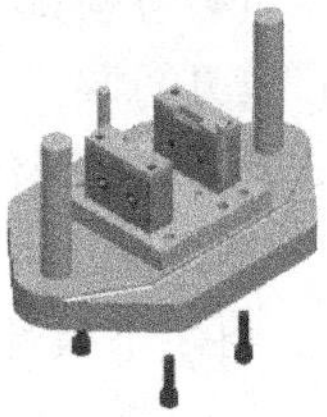
		将弹簧放置于凹模固定板上,将顶件板放置于弹簧上,将顶杆螺钉穿过下模座孔、弹簧,对齐顶件板孔位拧入螺钉,保证顶件板不倾斜并活动自由,上板面高出凹模口上端 0.5~1mm	平行垫块、内六角扳手	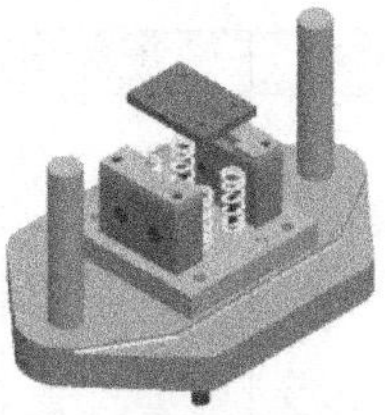
4	总装配	装配后严格控制凸、凹模间的弯曲间隙,保证间隙均匀	内六角扳手、平行垫块、铜棒	
5	检验	对模具各部分进行一次全面检查		

3. 弯曲模装配草图的完善

经拆装之后,对已绘制的模具装配草图进一步完善与修改,把结构表达清楚,将零件之间的相互配合关系表达清楚,尽量使装配草图符合机械制图要求。

三、弯曲模拆装报告的撰写

U 形件弯曲模拆装实验完成后，按要求撰写实验报告三（附录 A-3）。

任务二　弯曲工艺分析

【学习目标】

1. 了解弯曲变形的过程及特点。
2. 熟悉弯曲件的质量问题及控制方法。
3. 能提出解决质量问题的措施。
4. 了解弯曲件的结构工艺性。
5. 了解弯曲件的工序安排原则。
6. 会合理确定 U 形弯曲件的弯曲工艺。

【任务导入】

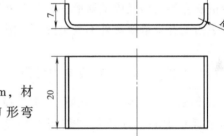

图 3-4 所示为 U 形弯曲件，板料厚度为 $t = 1\text{mm}$，材料为 Q235，$R_{\text{m}} = 435\text{MPa}$，中批量生产，试完成 U 形弯曲件的工艺分析。

图 3-4　U 形弯曲件

【相关知识】

弯曲是将板料、型材、管材或棒料等按设计要求弯成一定的角度和曲率，形成所需形状零件的冲压工序。它属于成形工序，是冲压基本工序之一，在冲压零件生产中应用较普遍。图 3-5 所示是用弯曲方法加工的一些典型零件。

一、弯曲变形过程分析

1. 弯曲变形过程

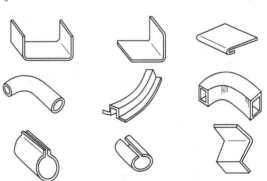

V 形弯曲是最基本的弯曲变形，任何复杂弯曲都可看成是由多个 V 形弯曲组成的。所以这里以 V 形弯曲为代表分析弯曲变形过程。

如图 3-6 所示，弯曲开始时，坯料首先经过弹性弯曲，然后进入塑性弯曲。随着凸模的下压，塑性弯曲由坯料的表面向内部逐渐增多，坯料的直边与凹模工作表面

图 3-5　弯曲成形的典型零件

逐渐靠紧，弯曲半径从 r_0 变为 r_1，弯曲力臂也由 l_0 变为 l_1。凸模继续下压，坯料弯曲区（圆角部分）逐渐减小，在弯曲区的横截面上，塑性弯曲的区域增多，直到板料与凸模三点接触时，弯曲半径由 r_1 变为 r_2。此后，坯料的直边部分向外弯曲，到行程终了时，凸、凹模对板料进行校正，板料的弯曲半径及弯曲力臂达到最小值（r 及 l），坯料与凸、凹模紧靠

并完全贴合，得到所需要的弯曲件。

在弯曲过程中，板料和凹模之间有相对滑移现象，弯曲变形主要集中在弯曲圆角 r 处。另外，在弯曲过程中还发生了直边变形，直边在最后贴合时被压直，此时如果再增加一定的压力对弯曲件施压，则称为校正弯曲，否则就称为自由弯曲。

由 V 形件的弯曲过程可以看出，弯曲成形的过程是从弹性弯曲到塑性弯曲的过程，弯曲成形的效果表现为弯曲变形区弯曲半径和角度的变化。

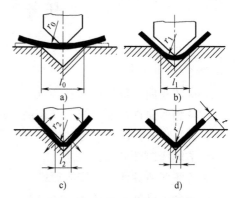

图 3-6　V 形件的弯曲变形过程

2. 弯曲变形的特点

为了分析弯曲变形的特点，可采用网格法，如图 3-7 所示。通过观察板料弯曲变形后位于弯曲件侧壁的坐标网格的变化情况。

（1）弯曲变形区主要集中在圆角部分　圆角 α 部分的正方形网格变成了扇形，圆角以外除靠近圆角的直边处有少量变形外不发生变形。圆角 α 也称为弯曲中心角。

（2）弯曲变形区存在应变中性层　在变形区内，板料的外区（靠凹模一侧）切向受拉而伸长（$\overset{\frown}{c'd'}>\overline{cd}$），内区（靠凸模一侧）切向受压而缩短（$\overset{\frown}{a'b'}<\overline{ab}$）。由内、外表面至板料中心，其伸长和缩短的程度逐渐减小。由于材料的连续性，从外层的伸长到内层的缩短，其间必有一层金属纤维的长度在变形前后保持不变（$\overset{\frown}{o'o'}=\overline{oo}$），这层纤维称为应变中性层。

（3）弯曲变形区存在厚度变薄现象　由试验可知，当弯曲半径 r 与板厚 t 之比 r/t 较小时，中性层位置将从板料中心向内移动。内移的结果是外层拉伸变薄的区域范围增大，内层受压变厚的区域范围减小，从而使弯曲变形区域板料的厚度变薄。

（4）弯曲变形区板料横截面的变形　板料横截面的变形分以下两种情况。

1）窄板（$B \leqslant 3t$）弯曲时，内层因受压而使宽度增厚变大，外层因受拉而使宽度收缩减小，因而原矩形截面变成了内宽外窄的扇形。

2）宽板（$B>3t$）弯曲时，因板料在宽度方向的变形受到相邻材料彼此间的制约作用，材料不易流动，不能自由变形，所以横截面几乎不变（仅在两端会出现少量变形），仍为矩形，如图 3-8 所示。

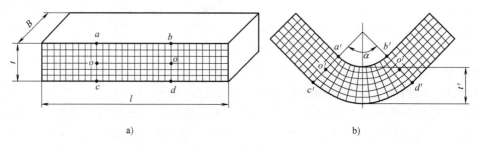

a)　　　　　　　　　　　　　　　b)

图 3-7　板料弯曲前后坐标网格的变化

a）弯曲前　b）弯曲后

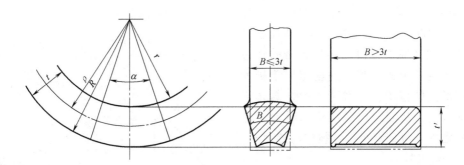

图 3-8　弯曲变形区的横截面变化

二、弯曲件的质量问题及控制

弯曲是一种变形工艺，弯曲变形过程中变形区应力应变分布的性质、大小和表现形态不尽相同，加上板料在弯曲过程中受到凹模摩擦阻力的作用，所以在实际生产中弯曲件容易产生许多质量问题，其中常见的有弯裂、回弹、偏移、翘曲、剖面畸变和毛坯长度增加等。

1. 弯裂及其控制

弯曲时，板料的外侧受拉伸，当外侧的拉伸应力超过材料的抗拉强度后，在板料的外侧将产生裂纹，此现象称为弯裂。实践证明，板料是否会产生弯裂，在材料性质一定的情况下，主要与弯曲半径 r 与板料厚度 t 的比值 r/t（称为相对弯曲半径）有关，r/t 越小，外层材料的伸长率就越大，其切向变形程度就越大，越容易产生裂纹。生产中常用 r/t 来衡量板料的弯曲变形程度。

（1）最小相对弯曲半径　在保证毛坯最外层纤维不发生破裂的前提下，所能获得的弯曲件内表面最小圆角半径 r_{min} 与弯曲材料厚度 t 的比值 r_{min}/t 称为最小相对弯曲半径。其值大小用来衡量弯曲时毛坯的成形极限，r_{min}/t 越小，板料弯曲的性能越好。

影响最小相对弯曲半径的因素很多，主要有以下几方面：

1）材料的塑性及热处理状态。材料的塑性越好，其断后伸长率 A 越大，r_{min}/t 就越小。经退火处理后的坯料，其塑性较好，r_{min}/t 小些。经加工硬化的坯料，其塑性降低，r_{min}/t 就大些。

2）板料的表面和侧面质量。板料的表面及侧面（剪切断面）质量差时，容易造成应力集中并降低塑性变形的稳定性，使材料过早地破坏。对于冲裁或剪切的坯料，若未经退火，由于切断面存在冷变形硬化层，也会使材料的塑性降低。在这些情况下，均应选用较大的相对弯曲半径。

3）弯曲方向。板料经轧制后产生纤维组织，使板料的性能呈现明显的方向性。一般顺着纤维方向的力学性能较好，不易拉裂。因此，当弯曲线与纤维方向垂直时，r_{min}/t 可取较小值，如图 3-9a 所示；当弯曲线与纤维方向平行时，r_{min}/t 则应取较大值，如图 3-9b 所示；当弯曲件有两条互相垂直的弯曲线时，如图 3-9c 所示，排样时应使两条弯曲线与板料的纤维方向成 45° 夹角。

4）弯曲中心角 α。理论上弯曲变形区外表面的变形程度只与 r/t 有关，而与弯曲中心角 α 无关，但实际上，由于接近圆角的直边部分也会产生一定的变形，这就相当于扩大了弯曲变形区的范围，分散了集中在圆角部分的弯曲应变，从而可以减缓弯曲时弯裂的危险。弯曲中心角 α 越小，减缓作用越明显，因而 $r_{\min}/t$ 可以越小。

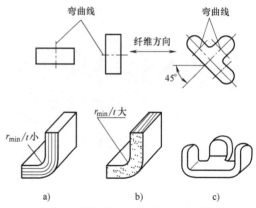

图 3-9　板料弯曲方向对 $r_{\min}/t$ 的影响

5）板料的厚度。当弯曲半径 r 相同时，厚度越小，弯曲变形区外表面的伸长应变就越小，即板料越薄，弯曲开裂的危险性就越小，所允许的 $r_{\min}/t$ 的值越小。

由于上述各种因素对 $r_{\min}/t$ 的综合影响十分复杂，$r_{\min}/t$ 的数值一般用试验方法确定。各种金属材料在不同状态下的最小弯曲半径的数值参见表 3-4。

（2）控制弯裂的措施　为了控制或防止弯裂，一般情况下应采用大于最小弯曲半径的弯曲半径。当弯曲半径小于表 3-4 所列数值时，可采取以下措施：

1）对于经加工硬化的材料，可采用热处理的方法恢复其塑性；对于剪切断面的硬化层，还可以采取先去除硬化层再进行弯曲的方法。

2）去除坯料剪切面的毛刺，采用整修、挤光、滚光等方法降低剪切面的表面粗糙度值。

3）弯曲时，将切断面上的毛面一侧处于弯曲受压的内缘（即朝向弯曲凸模）。

4）对于低塑性材料或厚料，可采用加热弯曲。

5）采取两次弯曲的工艺方法，即第一次弯曲采用较大的弯曲半径，中间退火后再按零件要求的弯曲半径进行弯曲。这样可使变形区域扩大，每次弯曲的变形程度减小，从而减小了外层材料的伸长率。

6）对于较厚板料的弯曲，如果结构允许，可采取先在弯角内侧开出工艺槽后再进行弯曲的工艺。对于薄料，可以在弯角处压出工艺凸肩。

表 3-4　最小弯曲半径

材料	退火状态		加工硬化状态	
	弯曲线的方向			
	垂直纤维	平行纤维	垂直纤维	平行纤维
08 钢、10 钢、Q195 钢、Q215 钢	$0.1t$	$0.4t$	$0.4t$	$0.8t$
15 钢、20 钢、Q235 钢	$0.1t$	$0.5t$	$0.5t$	$1.0t$
25 钢、30 钢、Q235 钢	$0.2t$	$0.6t$	$0.6t$	$1.2t$
35 钢、40 钢、Q275 钢	$0.3t$	$0.8t$	$0.8t$	$1.5t$
45 钢、50 钢	$0.5t$	$1.0t$	$1.0t$	$1.7t$
55 钢、60 钢	$0.7t$	$1.3t$	$1.3t$	$2.0t$
铝（软）	$1.0t$	$1.5t$	$1.5t$	$2.5t$
铝（硬）	$2.0t$	$3.0t$	$3.0t$	$4.0t$
纯铜	$0.1t$	$0.3t$	$1.0t$	$2.0t$
黄铜 H68	0	$0.3t$	$0.4t$	$0.8t$

注：t 为板料厚度。

2．回弹及其控制

弯曲是一种塑性变形工序，塑性变形时总包含弹性变形，当弯曲载荷卸除以后，塑性变形保留下来，而弹性变形将完全消失，使得弯曲件在模具中所形成的弯曲半径和弯曲角在出模后发生改变，这种现象称为回弹，如图 3-10 所示。由于弯曲时内、外区切向应力方向不一致，因而弹性回复方向也相反，即外区弹性缩短而内区弹性伸长，这种反向的回弹就大大加剧了弯曲件圆角半径和角度的改变。所以，与其他变形工序相比，弯曲过程的回弹现象是一个不能忽视的重要问题，它会直接影响弯曲件的精度。

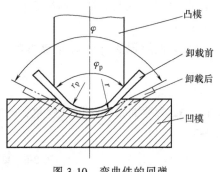

图 3-10　弯曲件的回弹

回弹现象的表现通常用弯曲件的弯曲半径或弯曲角与凸模的相应半径或角度的差值来表示。即弯曲半径回弹值 $\Delta r = r - r_{\mathrm{p}}$，弯曲角回弹值 $\Delta \varphi = \varphi - \varphi_{\mathrm{p}}$。

一般情况下，Δr、$\Delta \varphi$ 为正值，称为正回弹，但在有些校正弯曲时，也会出现负回弹。

（1）回弹的影响因素　影响回弹的因素有材料的力学性能、相对弯曲半径 r/t、弯曲角 φ、弯曲方式、凸模和凹模之间的间隙、弯曲件的形状等。

1）材料的力学性能。弹性回复的应变量与材料的屈服强度成正比，与材料的弹性模量 E 成反比，即屈服强度越大，回弹值越大，E 越大，回弹值越小。

2）相对弯曲半径 r/t。r/t 越大，弯曲变形程度越小，中性层附近的弹性变形区域增加，同时在总的变形量中，弹性变形量所占比例也相应增大。因此，相对弯曲半径 r/t 越大，回弹也越大，这就是 r/t 值很大的零件不易弯曲成形的道理。

3）弯曲角 φ（弯曲中心角 $\alpha = 180° - \varphi$）。弯曲角 φ 越小，弯曲变形区域就越大，因而回弹积累越大，回弹也就越大。

4）弯曲方式。与自由弯曲比较，校正弯曲可增加圆角处的塑性变形程度，故校正弯曲时的回弹比自由弯曲时大为减小。

5）凸模和凹模之间的间隙。在弯曲 U 形件时，凸、凹模之间的间隙对回弹有较大的影响。间隙较大时，材料处于松动状态，回弹较大；间隙小时，材料被挤紧，回弹较小。

6）弯曲件的形状。弯曲件形状复杂时，一次弯曲成形角的数量越多，则弯曲时各部分互相牵制的作用越大，弯曲过程中拉伸变形的成分越大，故回弹值就越小。

（2）回弹值的确定　为了得到形状与尺寸精确的弯曲件，需要事先确定回弹值。由于影响回弹的因素很多，用理论方法计算回弹值很复杂，而且也不准确。在设计与制造模具时，往往先根据经验数值和简单的计算来初步确定模具工作部分的尺寸，然后在试模时修正。

1）小变形程度（$r/t \geqslant 10$）自由弯曲时的回弹值为

$$r_{\mathrm{p}} = \cfrac{1}{\cfrac{1}{r} + \cfrac{3R_{\mathrm{eL}}}{Et}} \tag{3-1}$$

$$\varphi_{\mathrm{p}} = 180° - \frac{r}{r_{\mathrm{p}}}(180° - \varphi) \tag{3-2}$$

式中，r、φ 为制件的弯曲半径（mm）与弯曲角（°）；r_p、φ_p 为凸模的弯曲半径（mm）与角度（°）；R_{eL} 为材料的下屈服强度（MPa）；E 为材料的弹性模量（MPa）；t 为材料的厚度（mm）。

2）大变形程度（$r/t<5$）自由弯曲时的回弹值为

$$\Delta\varphi = \frac{\varphi\Delta\varphi_{90°}}{90} \tag{3-3}$$

式中，$\Delta\varphi$ 为弯曲角为 φ 的回弹角；φ 为制件的弯曲角；$\Delta\varphi_{90°}$ 为弯曲角为 90° 的回弹角，见表 3-5。

表 3-5 单角自由弯曲 90°时的回弹角

材料	r/t	材料厚度 t/mm		
		<0.8	0.8~2	>2
软钢 $R_m = 350\text{MPa}$	<1	4°	2°	0°
黄铜 $R_m = 350\text{MPa}$	1~5	5°	3°	1°
铝和锌	>5	6°	4°	2°
中硬钢 $R_m = 400\sim500\text{MPa}$	<1	5°	2°	0°
硬黄铜 $R_m = 400\sim500\text{MPa}$	1~5	6°	3°	1°
硬青铜	>5	8°	5°	3°
硬钢 $R_m > 550\text{MPa}$	<1	7°	4°	2°
	1~5	9°	5°	3°
	>5	12°	7°	6°
硬铝 2A12	<2	2°	3°	4°30′
	2~5	4°	6°	8°30′
	>5	6°30′	10°	14°

3）校正弯曲时的回弹值。校正弯曲时，不需要考虑弯曲半径的回弹，只需要考虑弯曲角 φ 的回弹。弯曲角 φ 的回弹值可按表 3-6 中的经验公式计算。

表 3-6 V 形件校正弯曲时的回弹角 $\Delta\varphi$

材料	弯曲角 φ			
	30°	60°	90°	120°
08 钢、10 钢、Q195 钢	$\Delta\varphi = 0.75r/t - 0.39$	$\Delta\varphi = 0.58r/t - 0.80$	$\Delta\varphi = 0.43r/t - 0.61$	$\Delta\varphi = 0.36r/t - 1.26$
15 钢、20 钢、Q215 钢、Q235 钢	$\Delta\varphi = 0.69r/t - 0.23$	$\Delta\varphi = 0.64r/t - 0.65$	$\Delta\varphi = 0.434r/t - 0.36$	$\Delta\varphi = 0.37r/t - 0.58$
25 钢、30 钢	$\Delta\varphi = 1.59r/t - 1.03$	$\Delta\varphi = 0.95r/t - 0.94$	$\Delta\varphi = 0.78r/t - 0.79$	$\Delta\varphi = 0.46r/t - 1.36$
35 钢、Q275 钢	$\Delta\varphi = 1.51r/t - 1.48$	$\Delta\varphi = 0.84r/t - 0.76$	$\Delta\varphi = 0.79r/t - 1.62$	$\Delta\varphi = 0.51r/t - 1.71$

（3）减少回弹的措施　为了提高弯曲件的精度，应尽可能减小回弹，可以采取以下措施：

1）改进弯曲件的设计。尽量避免选用过大的 r/t。如有可能，在弯曲区域压制加强筋，如图 3-11 所示，以提高弯曲件的刚度，抑制回弹。尽量选用 R_{eL}/E 小、力学性能稳定和板料厚度波动小的材料。

2）采取适当的弯曲工艺。采用校正弯曲代替自由弯曲；对于加工硬化的材料，须先退火，使其屈服强度降低；对于回弹较大的材料，必要时可采用加热弯曲；采用拉弯工艺。

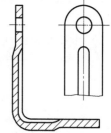

图 3-11 设置加强筋

3）合理设计弯曲模。对于较硬材料，可根据回弹值对模具工作部分的形状和尺寸进行修正；对于软材料，其回弹角小于 5°时，可在模具上做出补偿角并取较小的凸、凹模间隙，如图 3-12 所示；对于厚度在 0.8mm 以上的软材料，r/t 又不大时，可改变凸模结构，使校正力集中在弯曲变形区，加大变形区应力应变状态的改变程度，从而使内、外侧回弹趋势相互抵消，如图 3-13 所示；对于 U 形件弯曲，当 r/t 较小时，可采用增加背压的方法，当 r/t 较大时，可采用将凸模端面和顶板表面做成一定曲率的弧形的方法；在弯曲件直边端部纵向加压；用橡胶或聚氨酯代替刚性金属凹模也能减小回弹。

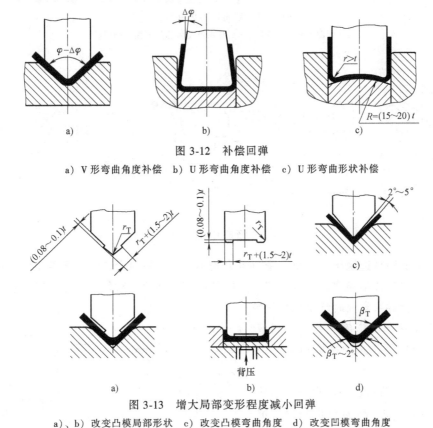

图 3-12　补偿回弹

a）V 形弯曲角度补偿　b）U 形弯曲角度补偿　c）U 形弯曲形状补偿

图 3-13　增大局部变形程度减小回弹

a）、b）改变凸模局部形状　c）改变凸模弯曲角度　d）改变凹模弯曲角度

3. 偏移及其控制

在弯曲过程中，坯料沿凹模边缘滑动时要受到摩擦阻力的作用，当坯料各边所受到的摩擦力不相等时，坯料会沿其长度方向产生滑移，从而使弯曲件两直边长度不符合图样要求，这种现象称为偏移，如图 3-14 所示。

（1）产生偏移的原因　弯曲件坯料形状不对称、弯曲件两边折弯的个数不相等、弯曲凸模与凹模结构不对称都可能造成偏移。

1）如图 3-15a、b 所示，由于弯曲件坯料形状不对称，弯曲时坯料的两边与凹模接触的宽度不相等，使坯料向宽度大的一边偏移。

2）如图 3-15c、d 所示，由于两边折弯的个数不相等，折弯个数多的一边摩擦力大，坯料会向折弯个数多的一边偏移。

3）如图 3-15e 所示，V 形件弯曲时，如果凸、凹模两边与对称线的夹角不相等，角度

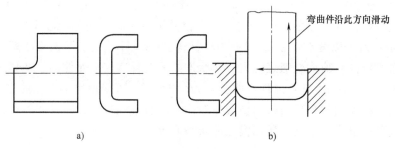

图 3-14　弯曲件的偏移现象

a）弯曲件要求的形状　b）坯料产生偏移后弯曲件的形状

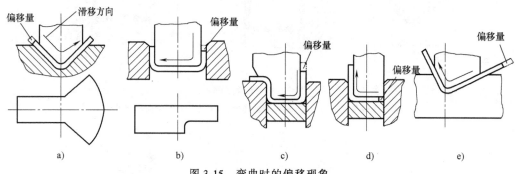

图 3-15　弯曲时的偏移现象

大的一边坯料的凹模边缘压力较小，摩擦阻力较小，所以坯料会向弯曲角度小的一边偏移。

此外，坯料定位不稳定，压料不牢、凸模与凹模的圆角不对称、间隙不对称和润滑情况不一致时，也会导致弯曲时产生偏移现象。

（2）控制偏移的措施　为了提高弯曲件的质量与精度，必须采取适当的措施防止偏移。

1）采用压料装置，使坯料在压紧状态下逐渐弯曲成形，从而防止坯料的滑动，而且还可得到平整的弯曲件，如图3-16所示。

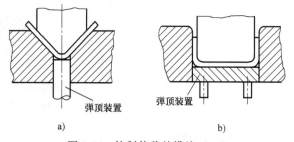

图 3-16　控制偏移的措施（一）

2）利用毛坯上的孔或弯曲前冲出工艺孔，用定位销插入孔中定位，使坯料无法移动，如图3-17a、b所示。

3）根据偏移量的大小，通过调节定位元件的位置来补偿偏移，如图3-17c所示。

4）对于不对称的弯曲件，先成对弯曲，再切断，如图3-17d所示。

5）尽量采用对称的凸、凹结构，使凹模两边的圆角半径相等，凸、凹模间隙调整对称。

4. 翘曲与剖面畸变

对于细而长的板料弯曲件，弯曲后一般会沿纵向产生翘曲变形，如图3-18a所示。这是因为沿板料宽度方向（折弯线方向）零件的刚度小，塑性弯曲后，外区（*a*区）宽度方向的压应变和内区（*b*区）宽度方向的拉应变得以实现，结果使折弯线凹曲，造成零件的纵向翘曲。当板料短而粗时，因零件纵向的刚度大，宽度方向的应变被抑制，弯曲后翘曲不明显。翘曲现象一般可通过校正弯曲的方法进行控制。

剖面畸变是指弯曲后坯料断面发生变形的现象。窄板（$B<3t$）弯曲时的剖面畸变如图 3-8 所示。弯曲管材和型材时，由于径向压应力的作用，也会产生如图 3-18b 所示的畸变现象。

另外，在薄壁管的弯曲过程中，还会出现内侧面因受宽度方向压应力的作用而失稳起皱的现象，因此弯曲时管中应加填料或芯棒。

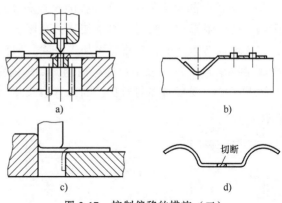

图 3-17 控制偏移的措施（二）

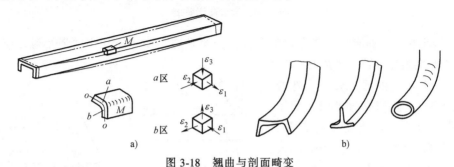

图 3-18 翘曲与剖面畸变

三、弯曲件的工艺性

弯曲件的工艺性是指弯曲件的形状、尺寸、精度要求、材料选用等是否符合弯曲加工的工艺要求。良好的工艺性不仅能够简化模具设计、简化弯曲工艺过程和提高生产率，而且能够提高弯曲件的精度和材料利用率，降低生产成本。

1. 弯曲件形状及结构的要求

（1）弯曲件的孔边距　弯曲有孔的坯件时，为防止孔变形，应将孔设计在与弯曲线有一定距离（s）的地方，应满足表 3-7 所列数值要求。

表 3-7 弯曲件上孔壁到弯边的最小距离

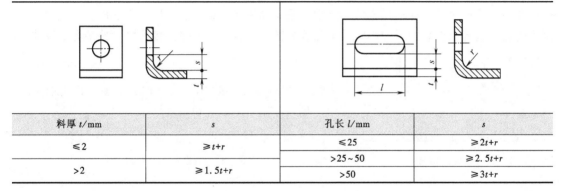

料厚 t/mm	s	孔长 l/mm	s
≤2	≥$t+r$	≤25	≥$2t+r$
		>25~50	≥$2.5t+r$
>2	≥$1.5t+r$	>50	≥$3t+r$

（2）弯曲件的弯边高度　弯曲件的直边高度过小时，弯曲边在模具上支持的长度过小，会影响弯曲件成形后的精度，必须使直边高度 $h>r+2t$，如图 3-19a 所示。若 $h<r+2t$，则需制槽口，或增加弯边高度，弯曲后再加工去除，如图 3-19b 所示。如果所弯直边带有斜角，则斜边高度小于 $r+2t$ 的区段不可能弯曲到所要求的角度，而且此处也容易开裂，如图 3-19c 所示，因此必须改变弯曲件的形状，加高弯边尺寸，如图 3-19d 所示。

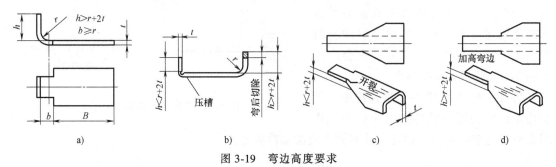

图 3-19　弯边高度要求

（3）最小相对弯曲半径　弯曲件的弯曲圆角半径应不小于所允许的最小弯曲半径，见表 3-4，否则会造成变形区外层材料弯裂。

（4）避免弯边根部开裂　当弯曲件的弯曲线处于宽窄交界处时，为了使弯曲易于成形，防止交界处开裂，弯曲线的位置应满足 $b\geq r$，如图 3-19a 所示。若不满足上述条件，可在弯曲部分和不弯部分之间增添工艺槽，槽深 l 应大于弯曲半径 R，如图 3-20a 所示。或在弯曲前冲出工艺孔，如图 3-20b 所示，用以切断变形区与不变形部位的纤维，防止弯曲时坯料根部开裂。

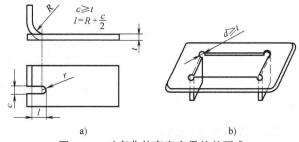

图 3-20　对弯曲件宽窄交界处的要求

（5）弯曲件的形状　为防止弯曲时坯料发生偏移，弯曲件的形状应尽可能对称。对于非对称弯曲件，可先成对弯曲成形后再切开，如图 3-17d 所示。

（6）添加连接带　对于边缘有缺口的弯曲件，若在毛坯上先将缺口冲出，弯曲时会出现叉口现象，严重时将无法弯曲成形。此时，可在缺口处留有连接带，如图 3-21 所示，弯曲成形后再将连接带切除。

（7）弯曲件尺寸标注　尺寸标注方法不同，会影响冲压工序的安排。图 3-22 所示是弯曲件孔的位置尺寸的三种标注方法。其中，采用如图 3-22a 所示的标注方法时，孔的位置精度不受坯料展开长度和回弹的影响，可先冲孔落料（复合工序），然后再弯曲成形，工艺和

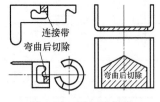

图 3-21　添加连接带

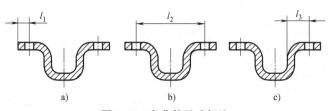

图 3-22　弯曲件尺寸标注

模具设计较简单；采用如图 3-22b、c 所示的标注方法时，受弯曲回弹的影响，冲孔只能安排在弯曲之后进行，增加了工序，还会造成许多不便。

2. 弯曲件的精度

弯曲件的精度与很多因素有关，如弯曲件材料的力学性能和材料厚度、模具结构和模具精度、工序的安排、弯曲模的安装和调整情况，以及弯曲件本身的形状和尺寸等。

一般弯曲件长度的尺寸公差等级在 IT13 以下，角度公差大于 15′，否则应增加整形工序。弯曲件未注公差的长度尺寸的极限偏差见表 3-8，弯曲件角度的极限偏差见表 3-9。

精度要求较高的弯曲件必须严格控制材料厚度公差，弯曲件的尺寸公差等级和角度公差值已经标准化，弯曲件的尺寸公差等级应符合 GB/T 13914—2013，角度公差符合 GB/T 13915—2013，具体可查阅有关设计资料或手册。

表 3-8　弯曲件未注公差的长度尺寸的极限偏差　　　　（单位：mm）

长度尺寸 l		3~6	>6~18	>18~50	>50~120	>120~260	>260~500
材料厚度 t	≤2	±0.3	±0.4	±0.6	±0.8	±1.0	±1.5
	>2~<4	±0.4	±0.6	±0.8	±1.2	±1.5	±2.0
	≥4	—	±0.8	±1.0	±1.5	±2.0	±2.5

表 3-9　弯曲件角度的极限偏差

弯边长度 l/mm	≤6	>6~10	>10~18	>18~30	>30~50
角度极限偏差 $\Delta\varphi$	±3°	±2°30′	±2°	±1°30′	±1°15′
弯边长度 l/mm	>50~80	>80~120	>120~180	>180~260	>260~360
角度极限偏差 $\Delta\varphi$	±1°	±50′	±40′	±30′	±25′

3. 弯曲件的材料

弯曲件的选材要合理，应尽量选择塑性好、屈强比小、弹性小的材料，从而保证弯曲件的形状精度和尺寸精度。

对于脆性较大的材料，如磷青铜、铍青铜和弹簧钢等，要求弯曲时有较大的相对弯曲半径 r/t，否则容易产生裂纹。对于非金属材料，只有塑性较大的纸板和有机玻璃才能进行弯曲，而且在弯曲前坯料要进行预热，相对弯曲半径也较大，一般要求 $r/t>3$。

四、弯曲件的工序安排

弯曲件的工序安排应根据弯曲件形状、精度等级、生产批量及材料的力学性能等因素进行考虑。弯曲工序安排合理，可以简化模具结构、提高弯曲件的质量和生产率。

1. 弯曲件的工序安排原则

1）对于形状简单的弯曲件，如 V 形、U 形、Z 形弯曲件等，可以采用一次弯曲成形。

2）对于形状复杂的弯曲件，一般需要采用两次或多次弯曲成形。多次弯曲时，弯曲次序一般是先弯两端，后弯中间部分；前次弯曲应考虑后次弯曲有可靠的定位，后次弯曲不能影响前次已成形的形状。

3）对于批量大而尺寸较小的弯曲件，为提高生产率，使操作方便、定位准确，应尽可能采用多工序的冲裁、压弯、切断等复合或连续冲压工艺成形，如图 3-23 所示。

4）对于非对称弯曲件，为避免压弯时坯料偏移，应尽量采用成对弯曲，然后再切成两件的工艺，如图 3-17d 所示。

5）对于带孔弯曲件，冲孔工序应尽可能安排在弯曲工序之后进行，这样有利于保证孔的形状精度和位置精度。

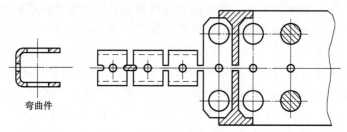

弯曲件

图 3-23　连续冲压工艺成形

2. 典型弯曲件的工序安排

图 3-24～图 3-27 所示分别为一次弯曲、两次弯曲、三次弯曲及多次弯曲成形的例子，可供制订弯曲件工艺时参考。

弯曲件的工序安排并不是一成不变的，在实际生产中，要根据生产条件和生产规模具体分析，力求所确定的弯曲工艺能够获得最好的技术经济效果。

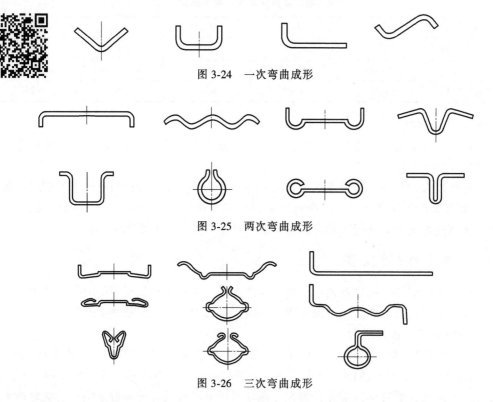

图 3-24　一次弯曲成形

图 3-25　两次弯曲成形

图 3-26　三次弯曲成形

【任务实施】

对于图 3-4 所示的 U 形弯曲件，板料厚度 $t=1mm$，材料为 Q235，$R_m=435MPa$，中批量生产，其工艺分析如下。

根据弯曲件的结构和批量要求，可采用落料、弯曲两道工序，这里只考虑弯曲工序。

该弯曲件为一般 U 形弯曲件，结构比较简单，形状对称，适合弯曲。材料为 Q235，含碳量适中，强度、塑性等综合性能较好，适合进行冲压加工。

由表 3-4（加工硬化状态、弯曲线垂直于纤维方向）得：$r_{min} = 0.5t = 0.5 \times 1mm = 0.5mm < 2mm$，可一次弯曲成形。

弯曲件的弯曲直边高度为 $h = (7-1)\ mm = 6mm > r + 2t$，因此可以弯曲成形。

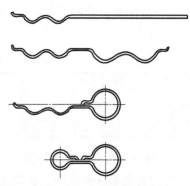

图 3-27　多次弯曲成形

由于弯曲件材料较薄，弯曲角为 90°，所标尺寸均未注公差，当 $r/t < 5$ 时，可不考虑圆角半径的回弹，所以该弯曲件符合普通弯曲的经济精度要求。

综上所述，该弯曲件的弯曲工艺性能良好，适合进行弯曲加工。为了保证弯曲件的平整度，本方案采用单工序上出件 U 形弯曲模，顶件装置始终压紧坯料，起压料作用。

任务三　弯曲工艺计算

【学习目标】

1. 掌握弯曲件展开尺寸的计算方法。
2. 掌握弯曲力的计算，能够根据弯曲力正确选择冲压设备。

【任务导入】

图 3-4 所示为 U 形弯曲件，板料厚度为 $t = 1mm$，材料为 Q235，$R_m = 435MPa$，中批量生产，试对 U 形弯曲件进行弯曲工艺计算。

【相关知识】

一、弯曲件展开长度的计算

计算毛坯展开长度是确定弯曲件成形后是否合格的重要计算环节，需要依据相关计算方法进行计算。计算弯曲件所需的弯曲力是为选择合适的冲压设备做准备。

1. 弯曲中性层位置的确定

根据中性层的定义，弯曲件的坯料长度应等于弯曲件中性层的展开长度。由于在塑性弯曲时，中性层的位置要发生位移，为计算中性层展开长度，首先应确定中性层的位置。中性层的位置以曲率半径 ρ 表示，如图 3-28 所示，常用经验公式（3-4）确定

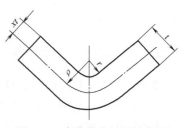

$$\rho = r + xt \qquad (3-4)$$

图 3-28　弯曲件中性层的位置

式中，ρ 为中性层弯曲半径；r 为弯曲件的内弯曲半径；t 为材料厚度；x 为中性层位移系数，见表 3-10。

表 3-10 V 形弯压 90°应变中性层位移系数 x 值

r/t	0.3	0.4	0.5	0.6	0.7	0.8	0.9	1.0	1.1	1.2
x	0.18	0.22	0.24	0.25	0.26	0.28	0.29	0.30	0.32	0.33
r/t	1.3	1.4	1.5	1.6	1.8	2.0	2.5	3	4	≥5
x	0.34	0.35	0.36	0.37	0.39	0.40	0.43	0.46	0.48	0.50

2. 弯曲件展开尺寸的计算

弯曲件的展开长度等于各直边部分长度与各圆弧部分长度之和。直边部分的长度是不变的，而圆弧部分的长度则需考虑材料的变形和中性层的位移。

（1）$r/t>0.5$ 的弯曲件 对于 $r/t>0.5$ 的弯曲件，由于变薄不严重，按中性层展开的原理，坯料总长度应等于弯曲件直线部分和圆弧部分长度之和，如图 3-29 所示，即

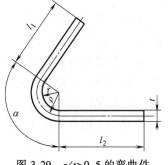

图 3-29 $r/t>0.5$ 的弯曲件

$$L_Z = \sum l_{直线} + \sum l_{圆弧} = l_1 + l_2 + \frac{\pi\alpha}{180°}\rho = l_1 + l_2 + \frac{\pi\alpha}{180°}(r+xt)$$

(3-5)

式中，L_Z 为坯料展开总长度；α 为弯曲中心角（°）。

（2）$r/t<0.5$ 的弯曲件 对于 $r/t<0.5$ 的弯曲件，弯曲变形时不仅圆角变形区产生严重变薄，而且与其相邻的直边部分也产生变薄，故应按变形前后体积不变的条件来确定坯料长度。通常采用表 3-11 所列经验公式计算。

表 3-11 $r/t<0.5$ 的弯曲件坯料长度计算公式

简图	计算公式	简图	计算公式
	$L_Z = l_1 + l_2 + 0.4t$		$L_Z = l_1 + l_2 + l_3 + 0.6t$ （一次同时弯两个角）
	$L_Z = l_1 + l_2 + t$		$L_Z = l_1 + 2l_2 + 2l_3 + t$ （一次同时弯四个角） $L_Z = l_1 + 2l_2 + 2l_3 + 1.2t$ （分为两次弯四个角）

二、弯曲工艺力的计算

弯曲工艺力是指弯曲工艺过程中所需要的各种力，通常包括弯曲力、压料力和顶件力。它是设计弯曲模和选择压力机的重要依据之一，特别是在弯曲坯料较厚、弯曲线较长、相对弯曲半径较小、材料强度较大时，必须对弯曲工艺力进行计算。

弯曲力不仅与弯曲变形过程有关，还与坯料尺寸、材料性能、弯曲件形状、弯曲方式、

模具结构等多种因素有关，因此，用理论公式计算弯曲力不但计算复杂，而且精确度不高。在实际生产中，常用经验公式来进行概略计算。

1. 自由弯曲时的弯曲力

V 形件弯曲力
$$F_{自} = \frac{0.6KBt^2R_m}{r+t}$$
(3-6)

U 形件弯曲力
$$F_{自} = \frac{0.7KBt^2R_m}{r+t}$$
(3-7)

式中，$F_{自}$ 为自由弯曲在冲压行程结束时的弯曲力（N）；B 为弯曲件的宽度（mm）；r 为弯曲件的内弯曲半径（mm）；t 为弯曲件材料厚度（mm）；R_m 为材料的抗拉强度（MPa）；K 为安全系数，一般取 $K=1.3$。

2. 校正弯曲时的弯曲力

校正弯曲时的弯曲力比自由弯曲力大得多，一般按式（3-8）计算
$$F_{校} = Aq$$
(3-8)

式中，$F_{校}$ 为校正弯曲力（N）；A 为校正部分在垂直于凸模运动方向上的投影面积（mm^2）；q 为单位面积校正力（MPa），其值见表 3-12。

表 3-12　单位面积校正力 q　　　　　　　　（单位：MPa）

材料	材料厚度　t/mm			
	≤1	>1~3	>3~6	>6~10
1050A、1035	15~20	20~30	30~40	40~50
H62、H68、TBe2	20~30	30~40	40~60	60~80
08、10、15、20、Q195、Q215、Q235A	30~40	40~60	60~80	80~100
20、30、35、13MnTi、16MnXtL	40~50	50~70	70~100	100~120
TB2	—	160~180	—	180~210

3. 顶件力和压料力

若弯曲模有顶件装置或压料装置，其顶件力 F_D 一般为 $(0.1~0.4)F_{自}$，压料力 F_Y 一般为 $(0.3~0.8)F_{自}$。

4. 压力机的公称力

对于有压料装置的自由弯曲，需考虑弯曲力和压料力的大小。压力机公称力 $F_{压机}$ 应为
$$F_{压机} \geq 1.2(F_{自}+F_Y)$$
(3-9)

对于校正弯曲，由于校正弯曲力是发生在接近压力机下死点的位置，校正弯曲力比压料力或顶件力大得多，故 F_Y 值可忽略不计，压力机公称力 $F_{压机}$ 应为
$$F_{压机} \geq 1.2F_{校}$$
(3-10)

【任务实施】

图 3-4 所示的 U 形弯曲件，板料厚度为 $t=1$mm，材料为 Q235，$R_m=435$MPa，中批量生产，弯曲工艺计算如下。

1. 弯曲件的展开长度

如图 3-30 所示，总长度等于各直边长度之和加上各圆角展开长度之和。

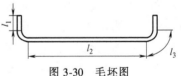

图 3-30　毛坯图

由于 $r/t = 2/1 = 2 > 0.5$，按式（3-5）计算。查表 3-10 得 $x = 0.40$，故

$$L_Z = \sum l_{直线} + \sum l_{圆弧} = 2l_1 + l_2 + 2l_3 = 2l_1 + l_2 + 2 \times \frac{\pi \alpha}{180°}(r + xt)$$

$$= \left[2 \times 4 + 34 + 2 \times \frac{3.14 \times 90}{180}(2 + 0.4 \times 1) \right] mm$$

$$= 49.536mm$$

2. 弯曲力的计算

根据式（3-7）计算弯曲力，有

$$F_自 = \frac{0.7KBt^2 R_m}{r + t} = 0.7 \times 1.3 \times 20 \times 1^2 \times \frac{435}{2 + 1} N = 2639N$$

根据上述分析，采用顶件装置压料，取压料力 $F_Y = 0.5F_自 = 0.5 \times 2639N = 1319.5N$。

根据式（3-9），压力机公称力 $F_{压机} \geqslant 1.2(F_自 + F_Y) = 4750.2N$，故初选压力机 J23-6.3。

任务四　弯曲模的类型及结构

【学习目标】

1. 掌握典型弯曲模的结构及工作原理。
2. 了解复杂弯曲模的结构及工作原理。

【任务导入】

图 3-4 所示为 U 形弯曲件，板料厚度为 $t = 1mm$，材料为 Q235，$R_m = 435MPa$，中批量生产，试完成 U 形弯曲件的模具结构图。

【相关知识】

弯曲模的结构与冲裁模相似，分上、下两部分，由工作零件、定位零件、卸料装置、导向装置和紧固件等组成。弯曲件的种类繁多，形状结构复杂，因此弯曲模的结构类型也是多种多样的，没有统一的标准。常见的弯曲模结构类型有单工序弯曲模、级进弯曲模、复合弯曲模和通用弯曲模等。常见的弯曲件有 V 形件、U 形件、L 形件、门形件、Z 形件、圆形件、铰链件及其他形状的弯曲件。下面对一些比较典型的模具结构及其特点进行分析。

一、单工序弯曲模

1. V 形件弯曲模

V 形件的弯曲方法有两种：一种是沿弯曲件的角平分线方向弯曲，称为 V 形弯曲；另一种是垂直于一直边方向的弯曲，称为 L 形弯曲。

图 3-31a 所示为简单的 V 形件弯曲模，其特点是结构简单、通用性好；但弯曲时坯料容易偏移，影响弯曲件精度。图 3-31b、c、d 所示分别为带有定位尖、顶杆、V 形顶板的模具结构，可以防止坯料滑动，提高弯曲件精度。

图 3-31e 所示为 L 形弯曲模，由于有顶板及定料销，可防止弯曲时坯料的偏移；反侧压

块的作用是平衡单边弯曲时产生的水平侧向力，但这种弯曲因竖边部分没有得到校正，所以回弹较大。

图 3-32 所示为 V 形件弯曲模的基本结构。凸模 3 装在标准槽形模柄 1 上，并用销钉 2 固定。凹模 5 通过螺钉和销钉直接固定在下模座上。顶杆 6 和弹簧 7 组成顶件装置，工作行程时起压料作用，可防止坯料偏移，回程时又可将弯曲件从凹模内顶出。弯曲时，坯料由定位板 4 定位，在凸、凹模作用下，一次便可将平板坯料弯曲成 V 形件。

图 3-33 所示为 V 形件精弯模，两块活动凹模 4 通过转轴 5 铰接，定位板 3 固定在活动凹模上。弯曲前，顶杆 7 将转轴顶到最高位置，使两块活动凹模成一平面。在弯曲过程中，坯料始终与活动凹模和定位板接触，以防止坯料发生偏移。这种结构特别适用于有精确孔位的小零件、坯料不易放平稳的带窄条的零件及没有足够压料面的零件。

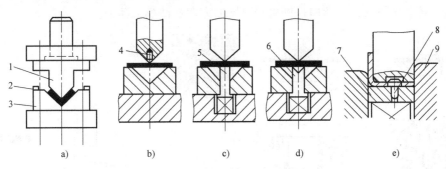

图 3-31　V 形件弯曲模的一般结构型式
1—凸模　2—定位板　3—凹模　4—定位尖　5—顶杆　6—V 形顶板
7—顶板　8—定料销　9—反侧压块

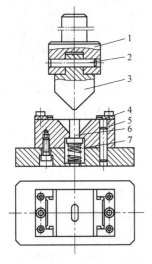

图 3-32　V 形件弯曲模
1—槽形模柄　2—销钉　3—凸模
4—定位板　5—凹模　6—顶杆　7—弹簧

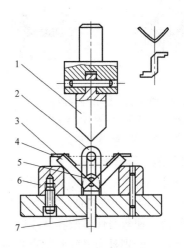

图 3-33　V 形件精弯模
1—凸模　2—支架　3—定位板　4—活动凹模
5—转轴　6—支承板　7—顶杆

2. U 形件弯曲模

根据弯曲件的要求，常用的 U 形件弯曲模有如图 3-34 所示的几种结构型式。图 3-34a

所示为开底凹模，用于底部不要求平整的弯曲件。图 3-34b 所示弯曲模用于底部要求平整的弯曲件。图 3-34c 所示弯曲模用于料厚公差较大而外侧尺寸要求较高的弯曲件，其凸模为活动结构，可随料厚自动调整凸模的横向尺寸。图 3-34d 所示弯曲模用于料厚公差较大而内侧尺寸要求较高的弯曲件，凹模两侧为活动结构，可随料厚自动调整凹模的横向尺寸。

图 3-34e 所示为 U 形件精弯模，两侧的凹模活动镶块用转轴分别与顶板铰接。弯曲前，顶杆将顶板顶出凹模面，同时顶板与凹模活动镶块成一平面，镶块上有定位销供工序件定位用。弯曲时，工序件与凹模活动镶块一起运动，这样就保证了两侧孔的同轴。图 3-34f 所示为可使弯曲件两侧壁厚变薄的弯曲模。

图 3-35 所示是弯曲角小于 90° 的 U 形件弯曲模。弯曲时，凸模首先将坯料弯曲成 U 形，当凸模继续下压时，两侧的转动凹模使坯料最后压弯成弯曲角小于 90° 的 U 形件。凸模上升，弹簧使转动凹模复位，弯曲件则由垂直图面方向从凸模上卸下。

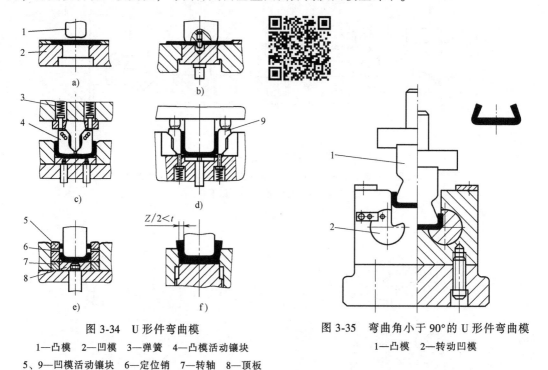

图 3-34　U 形件弯曲模

1—凸模　2—凹模　3—弹簧　4—凸模活动镶块
5、9—凹模活动镶块　6—定位销　7—转轴　8—顶板

图 3-35　弯曲角小于 90° 的 U 形件弯曲模

1—凸模　2—转动凹模

3. 四角形件弯曲模

四角形弯曲件可以一次弯曲成形，也可以两次弯曲成形。图 3-36 所示为一次成形弯曲模。从图 3-36a 可以看出，在弯曲过程中，由于凸模肩部妨碍了坯料的转动，加大了坯料通过凹模圆角的摩擦力，使弯曲件侧壁容易擦伤和变薄；成形后，弯曲件两肩部与底面不易平行，如图 3-36b、c 所示。特别是当材料厚、弯曲件直壁高、圆角半径小时，这一现象更为严重。

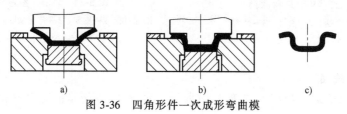

图 3-36　四角形件一次成形弯曲模

图 3-37a 所示为两次成形弯曲模，由于采用两副模具弯曲，从而避免了上述现象，提高了弯曲件的质量。但从图 3-37b 可以看出，只有弯曲件的高度 $H>15t$ 时，才能使凹模保持足够的强度。

图 3-38 所示为在一副模具中完成两次弯曲的四角形件复合弯曲模。凸凹模 1 下行，先使坯料与凹模 2 作用弯曲成 U 形，如图 3-38a所示。凸凹模 1 继续下行，与活动凸模 3 作用

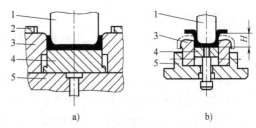

图 3-37　四角形件两次成形弯曲模

a）首次弯曲　b）二次弯曲

1—凸模　2—定位板　3—凹模　4—顶板　5—下模座

压弯成四角形，如图 3-38b 所示。这种结构需要凹模下腔空间较大，以方便工件侧边转动。

图 3-39 所示为复合弯曲模的另一种结构型式。凹模 1 下行，利用活动凸模 2 的弹力先将坯料弯成 U 形。凹模 1 继续下行，当推板 5 与凹模 1 底面接触时，便强迫活动凸模 2 向下运动，坯料在摆块 3 的作用下弯成四角形。其缺点是模具结构复杂。

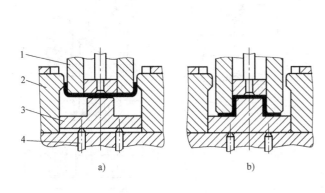

图 3-38　四角形件复合弯曲模

1—凸凹模　2—凹模　3—活动凸模　4—顶杆

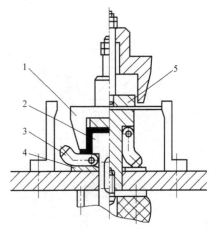

图 3-39　带摆块的四角形件弯曲模

1—凹模　2—活动凸模　3—摆块
4—垫板　5—推板

4．Z 形件弯曲模

Z 形件一次弯曲即可成形，如图 3-40a 所示，其弯曲模结构简单，但由于没有压料装置，压弯时坯料容易滑动，只适用于要求不高的零件。

图 3-40b 所示为有顶板和定位销的 Z 形件弯曲模，能有效防止坯料的偏移。侧压块的作用是克服上、下模之间水平方向的错移力，同时也为顶板导向，防止其窜动。

如图 3-40c 所示的 Z 形件弯曲模，在冲压前，活动凸模 10 在橡胶 8 的作用下与凸模 4 的端面齐平。冲压时，活动凸模 10 与顶板 1 将坯料压紧，由于橡胶 8 产生的弹力大于顶板 1 下方缓冲器所产生的弹顶力，推动顶板 1 下移，使坯料左端弯曲。当顶板 1 接触下模座 11 后，橡胶 8 压缩，凸模 4 相对于活动凸模 10 下移，将坯料右端弯曲成形。当压块 7 与上模座 6 相碰时，整个工件得到校正。

5. 圆形件弯曲模

圆形件的尺寸大小不同，其弯曲方法也不同，一般按直径分为小圆形件和大圆形件两种。

（1）直径 $d \leqslant 5\text{mm}$ 的小圆形件　小圆形件的弯曲方法是先弯成 U 形，再将 U 形弯成圆形。用两套简单模弯圆的方法如图 3-41a 所示，由于工件小，分两次弯曲操作不便，故可将两道工序合并。图 3-41b 所示为有侧楔的一次弯圆模，上模下行时，凸模芯棒 3 先将坯料弯成 U 形；上模继续下行，斜楔 7 推动活动凹模 8 将 U 形弯成圆形。图 3-41c 所示也是一次弯圆模，坯料由下凹模 5 定位，当上模下行时，压料板 2 将滑块 6 往下压，带动凸模芯棒 3 下行，与下凹模 5 作用，先将坯料弯成 U 形；上模继续下行，由上凹模 1 与凸模芯棒 3 再将中间半成品 U 形弯成圆形。如果工件精度要求高，可以旋转工件连冲几次，以获得较好的圆度。工件由垂直图面方向从凸模芯棒 3 上取下。

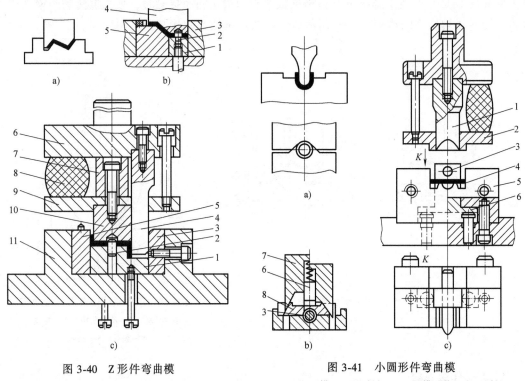

图 3-40　Z 形件弯曲模
1—顶板　2—定位销　3—侧压块　4—凸模　5—凹模
6—上模座　7—压块　8—橡胶　9—凸模托板
10—活动凸模　11—下模座

图 3-41　小圆形件弯曲模
1—上凹模　2—压料板　3—凸模芯棒　4—坯料
5—下凹模　6—滑块　7—斜楔　8—活动凹模

（2）直径 $d \geqslant 20\text{mm}$ 的大圆形件　图 3-42 所示是用三道工序弯曲大圆形件的方法。这种方法生产率低，适用于材料厚度较大的工件。

图 3-43 所示是用两道工序弯曲大圆形件的方法，即先预弯成三个 120° 的波浪形，然后再用第二套模具弯成圆形。工件可沿凸模轴线方向取下。

图 3-44 所示是带摆动凹模的一次成形弯曲模。凸模 2 下行时，先将坯料压成 U 形；凸模 2 继续下行，摆动凹模 3 将 U 形弯成圆形。工件可沿凸模轴线方向推开支承摆块 1 取下。

这种模具生产率较高，但由于回弹，在工件接缝处会留有缝隙和少量直边，工件精度差，模具结构也较复杂。

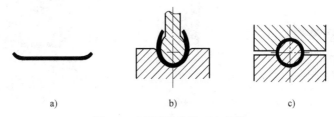

图 3-42　大圆形件的三次弯曲

a）首次弯曲　b）二次弯曲　c）三次弯曲

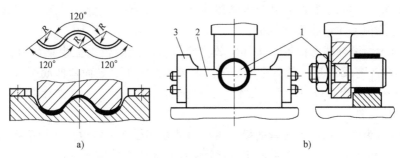

图 3-43　大圆形件两次成形弯曲模

a）首次弯曲　b）二次弯曲

1—凸模　2—凹模　3—定位板

6. 铰链件弯曲模

图 3-45 所示为常见的铰链件型式和弯曲工序的安排。预弯模如图 3-46a 所示，卷圆的原理通常是采用推圆法。图 3-46b 所示是立式卷圆模，其结构简单。图 3-46c 所示是卧式卷圆模，其特点是有压料装置，工件质量较好，操作方便。

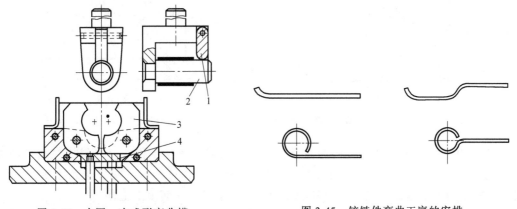

图 3-44　大圆一次成形弯曲模

1—支承摆块　2—凸模　3—摆动凹模　4—顶板

图 3-45　铰链件弯曲工序的安排

7. 其他形状弯曲件的弯曲模

对于其他形状弯曲件，由于品种繁多，其工序安排和模具设计只能根据弯曲件的形状、

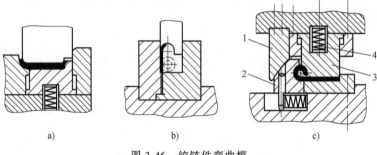

图 3-46　铰链件弯曲模
1—斜楔　2—凹模　3—凸模　4—弹簧

尺寸、精度要求、材料的性能及生产批量等考虑，难以有一个统一的弯曲方法。图 3-47 ~
图 3-49 所示是几种工件弯曲模的例子。

图 3-47 所示为滚轴式弯曲模。将坯料放在定位板 2 上定位。上模下行时，凸模 1 和凹
模 3 配合将坯料先弯成 U 形，然后进入滚轴凸凹模 4 的槽中，进而弯曲成所需要的工件。上
模回程时，滚轴在弹簧的拉力作用下回转，工件随着上模一起上行，然后将工件由前或向后
推出，即可取出工件。

图 3-48 所示为带摆动凸模的弯曲模。将坯料放在凹模 3 上定位。上模下行时，压料杆 2
将坯料压紧在凹模 3 上；上模继续下行，带动摆动凸模 1 沿凹模的斜槽运动，将工件压弯成
形。上模回程后，工件留在凹模上，向后推出工件，即可从后方取出工件。

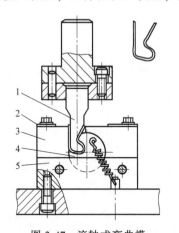

图 3-47　滚轴式弯曲模
1—凸模　2—定位板　3—凹模　4—滚轴凸凹模　5—挡板

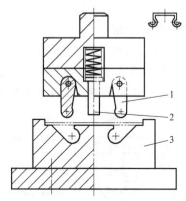

图 3-48　带摆动凸模的弯曲模
1—摆动凸模　2—压料杆　3—凹模

图 3-49 所示为带摆动凹模的弯曲模，可以弯曲多个角的工件。将坯料放在摆动凹模 3
上，由定位板 2 定位。凸模 1 下行时，与摆动凹模 3 配合将坯料一次弯曲而成所需要的工
件。上模上行时，摆动凹模 3 在顶杆的作用下向上摆动，从而顶出工件。

二、级进弯曲模

对于批量大、尺寸较小的工件，为了提高生产率、保证操作安全和产品质量等，可以采
用级进弯曲模进行多工位的冲裁、弯曲、切断连续工艺成形。

图 3-50 所示为同时进行冲孔、切断和弯曲的两工位级进模。条料从右往左送进模具，以导料板导向并从刚性卸料板下面送至挡料块 5 右侧定位。上模下行时，卸料板压住条料，条料被凸凹模 3 切断并随即将所切断的坯料弯曲成形。与此同时，在第一工位由冲孔凸模 2 和冲孔凹模 1 配合进行冲孔。上模回程时，由卸料板卸下条料，推件块 4 则在弹簧的作用下推出工件，获得侧壁带孔的 U 形弯曲件。

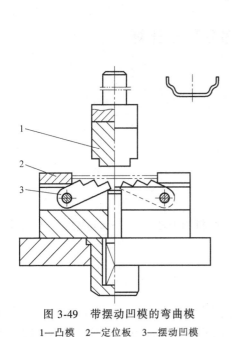

图 3-49 带摆动凹模的弯曲模
1—凸模 2—定位板 3—摆动凹模

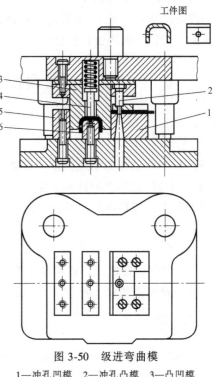

图 3-50 级进弯曲模
1—冲孔凹模 2—冲孔凸模 3—凸凹模
4—推件块 5—挡料块 6—弯曲凸模

三、复合弯曲模

对于尺寸不大、精度要求较高的工件，还可以采用复合模进行弯曲，即在压力机的一次行程内，在模具同一位置上完成落料、弯曲、冲孔等几种不同工序。图 3-51a、b 所示是切断、弯曲复合模结构简图。图 3-51c 所示是落料、弯曲、冲孔复合模，模具结构紧凑，工件精度高，但凸凹模修磨困难。

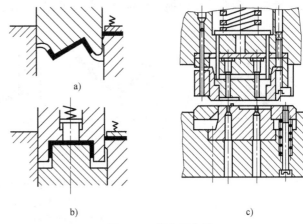

图 3-51 复合弯曲模

【任务实施】

图 3-4 所示的 U 形弯曲件，板料厚度为 $t = 1\text{mm}$，材料为 Q235，$R_m = 435\text{MPa}$，中批量生产。根据项目三中任务二、三的实施分析和任务四的结构分析，此 U 形件弯曲模的总体结

构如图 3-2 所示。

该模具的结构特点是在一次弯曲过程中形成两个弯曲角；弯曲凹模采用镶拼结构，它是将整体凹模分割成两块后再拼接起来。

该模具的工作过程是：冲压时，将坯料放入定位板 13 内；上模下行时，坯料被压在凸模 11 和顶件板 14 之间并逐渐下行，两端未被压住的坯料沿着凹模 16 的圆角滑动并弯曲，进入凸、凹模的间隙；凸模 11 上行时，顶件板 14 在弹簧 19 的作用下将工件顶出（由于材料的回弹作用，工件一般不会包在凸模上），完成弯曲。

任务五　弯曲模工作部分尺寸计算

【学习目标】

1. 掌握凸模与凹模圆角半径的设计方法。
2. 掌握凸模与凹模间隙的计算方法。
3. 掌握凸模与凹模横向尺寸及公差的计算。

【任务导入】

图 3-4 所示为 U 形弯曲件，板料厚度为 $t = 1\text{mm}$，材料为 Q235，$R_\text{m} = 435\text{MPa}$，中批量生产，试完成 U 形件弯曲模的工作部分尺寸计算。

【相关知识】

弯曲模工作零件的设计主要是确定凸、凹模工作部分的圆角半径，凹模深度，凸、凹模间隙、横向尺寸及公差等。弯曲凸、凹模安装部分的结构设计与冲裁凸、凹模基本相同。确定弯曲模工作部分尺寸是保证弯曲件质量的重要设计环节，必须按照正确的结构设计原则和方法来确定。弯曲凸、凹模工作部分的结构及尺寸如图 3-52 所示。

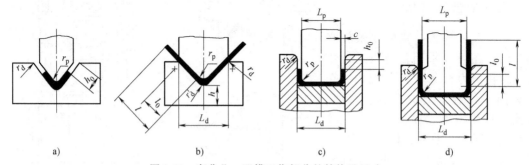

图 3-52　弯曲凸、凹模工作部分的结构及尺寸

a）V 形弯曲的直边长度较小　b）V 形弯曲的直边长度较大　c）U 形弯曲的直边长度较小
d）U 形弯曲的直边长度较大

一、凸模圆角半径

当弯曲件的相对弯曲半径 $r/t = 5 \sim 8$ 且不小于 r_min/t 时，凸模圆角半径 r_p 取弯曲件的圆

角半径，即 $r_p = r$。若 $r/t < r_{min}/t$，则应取 $r_p > r_{min}$，将弯曲件先弯成较大的圆角半径，然后采用整形工序进行整形，使其满足弯曲件圆角半径的要求。

当弯曲件的相对弯曲半径 $r/t \geq 10$ 时，由于弯曲件圆角半径的回弹较大，凸模的圆角半径应根据回弹值做相应的修正。

二、凹模圆角半径

凹模圆角半径 r_d 的大小对弯曲力、模具寿命、弯曲件质量等均有影响。r_d 过小时，坯料拉入凹模的滑动阻力增大，易使弯曲件表面擦伤或出现压痕，并会增大弯曲变形力和影响模具寿命；r_d 过大时，会影响坯料定位的准确性。另外，凹模两边的圆角半径应一致，否则在弯曲时坯料会发生偏移。生产中，凹模圆角半径 r_d 通常根据材料的厚度 t 选取：$t < 2$mm 时，$r_d = (3 \sim 6) t$；$t = 2 \sim 4$mm 时，$r_d = (2 \sim 3) t$；$t > 4$mm 时，$r_d = 2t$。

V 形件弯曲凹模的底部可开槽或取圆角半径 $r'_d = (0.6 \sim 0.8)(r_p + t)$。

三、凹模深度

凹模深度 l_0 过小，则坯料两端未受压部分太多，弯曲件回弹大且不平直，影响其成形质量；凹模深度 l_0 过大，则浪费模具钢材，且需压力机需要较大的工作行程。

（1）V 形件弯曲模 对于弯边高度不大或要求两边平直的 V 形件，凹模深度应大于弯曲件的高度，如图 3-52a 所示，图中 h_0 的值见表 3-13。对于弯边高度较大，而平面度要求不高的 V 形件，可采用图 3-52b 所示的结构型式，凹模深度 l_0 和底部最小厚度 h 的值可参考表 3-14，但应保证凹模开口宽度 L_d 不能大于弯曲坯料展开长度的 0.8 倍。

表 3-13 弯曲凹模的 h_0 值 （单位：mm）

材料厚度 t	≤1	>1~2	>2~3	>3~4	>4~5	>5~6	>6~7	>7~8	>8~10
h_0	3	4	5	6	8	10	15	20	25

表 3-14 V 形件弯曲凹模深度 l_0 和底部最小厚度 h 值 （单位：mm）

弯曲件边长 l	材料厚度 t					
	≤2		>2~4		>4	
	h	l_0	h	l_0	h	l_0
10~25	20	10~15	22	15	—	—
>25~50	22	15~20	27	25	32	30
>50~75	27	20~25	32	30	37	35
>75~100	32	25~30	37	35	42	40
>100~150	37	30~35	42	40	47	50

（2）U 形件弯曲模 对于弯边高度不大或要求两边平直的 U 形件，凹模深度应大于弯曲件的高度，如图 3-52c 所示，图中 h_0 的值见表 3-13。对于弯边高度较大，而平直度要求不高的 U 形件，可采用图 3-52d 所示的凹模结构型式，凹模深度 l_0 的值见表 3-15。

表 3-15 U 形件弯曲凹模深度 l_0 值 （单位：mm）

弯曲件边长 l	材料厚度 t				
	≤1	>1~2	>2~4	>4~6	>6~10
≤50	15	20	25	30	35
>50~75	20	25	30	35	40

（续）

弯曲件边长 l	材料厚度 t				
	≤1	>1~2	>2~4	>4~6	>6~10
>75~100	25	30	35	40	45
>100~150	30	35	40	50	50
>150~200	40	45	55	65	65

四、凸、凹模间隙

V 形件弯曲模的凸、凹模间隙 c 是靠调整压力机的闭合高度来控制的，设计时可以不考虑。对于 U 形件弯曲模，则应选择合适的间隙。间隙过小时，会使弯曲件弯边厚度变薄，降低凹模寿命，增大弯曲力；间隙过大时，则回弹大，会降低弯曲件的精度。U 形件弯曲模的凸、凹模单边间隙一般可按式（3-11）和式（3-12）计算，即

$$有色金属 \qquad c = (1.05 \sim 1.15)t \qquad (3-11)$$
$$黑色金属 \qquad c = (1 \sim 1.1)t \qquad (3-12)$$

式中，c 为弯曲时的单边间隙；t 为材料厚度。

当弯曲件的精度要求较高时，应适当减小间隙值 c，可取 c=t。

五、U 形件弯曲凸、凹模横向尺寸及公差

确定 U 形件弯曲凸、凹模横向尺寸及公差的原则是：弯曲件标注外形尺寸时，应以凹模为基准件，间隙取在凸模上，如图 3-53 所示；弯曲件标注内形尺寸时，应以凸模为基准件，间隙取在凹模上，如图 3-54 所示。而凸、凹模的尺寸和公差则应根据弯曲件的尺寸、公差、回弹情况及模具磨损规律而定。

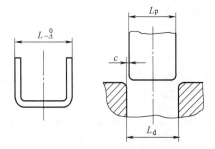
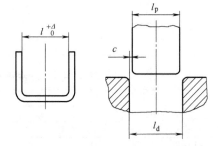

图 3-53　标注外形尺寸的弯曲件及模具尺寸　　　图 3-54　标注内形尺寸的弯曲件及模具尺寸

1. 弯曲件标注外形尺寸

弯曲件标注外形尺寸时，凸、凹模的尺寸为

$$L_d = (L_{max} - 0.75\Delta)^{+\delta_d}_0 \qquad (3-13)$$
$$L_p = (L_{max} - 0.75\Delta - 2c)^0_{-\delta_p} \qquad (3-14)$$

式中，L_p、L_d 分别为弯曲凸、凹模横向尺寸；L_{max} 为弯曲件外形的上极限尺寸；Δ 为弯曲件尺寸公差；δ_p、δ_d 分别为弯曲凸、凹模的制造公差，可按公差等级 IT7~IT9 选取，一般凸模的精度比凹模的精度高一级；c 为单边间隙。

2. 弯曲件标注内形尺寸

弯曲件标注内形尺寸时，凸、凹模的尺寸为

$$l_p = (l_{min} + 0.4\Delta)^0_{-\delta_p} \qquad (3-15)$$

$$l_d = \left(l_{min} + 0.4\Delta + 2c\right)_{0}^{+\delta_d} \tag{3-16}$$

式中，l_p、l_d 分别为弯曲凸、凹模横向尺寸；l_{min} 为弯曲件内形的下极限尺寸。

当弯曲件的精度要求较高时，其凸、凹模可以采用配作法加工。

▷▷▷【任务实施】

图 3-4 所示的 U 形弯曲件，板料厚度为 $t=1mm$，材料为 Q235，$R_m = 435MPa$，中批量生产，其弯曲模的工作部分尺寸计算如下。

1. 凸模圆角半径的确定

U 形弯曲件的材料为 Q235，查表 3-4，加工硬化状态、弯曲线垂直于纤维方向的最小弯曲半径 r_{min} 为 $0.5t$。U 形件的相对弯曲半径 $r/t = 2/1 = 2 < 5$，且不小于 $r_{min}/t = 0.5$，则 U 形件弯曲凸模的圆角半径与弯曲件相同，即 $r_p = r = 2$。

2. 凹模圆角半径、深度的确定

凹模圆角半径 r_d 通常根据材料厚度选取：$t \leq 2mm$ 时，取 $r_d = 3t = 3mm$。

由于 U 形弯曲件的弯边高度不大，则查表 3-13 得凹模深度 h_0 为 3mm。

3. 凸、凹模间隙和横向尺寸的计算

凸、凹模间隙取单边间隙 $c = 1.1t = 1.1mm$。

因 U 形弯曲件横向尺寸未注公差，按公差等级 m 处理，查 GB/T 15055—2007 得极限偏差为 ±0.50mm，则弯曲件的横向尺寸为 40±0.5mm。凸、凹模的横向尺寸按式（3-13）和式（3-14）计算。

$$L_d = \left(L_{max} - 0.75\Delta\right)_{0}^{+\delta_d} = \left(40.5 - 0.75 \times 1\right)_{0}^{+0.039} mm = 39.75_{0}^{+0.039} mm$$

$$L_p = \left(L_{max} - 0.75\Delta - 2c\right)_{-\delta_p}^{0} = \left(40.5 - 0.75 \times 1 - 2 \times 1.1\right)_{-0.025}^{0} mm = 37.55_{-0.025}^{0} mm$$

（δ_p、δ_d 分别按标准公差等级 IT7、IT8 取值，查 GB/T 1800.1—2009 得 $\delta_p = 0.025mm$，$\delta_d = 0.039mm$。）

4. 主要零件设计

（1）凸模 凸模的结构型式及尺寸如图 3-55 所示，材料选用 Cr12。

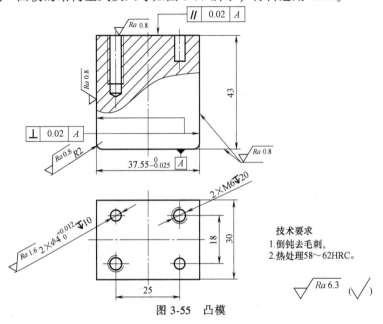

技术要求
1. 倒钝去毛刺。
2. 热处理58～62HRC。

图 3-55 凸模

（2）凹模　凹模的结构型式及尺寸如图 3-56 所示，材料选用 Cr12。

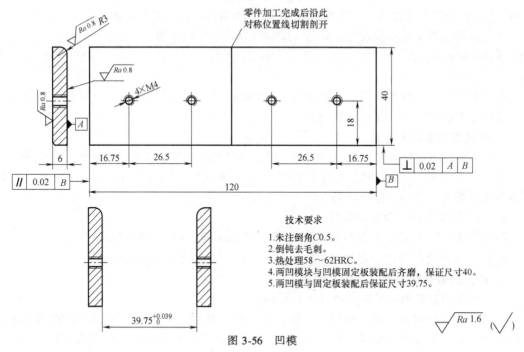

技术要求
1. 未注倒角C0.5。
2. 倒钝去毛刺。
3. 热处理58～62HRC。
4. 两凹模块与凹模固定板装配后齐磨，保证尺寸40。
5. 两凹模与固定板装配后保证尺寸39.75。

图 3-56　凹模

（3）凸模固定板　凸模固定板的结构型式及尺寸如图 3-57 所示，材料选用 45 钢。

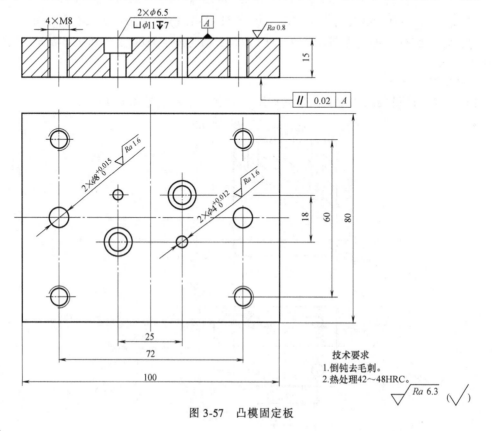

技术要求
1. 倒钝去毛刺。
2. 热处理42～48HRC。

图 3-57　凸模固定板

思 考 题

1. 弯曲模的装配要点是什么？
2. 镶拼结构的型式有哪些？
3. 镶拼结构的固定方法有哪些？
4. 什么是弯曲？弯曲变形有哪几种形式？
5. 弯曲变形有哪些特点？
6. 什么是最小相对弯曲半径？影响最小相对弯曲半径的因素有哪些？
7. 弯曲变形程度用什么来表示？弯曲时的极限变形程度受到哪些因素影响？
8. 试述减少弯曲件回弹的常用措施。
9. 什么是弯曲时的偏移？产生偏移的原因有哪些？如何减少和克服偏移？
10. 计算图 3-58 所示弯曲件的展开长度。

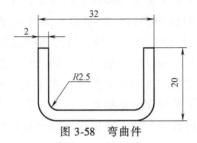

图 3-58 弯曲件

11. 弯曲件工艺安排的原则是什么？

项目四　拉深模的拆装与设计

拉深是利用拉深模在压力机的作用下，将平板坯料冲压成开口空心件或将开口空心件进一步拉深制成零件的一种加工方法。它是冲压基本工序之一，不仅可以制成旋转体零件，还可制成盒形零件及其他形状复杂的薄壁空心零件。拉深工艺生产率高、材料利用率高，能获得一定的尺寸精度和较低的表面粗糙度值，能制造小到几毫米（如空心铆钉），大到几米（如汽车覆盖件）的拉深件和其他加工方法不易成形的薄壁且形状复杂的零件。拉深工艺广泛应用于汽车、电子、日用品、仪表、航空航天等各部门的产品生产中。

本项目以典型拉深模的拆装和设计为任务驱动，在完成任务的过程中，使学生逐步掌握拉深模的结构和工作原理；在了解拉深变形特点、拉深工艺参数等知识的基础上，重点掌握圆筒形拉深件的工艺计算及模具设计方法；能根据圆筒形拉深件的材料性能、尺寸大小、形状特点及精度要求，分析拉深件的冲压工艺性能，判断拉深件可能出现的质量问题，正确选择拉深工艺参数并进行拉深工艺计算，设计出结构合理的拉深模。

任务一　拉深模的拆装

【学习目标】

1. 掌握典型拉深模的组成、结构和工作原理。
2. 掌握拉深模的拆装方法。
3. 了解拉深模的装配要点。
4. 培养学生团结合作、分析并解决问题的基本能力。

【任务导入】

本任务主要介绍典型拉深模的拆装方法，使学生重点掌握图4-1所示拉深模的拆装工艺过程，理解拉深模的工作原理和结构组成，对拉深模有良好的感性认识，为拉深模的结构设计打下基础。

拉深模按工序的顺序可分为首次拉深模和后续各工序拉深模，它们之间的本质区别是压边圈的结构和定位方式不同；按使用的冲压设备可分为单动压力机用拉深模、双动压力机用拉深模及三动压力机用拉深模，它们

图 4-1　有压料装置的拉深模结构图

的本质区别在于压边装置不同（弹性压边和刚性压边）；按工序的组合又可分为单工序拉深模、复合模和级进拉深模；此外，还可按有无压边装置分为无压边装置拉深模和有压边装置拉深模等。下面将拆装有压料装置的典型拉深模，其装配图如图 4-2 所示。

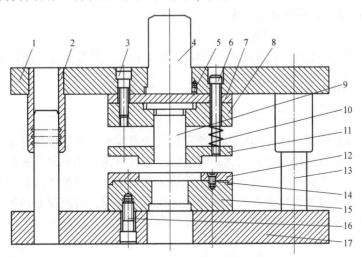

图 4-2　有压料装置的拉深模装配图
1—上模座　2—导套　3、14、16—螺钉　4—模柄　5—防转销　6—卸料螺钉　7—垫板　8—凸模固定板
9—凸模　10—弹簧　11—压边圈　12—定位板　13—导柱　15—凹模　17—下模座

该模具的结构特点是：压料装置在模具的上、下模座之间，模具提供的压边力不大，只适用于浅拉深件的拉深。

该模具的工作过程是：工作时，毛坯由定位板 12 定位，上模下行时，压边圈 11 首先将毛坯压住，凸模 9 继续下行，完成拉深。拉深结束后，上模回程，箍在凸模 9 外面的拉深件由凹模 15 下的台阶刮下，并从下模座 17 的漏料孔落下。

【相关知识】

一、拉深模的装配要点

1. 拉深模的特点

1）拉深模凸、凹模的工作端部要求有光滑的圆角，工作零件的表面粗糙度值一般为 $Ra0.16 \sim 0.04\mu m$。

2）拉深件的尺寸不易控制，即使模具的零件制造精度很高，模具装配很好，但由于材料的弹性变形，拉深件不一定合格。因此，在装配试模后常常要对模具进行修整加工。

3）通过试模可以发现模具存在的缺陷，找出原因并进行调整、修正。

4）通过试模确定拉深前的毛坯尺寸。对原设计方案的毛坯进行试冲，测量试冲件的尺寸偏差，根据偏差值确定是否对毛坯进行修改。如果试冲件不能满足原设计要求，应对毛坯进行适当修改，再进行试冲，直至冲制的试件符合要求。

2. 拉深模的装配要求

1）装配时，需选择合适的修配环。为保证拉深动作的正确及运动互不干涉，必须选择合适的修配零件，装配时通过逐步修配达到装配精度及运动精度。

2）装配后，需安排试装、试模工序。拉深件的毛坯尺寸一般无法通过设计计算或模拟仿真确定，所以装配后必须安排试装、试模。根据试模结果，逐步修正毛坯尺寸，直至试件符合要求。

3）需安排试模后的调整装配工序。

4）需调整上、下模的合模高度。

5）需合理安排淬火工序。模具经过试模、调整工序，能得到合格的冲压件后，才可以进行热处理（淬硬）。

二、研磨和抛光

拉深模中，提高凸模、凹模和压边圈等零件的表面质量，有利于坯料金属的流动，减小流动阻力，可以提高拉深件的表面质量。经研磨、抛光可消除模具刃口的磨削痕。

装配时，应先采用油石后采用砂纸、羊毛轮等进行抛光，每种方法都应按先粗后细的方式进行。抛光时，不要采用拉锯方式，而应同方向逐步推进，方向应和坯料金属流动的方向一致。对于凹模，应纵向往复抛光，而不是采用圆周运动抛光。抛光时还应注意冷却，以防因过热使模具硬度下降。

【任务实施】

选取图 4-1 所示的拉深模作为拆装对象，实物图如图 4-3 所示，学生 4~6 人为一组进行分组实验，利用相关拆装工具进行拆卸。拆卸时，需注意工具的使用方法，并遵守相关安全操作规程。

模具拆装方案和拆装步骤的具体实施同弯曲模，不再赘述。完成所拆装拉深模零件明细表的填写，见表 4-1。

图 4-3　拉深模实物图

表 4-1　拉深模零件明细表

零件类别	序号	名称	数量	规格	备　注
工作零件					
定位零件					
卸料与出件零件					
导向零件					
支承与固定零件					
紧固件及其他零件					

对于复杂模具零件图样的绘制，用传统测绘工具难以高效而准确地实现。随着技术的不断进步，逆向工程在模具设计与制造中得到了应用。其主要过程就是利用测量设备对产品或零件的数据进行采集，然后由计算机进行数据处理，进而提取产品或零件的结构特征，最后通过 CAD 软件绘制出模型。

拉深模拆装实验完成后，按要求撰写实验报告四（附录 A-4）。

任务二　拉深工艺分析

【学习目标】

1. 了解拉深变形的特点及拉深变形过程中的应力与应变状态，能够分析圆筒形拉深件各区域的变形特点。

2. 掌握拉深过程中常见的质量问题及其影响因素，能够判断圆筒形拉深件起皱和拉裂的原因，并提出相应的控制措施。

3. 掌握拉深件的工艺性要求，能够正确分析拉深件的工艺性能。

【任务导入】

图 4-4 所示拉深件是拉深工艺中较为典型的旋转体零件，材料为 10 钢，厚度 $t = 0.5\text{mm}$，尺寸公差等级为 IT13，采用大批量生产。通过本任务的学习，试对其进行拉深工艺分析。

【相关知识】

一、拉深变形过程分析

1. 拉深分类

拉深工艺又称为拉延、压延、延伸等，采用拉深可以得到的冲压件一般分为四类，如图 4-5 所示。

图 4-4　拉深件

1）直壁筒形件：圆筒形件、带凸缘的圆筒件、阶梯圆筒件等，如图 4-5a 所示。

2）曲面旋转体件：球形件、抛物线形件、锥形件等，如图 4-5b 所示。

3）盒形件：方形件、矩形件、椭圆形件、多角形件等，如图 4-5c 所示。

4）非旋转体曲面件：各种不规则形状的零件，如图 4-5d 所示。

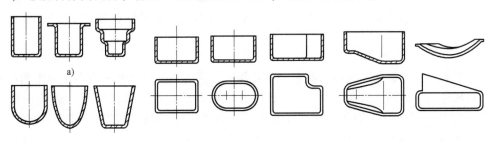

图 4-5　拉深件的分类

拉深工艺与翻边、胀形、扩口、缩口等其他冲压成形工艺配合，还能制造形状极为复杂的零件，如汽车车身、油箱、盆、杯和锅炉封头等。

拉深可分为不变薄拉深和变薄拉深。对于前者，拉深成形后零件各部分的壁厚与拉深前的坯料相比基本不变；对于后者，拉深成形后零件的壁厚与拉深前的坯料相比明显变薄，这种变薄是产品要求的，零件呈现底厚、壁薄的特点。在实际生产中，应用较多的是不变薄拉深。

拉深模的结构相对简单，与冲裁模比较，其工作部分没有锋利的刃口，而是有较大的圆角 r_p、r_d，表面质量要求高，凸、凹模间隙 c 略大于板料厚度 t。图 4-6 所示为圆筒形件的拉深。将直径为 D、厚度为 t 的圆形平板坯料放入定位板内，当凸模下行时，将坯料逐渐拉入凹模孔内，得到内径为 d、高度为 h 的直壁圆筒形拉深件。

2. 圆筒形件拉深变形分析

圆筒形件是最典型的拉深件，由圆形平板坯料拉深成为圆筒形件的变形过程如图 4-7 所示。首先凸模与坯料接触，随着凸模下行，坯料逐渐被拉入凹模内，直至坯料全部被拉入凹模，拉深结束。

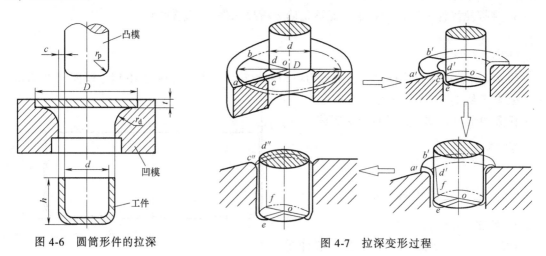

图 4-6 圆筒形件的拉深   图 4-7 拉深变形过程

如图 4-8 所示，如将直径为 D 的平板坯料的三角形阴影部分切去，将留下部分的狭条沿直径为 d 的圆周弯折过来，再把它们焊接起来，就可以成为一个圆筒形件，这个圆筒形件的高度理论计算值为 $h=\dfrac{1}{2}(D-d)$。但在实际拉深过程中，并没有把三角形材料切掉，这部分材料在拉深过程中由于产生塑性流动而转移了。其结果是：一方面，圆筒形件壁厚增加 Δt，硬度也有所变化，如图 4-9 所示；另一方面，更主要的是圆筒形件高度增加 Δh，使得所得的圆筒形件的高度 $h>\dfrac{1}{2}(D-d)$。

为了更进一步了解金属的流动状态，可在圆形坯料上画出许多间距都等于 a 的同心圆和等分度的辐射线，如图 4-10a 所示。由这些同心圆和辐射线所组成的网格，经拉深后发生了变化。在圆筒形件底部的网格基本上保持原来的形状，而在圆筒形件的筒壁部分，网格则发生了很大的变化，由扇形变成了矩形。原来等距离的同心圆变为筒壁上的水平圆筒线，而且其间距也增大了，越靠近筒的上部增大越多，即 a 变成 a_1，a_2，a_3，…，且 $a_1>$

$a_2>a_3>\cdots>a$。另外，原来等分度的辐射线变成了筒壁上的平行线，其间距相等，即 $b_1=b_2=b_3=\cdots=b$。

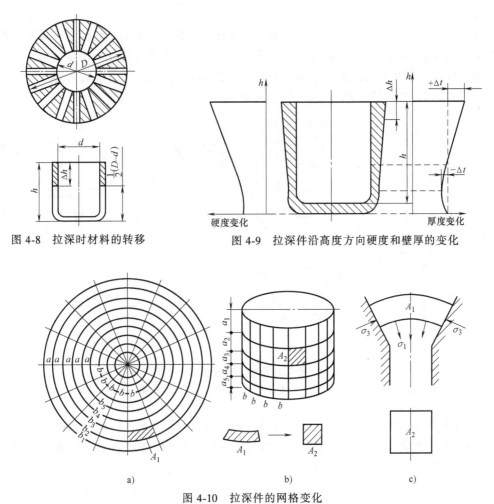

图 4-8　拉深时材料的转移

图 4-9　拉深件沿高度方向硬度和壁厚的变化

图 4-10　拉深件的网格变化

在图 4-10b 所示筒壁上取网格中的一个小单元体来分析，拉深前为扇形的网格 A_1 在拉深后变成了矩形 A_2，假如忽略很少的厚度变化，则小单元体的面积不变，即 $A_1=A_2$。

如图 4-10c 所示，毛坯在径向被拉长的同时，切向则被压缩。设径向的拉应力为 σ_1，切向的压应力为 σ_3。在实际拉深过程中，坯料上的扇形小单元体不是单独存在的，而是处在相互联系、紧密结合在一起的坯料整体内，σ_1 是在凸模的作用下由径向小单元体材料间的相互拉伸作用而产生的，而 σ_3 则是由切线方向小单元体材料间的相互挤压作用而产生的。

因此，拉深变形过程可以归结为：在拉深过程中，坯料受凸模拉深力的作用，凸缘坯料径向产生拉伸应力 σ_1，切向产生压缩应力 σ_3。在应力 σ_1 和 σ_3 的共同作用下，凸缘坯料发生塑性变形，并不断被拉入凹模内形成圆筒形拉深件。

圆筒形件拉深的变形程度，通常以圆筒形件直径 d 与坯料直径 D 的比值来表示，即 $m=d/D$。其中，m 称为拉深系数，m 越小，拉深变形程度越大。

3. 拉深过程中坯料的应力与应变状态

拉深是一个复杂的塑性变形过程，其变形区比较大，金属流动大，拉深过程中易发生凸缘变形区的起皱和传力区的拉裂而使工件报废。因此，有必要分析拉深时的应力、应变状态，从而找出产生起皱、拉裂的根本原因，在设计模具和制订冲压工艺时应引起注意，以提高拉深件的质量。

图 4-11a 所示为坯料在拉深过程中的某一瞬间所处状态，图 4-11b 所示为拉深时坯料的受力情况，图 4-11c 所示为某一瞬间坯料各部分应力、应变的分布情况。根据应力、应变的状态不同，拉深坯料可划分为五个区域，即凸缘平面部分（A 区）、凸缘圆角部分（B 区）、筒壁部分（C 区）、筒底圆角部分（D 区）、筒底部分（E 区）。

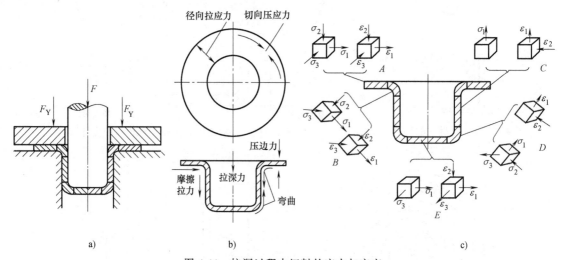

图 4-11 拉深过程中坯料的应力与应变

σ_1、ε_1—板料径向的应力与应变 σ_2、ε_2—板料厚度方向的应力与应变 σ_3、ε_3—板料切向的应力与应变

（1）凸缘平面部分（A 区） 凸缘平面部分是拉深的主要变形区，板料在径向拉应力 σ_1 与切向压应力 σ_3 的共同作用下产生切向压缩与径向伸长变形而被逐渐拉入凹模。在厚度方向，由于压边圈的作用，产生了压应力 σ_2，通常 σ_1 和 σ_3 的绝对值比 σ_2 大得多。厚度方向的变形取决于 σ_1 和 σ_3 之间的比例关系，一般在板料产生切向压缩与径向伸长的同时，厚度有所增大，越接近外缘，板料增厚越多。如果不压边（$\sigma_2 = 0$）或压边力较小（σ_2 小）时，板料增厚比较大。当拉深变形程度较大，板料又比较薄时，则在板料的凸缘部分，特别是外缘部分，在 σ_3 作用下可能失稳而拱起，形成所谓的起皱。

（2）凸缘圆角部分（B 区） 凸缘圆角部分是连接凸缘平面和筒壁的过渡区，位于凹模圆角处。其径向受拉应力 σ_1 而伸长，切向受压应力 σ_3 而压缩，厚度方向受到凹模圆角的压力和弯曲作用而承受压应力 σ_2。由于 σ_3 不大，而 σ_1 最大，且凹模圆角越小时由弯曲引起的拉应力越大，所以板料厚度有所减小，有可能出现破裂。

（3）筒壁部分（C 区） 筒壁部分是由凸缘平面部分经凹模圆角被拉入凸、凹模间隙而形成的筒形，板料不再发生大的变形。但是，在拉深过程中，凸模的拉深力要经筒壁传递到凸缘区，因此它承受单向拉应力 σ_1 的作用，会发生少量的纵向伸长和厚度压缩变形。

（4）筒底圆角部分（D 区） 该区域是连接筒壁和筒底的过渡区，是与凸模圆角接触的部分。它从拉深开始一直承受径向拉应力 σ_1 和切向拉应力 σ_3 的作用，并且受到凸模圆角的压力和弯曲作用，产生径向伸长、厚度变小的变形。所以，这部分板料变薄最严重，尤其是与筒壁相切的部位，最容易出现拉裂，是拉深过程中的"危险断面"。

（5）筒底部分（E区） 筒底部分位于凸模正下方，在拉深开始时即被拉入凹模，并在拉深的整个过程中保持平面状。它受切向 σ_3 和径向 σ_1 的双向拉应力作用，变形是双向拉伸变形，厚度有所减小。但该区域的材料由于受到与凸模接触面的摩擦阻力约束，基本上不产生塑性变形或者只产生不大的塑性变形，变形只有 1%～3%，一般可忽略不计。

二、拉深件的质量问题及控制

在实际拉深过程中，影响拉深件质量的因素有很多，包括拉深件的尺寸和形状、压边力的大小、拉深板料的力学性能、模具的结构及尺寸、摩擦润滑条件等，因此，有可能造成生产出来的拉深件有很多质量问题，如起皱、拉裂、回弹、凸耳、表面划伤等。其中，起皱和拉裂是拉深成形的两个主要质量问题。

1. 起皱

拉深时坯料凸缘区沿切向产生波纹状的皱折，称为起皱，起皱是一种受切向压应力的作用而失稳的现象。

（1）起皱产生的原因 凸缘平面部分受最大切向压应力作用而产生切向压缩变形，当切向压应力较大而坯料的相对厚度 t/D（t 为料厚，D 为坯料直径）较小时，凸缘部分的料厚与切向压应力之间失去了应有的比例关系，从而在凸缘的周围产生波浪形的连续弯曲，这就是拉深时的起皱现象，如图 4-12a 所示。

通常起皱首先从凸缘外缘产生，因为这里的切向压应力绝对值最大。当出现轻微起皱时，凸缘区板料仍有可能全部被拉入凹模内，但起皱部位的波峰在凸模与凹模之间受到强烈挤压，从而在拉深件筒壁靠上部位将出现条状的挤光痕迹和明显的波纹，影响拉深件的外观质量与尺寸精度，如图 4-12b 所示。起皱严重时，拉深便无法顺利进行，这时起皱部位相当于板厚增加了许多，因而不能在凸模与凹模之间顺利通过，并使径向拉应力急剧增大，继续拉深时将会在危险断面处拉破，如图 4-12c 所示。

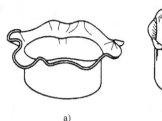  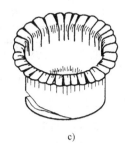

a)   b)   c)

图 4-12 拉深件的起皱破坏

（2）影响起皱的主要因素 拉深过程中是否会起皱，与该处材料所受的切向压应力大小和几何尺寸有关，主要取决于以下四个方面。

1）坯料的相对厚度 t/D。坯料的相对厚度越小，拉深变形区抵抗失稳的能力越差，越容易起皱。相反，坯料的相对厚度越大，越不容易起皱。

2）拉深系数 m。根据拉深系数的定义 $m = d/D$ 可知，拉深系数 m 越小，拉深变形程度越大，切向压应力相应增大，越容易起皱。同时，拉深系数越小，凸缘变形区的宽度相对越大，其抵抗失稳的能力就越差，因而越容易起皱。

有时，虽然坯料的相对厚度较小，但当拉深系数较大时，也不会起皱，如拉深高度很小的浅拉深件。这说明在上述两个主要影响因素中，拉深系数对起皱的影响更大。

3）材料的力学性能。材料的屈强比小，则屈服强度小，变形区内的切向压应力也相对减小，因此不易起皱；材料的弹性模量和硬化指数越大，材料的刚度越好，压应力作用下的抗失稳能力就越强，从而越不易起皱，反之亦然。

4）工作部分的几何形状。凸模和凹模圆角及凸、凹模之间的间隙过大时，坯料容易起皱。与用普通平端面凹模拉深的坯料相比，用锥形凹模拉深时不易起皱，如图 4-13 所示。

（3）控制起皱的措施　在实际生产中，为防止起皱，可从以下几个方面考虑：

1）采用压料装置。为防止起皱，最常用的方法是设置压料装置并施加合适的压边力 F_Y，使坯料凸缘区夹在凹模平面与压边圈之间通过，如图 4-14 所示，此时坯料稳定性增强，起皱不易发生。采用压料装置防止起皱的同时，也给拉深带来了不利的影响。压料装置会增大坯料与凹模、压边圈之间的摩擦力，从而使拉深力增加，增大了坯料拉深破裂的倾向。因此，在保证不起皱的前提下，压边力越小越好。

当然并不是任何情况下都会发生起皱现象，当变形程度较小、坯料相对厚度较大时，一般不会起皱，这时就不必采用压料装置。判断是否采用压料装置可参考表 4-2 确定。

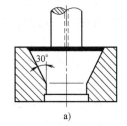 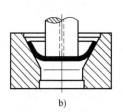

图 4-13　锥形凹模的拉深

a）拉深前的坯料形状　b）拉深时的坯料形状

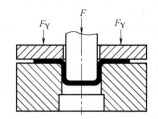

图 4-14　带压料装置的模具结构

表 4-2　是否采用压料装置的条件

拉深方法	首次拉深		以后各次拉深	
	t/D（%）	m_1	t/D（%）	m_i
采用压料装置	<1.5	<0.6	<1	<0.8
可用可不用	1.5~2	0.6	1~1.5	0.8
不用压料装置	>2	>0.6	>1.5	>0.8

2）改善凸缘部分的润滑，选用屈强比小、屈服强度低的材料，尽量使板料的相对厚度 t/D 大些，以增大其变形区抗压缩失稳的能力。

3）采用锥形凹模。用锥形凹模拉深时，坯料形成的曲面过渡形状比平面形状具有更大的抗压失稳能力。锥形凹模圆角处对坯料所产生的摩擦阻力和弯曲变形的阻力都明显减小，同时，凹模锥面对坯料变形区的作用力也有助于使它产生切向压缩变形，因此其拉深力比使用平端面凹模时要小得多，不易起皱。

4）设置拉延筋。拉延筋也称为拉延沟，它是在压边圈和凹模面上设置起伏的沟槽和凸起。拉深时，材料流向凹模型腔的过程中需经过多次弯曲，增大了材料的径向拉应力。

2. 拉裂

（1）拉裂产生的原因　根据前述拉深过程中坯料的应力与应变状态分析，当凸缘部分转化为筒壁后，筒壁部分在拉深过程中起到了传递拉深力的作用。由于壁厚不均匀，口部壁厚增大，底部壁厚减小，壁部与底部圆角相切处变薄最严重，如图4-9所示，成为拉深时的危险断面。当筒壁的拉深力过大，即筒壁拉应力超过了该危险断面材料的抗拉强度时，便会产生拉裂，如图4-15所示。

另外，当凸缘部分起皱时，坯料难以或不能通过凸、凹模间隙，使得筒壁拉应力急剧增大，也会导致拉裂。因此，筒壁与筒底圆角相切处最容易发生拉裂，是拉深的"危险断面"。

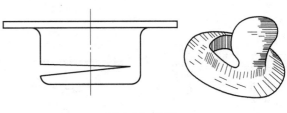

图4-15　拉裂

（2）控制拉裂的措施　实际生产中，为防止拉裂，可从以下几个方面考虑。

1）选用屈强比小、平均塑性应变比和硬化指数大的拉深材料。屈强比小，即屈服强度小，材料变形容易；抗拉强度高，材料不易拉裂。

塑性应变比 r（也称为板厚方向性系数）是评价金属薄板深冲性能的最重要的参数，反映金属薄板在某平面内承受拉力或压力时，抵抗变薄或变厚的能力，通常用 $\bar{r}$ 表示平均塑性应变比。当 $\bar{r}<1$ 时，说明材料厚度方向上容易变形减薄、开裂，冲压性能不好。当 $\bar{r}>1$ 时，说明材料冲压成形过程中长度和宽度方向上容易变形，能抵抗厚度方向上变薄，而厚度减小是冲压过程中发生拉裂的原因，故 $\bar{r}$ 值越大越有利。因此，选用 $\bar{r}>1$ 的材料进行拉深是防止拉裂的重要措施。

2）适当加大凸、凹模圆角半径。凹模圆角半径太小，则材料在拉深过程中的弯曲阻力增加，从而使筒壁传力区的最大拉应力增加，危险断面易拉裂。凸模圆角半径太小，则材料绕凸模弯曲的拉应力增加，危险断面的抗拉强度降低。但是，凹模与凸模圆角半径不能太大，否则材料容易起皱。

3）降低拉深力，增加拉深次数。筒壁所受的总拉应力 σ_p 与拉深系数 m 成反比，即 m 越小 σ_p 越大，较小的拉深系数虽可加大拉深变形程度，但却大大增加了拉深力，会使制件筒壁变薄拉裂。

4）合理进行润滑。拉深时采用必要的润滑，有利于拉深变形的顺利进行，且会使筒壁变薄得到改善。在凹模和压边圈与坯料接触的表面涂润滑剂可避免拉裂的产生。但是，在凸模表面不要进行润滑，这是因为凸模与坯料表面的摩擦属于有益的摩擦，它可以防止制件在拉深过程中的滑动和变薄，但矩形件拉深不受此限制。

三、拉深工艺设计

拉深工艺设计包括拉深件工艺分析和拉深工艺方案确定两方面内容。

1. 拉深件工艺分析

拉深件的工艺分析主要包括拉深件的形状、尺寸、精度及材料选用等方面。

（1）拉深件的形状及尺寸　拉深件应尽量简单、对称，尽量避免急剧的外形变化，并能一次拉深成形。对于形状复杂的拉深件，应将其进行分解，各部分分别加工后再进行连接，如图4-16a所示。尽量避免尖底形状的拉深件，尤其是高度大时，其工艺性更差。

对于空间曲面的拉深件，应在口部增加一段直壁形状，如图4-16b所示，既可以提高拉深件刚度，又可以避免拉深起皱及凸缘变形。对于半敞开或非对称的拉深件，应考虑设计成对称的拉深件，以改善拉深时的受力状况，待拉深结束后再进行剖切，如图4-16c所示。

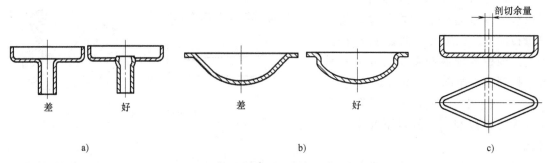

图4-16　拉深件的形状设计

拉深件的壁厚公差或变薄量要求一般不应超出拉深工艺壁厚变化规律。据统计，不变薄拉深工艺的筒壁最大增厚量为（$0.2 \sim 0.3$）t，最大变薄量为（$0.1 \sim 0.18$）t（t为板料厚度）。

当拉深件一次拉深的变形程度过大时，为避免拉裂，需采用多次拉深，这时在保证必要的表面质量的前提下，应允许内、外表面存在拉深过程中可能产生的痕迹，如图4-17a所示。在保证装配要求的前提下，应允许拉深件侧壁有一定的斜度。

无凸缘件拉深时，由于材料各向异性的影响，拉深件的口部一般是不整齐的，

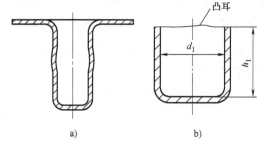

图4-17　拉深件的形状误差

会不可避免地出现"凸耳"现象，如图4-17b所示。如果对拉深件的高度尺寸有要求，应增加切边工序。

拉深件的底部或凸缘上有孔时，孔边到侧壁的距离应满足：$a \geqslant R + 0.5t$（或$a \geqslant r + 0.5t$），如图4-18a所示。拉深件的底与壁、凸缘与壁、矩形件的四角等处的圆角半径应满足：$r \geqslant t$，$R \geqslant 2t$，$r_g \geqslant 3t$，如图4-18所示，否则，应增加整形工序。

拉深件的径向尺寸应只标注外形尺寸或内形尺寸，而不能同时标注内、外形尺寸。筒壁和底面连接处的圆角半径应标注在较小半径的一侧。材料厚度不宜标注在筒壁和凸缘上。对于带台阶的拉深件，其高度方向的尺寸标注一般应以拉深件底部为基准，如图4-19a所示。若以上部为基准，如图4-19b所示，高度尺寸不易保证。

（2）拉深件的精度　一般情况下，拉深件的尺寸标准公差等级应在IT13以下，不宜高于IT11。对于精度要求高的拉深件，应在拉深后增加整形工序，以提高其精度。

圆筒形拉深件径向尺寸的极限偏差值和带凸缘圆筒形拉深件高度尺寸的极限偏差值分别见表4-3和表4-4。

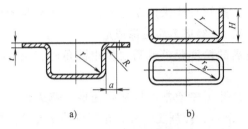

图 4-18　拉深件的孔边距及圆角半径
a) 有凸缘拉深件　b) 无凸缘拉深件

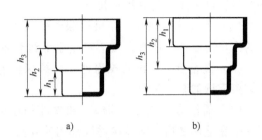

图 4-19　带台阶拉深件的尺寸标注
a) 以底部为基准　b) 以上部为基准

表 4-3　圆筒形拉深件径向尺寸的极限偏差值　　（单位：mm）

板料厚度 t	拉深件直径 d			板料厚度 t	拉深件直径 d		
	≤50	>50~100	>100~300		≤50	>50~100	>100~300
0.5	±0.12	—	—	2.0	±0.40	±0.50	±0.70
0.6	±0.15	±0.20	—	2.5	±0.45	±0.60	±0.80
0.8	±0.20	±0.25	±0.30	3.0	±0.50	±0.70	±0.90
1.0	±0.25	±0.30	±0.40	4.0	±0.60	±0.80	±1.00
1.2	±0.30	±0.35	±0.50	5.0	±0.70	±0.90	±1.10
1.5	±0.35	±0.40	±0.60	6.0	±0.80	±1.00	±1.20

表 4-4　带凸缘圆筒形拉深件高度尺寸的极限偏差值　　（单位：mm）

板料厚度 t	拉深件高度 H					
	≤18	>18~30	>30~50	>50~80	>80~120	>120~180
≤1	±0.3	±0.4	±0.5	±0.6	±0.8	±1.0
>1~2	±0.4	±0.5	±0.6	±0.7	±0.9	±1.2
>2~4	±0.5	±0.6	±0.7	±0.8	±1.0	±1.4
>4~6	±0.6	±0.7	±0.8	±0.9	±1.1	±1.6

（3）拉深件的材料　用于拉深成形的材料要求具有较好的塑性，屈强比小，塑性应变比 r 大，板平面方向性系数 Δr 小。

屈强比越小，一次拉深允许的极限变形程度越大，拉深的性能越好。例如，低碳钢的屈强比约为 0.57，其一次拉深的最小拉深系数 $m = 0.48 \sim 0.50$；65Mn 钢的屈强比约为 0.63，其一次拉深的最小拉深系数 $m = 0.68 \sim 0.70$。所以有关材料标准规定，作为拉深用的钢板，其屈强比不大于 0.66。

塑性应变比 r 越大，板料在变形过程中越不易变薄。当塑性应变比 r 较大或板平面方向性系数 Δr 较小时，材料宽度方向的变形比厚度方向的变形容易，板平面方向性能差异较小，拉深过程中材料不易变薄或拉裂，因而有利于拉深成形。

2. 拉深工艺方案确定

拉深工艺安排可遵循以下原则：

（1）浅拉深件　对于一次拉深即能成形的浅拉深件，可以采用落料-拉深复合工序。但如果拉深件高度过小，会导致复合拉深时的凸凹模壁厚过小。此时，在批量不大时，应采用先落料再拉深的单工序冲压方案；在批量大时，采用级进拉深。

（2）深拉深件　对于需多次拉深才能成形的深拉深件，在批量不大时，可采用单工序冲压，即落料得到毛坯，再按照计算出的拉深次数逐次拉深到需要的尺寸；也可以采用首次落料-拉深复合，再按单工序拉深的方案逐次拉深到需要的尺寸。在批量很大且拉深件尺寸不大时，可采用带料的级进拉深。

（3）大尺寸拉深件　如果拉深件的尺寸很大，通常只能采用单工序冲压，如某些大尺寸的汽车覆盖件，通常是由落料工序得到毛坯，然后再经单工序拉深成形。

（4）高精度、小圆角拉深件　当拉深件有较高的精度要求或需要拉小圆角时，应在拉深结束后增加整形工序。

（5）需修边、带孔拉深件　拉深件的修边、冲孔工序通常可以复合完成，修边工序一般安排在整形之后。除拉深件底部的冲孔有可能与落料、拉深复合外，拉深件凸缘部分及筒壁部分的孔和槽均需在拉深工序完成后再冲出。

（6）多工序拉深件　对于需其他成形工序（如弯曲、翻孔等）才能最终成形的拉深件，其他冲压工序必须在拉深结束后进行。

【任务实施】

1. 拉深件的形状与尺寸

图 4-4 所示拉深件为典型的无凸缘圆筒形件，要求获得外形尺寸，侧壁与底部均没有孔，对厚度变化没有要求，拉深件的底与壁处的圆角半径满足 $r \geqslant t$，拉深件的形状和尺寸满足拉深工艺要求。

2. 拉深件的精度

尺寸公差等级为 IT13，满足拉深工艺要求。

3. 拉深件的材料

拉深件的材料为 10 钢，塑性、韧性很好，是常用的拉深材料。

任务三　拉深工艺计算

【学习目标】

1. 了解拉深件工艺计算原则，能够正确计算圆筒形拉深件的毛坯尺寸、拉深系数及各次拉深工序件的尺寸。

2. 了解其他形状拉深件的成形工艺，能够识别常见拉深件的成形过程。

3. 熟悉拉深压力机型号与工作过程，能独立完成圆筒形拉深件拉深力的计算及压力机的选择。

【任务导入】

如图 4-4 所示拉深件，材料为 10 钢，厚度 $t = 0.5\text{mm}$，尺寸公差等级为 IT13，采用大批量生产。通过本任务的学习，在拉深工艺分析的基础上进行拉深工艺计算。

【相关知识】

一、旋转体拉深件坯料尺寸的确定

1. 坯料形状和尺寸的确定

（1）形状相似　拉深件的坯料形状一般与拉深件的截面轮廓形状相似，即当拉深件的截面轮廓是圆形、方形或矩形时，相应坯料的形状应分别为圆形、近似方形或近似矩形。另外，坯料周边应光滑过渡，以使拉深后得到等高侧壁（如果拉深件要求等高时）或等宽凸缘。

（2）表面积相等　对于不变薄拉深，虽然在拉深过程中板料有增厚也有变薄，但实践证明，拉深件的平均厚度与坯料厚度相差不大。由于拉深前后拉深件与坯料重量相等、体积不变，因此，可以按坯料表面积等于拉深件表面积的原则确定坯料尺寸。计算拉深件的表面积时，可按材料厚度中心线位置确定计算尺寸。

（3）拉深件上应增加切边（修边）余量　由于金属板料具有板平面方向性和受模具几何形状等因素的影响，制成的拉深件口部一般不整齐，尤其是深拉深件。因此，在多数情况下还需采取加大工序件高度或凸缘宽度的办法，拉深后再安排切边工序，以保证拉深件质量。切边余量可参考表 4-5 和表 4-6。但当拉深件的相对高度 h/d 很小且高度尺寸要求不高时，也可以不采用切边工序。

实际生产中，由于材料性能、模具几何参数、润滑条件、拉深系数及拉深件几何形状等多种因素的影响，拉深的实际结果与计算值有较大出入，因此，应根据具体情况予以修正。对于形状复杂的拉深件，通常是先做好拉深模，并以理论计算方法初步确定的坯料进行反复试模修正，直至得到的拉深件符合要求时，再将符合实际的坯料形状和尺寸作为制造落料模的依据。

表 4-5　无凸缘圆筒形拉深件的切边余量 △h　（单位：mm）

附图	拉深件高度 h	拉深件相对高度 h/d			
		>0.5~0.8	>0.8~1.6	>1.6~2.5	>2.5~4
	≤10	1.0	1.2	1.5	2.0
	>10~20	1.2	1.6	2.0	2.5
	>20~50	2.0	2.5	3.3	4.0
	>50~100	3.0	3.8	5.0	6.0
	>100~150	4.0	5.0	6.5	8.0
	>150~200	5.0	6.3	8.0	10.0
	>200~250	6.0	7.5	9.0	11.0
	>250	7.0	8.5	10.0	12.0

表 4-6　带凸缘圆筒形拉深件的切边余量 △d_f　（单位：mm）

附图	凸缘直径 d_f	相对凸缘直径 d_f/d			
		≤1.5	>1.5~2	>2~2.5	>2.5
	≤25	1.8	1.6	1.4	1.2
	>25~50	2.5	2.0	1.8	1.6
	>50~100	3.5	3.0	2.5	2.2
	>100~150	4.3	3.6	3.0	2.5
	>150~200	5.0	4.2	3.5	2.7
	>200~250	5.5	4.6	3.8	2.8
	>250	6.0	5.0	4.0	3.0

2. 简单旋转体拉深件坯料尺寸的确定

旋转体拉深件坯料的形状是圆形，所以坯料尺寸的计算主要是确定坯料直径。对于简单旋转体拉深件，可首先将拉深件划分为若干个简单而又便于计算的几何体，并分别求出各简单几何体的表面积，再把各简单几何体的表面积相加即为拉深件的总表面积，然后根据表面积相等原则，即可求出坯料直径。

图 4-20 所示的圆筒形拉深件可分解为无底圆筒 1、1/4 凹圆环 2 和圆形板 3 三部分，每一部分的表面积分别为

$$A_1 = \pi d(H-r)$$

$$A_2 = \pi\left[2\pi r(d-2r)+8r^2\right]/4$$

$$A_3 = \pi(d-2r)^2/4$$

设坯料直径为 D，则按坯料表面积 A 与拉深件表面积相等原则有

$$A = \pi D^2/4 = A_1 + A_2 + A_3$$

则 $\pi D^2/4 = \pi d(H-r)+\pi\left[2\pi r(d-2r)+8r^2\right]/4+\pi(d-2r)^2/4$

简化得 $\qquad D = \sqrt{d^2+4dH-1.72dr-0.56r^2}$ （4-1）

式中，D 为坯料直径（mm）；d、H、r 分别为拉深件的直径（mm）、高度（mm）、圆角半径（mm）。

计算时，拉深件尺寸均按厚度中线尺寸计算，但当坯料厚度小于 1mm 时，也可以按零件图中标注的外形或内形尺寸计算。

常用旋转体拉深件坯料直径 D 的计算公式见表 4-7。其他复杂形状零件的毛坯计算可查阅有关资料或手册。

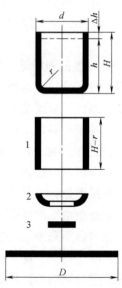

图 4-20　圆筒形拉深件坯料尺寸计算图

表 4-7　常见旋转体拉深件坯料直径的计算公式

序号	简图	计算公式
1		$D = \sqrt{d_1^2+4d_2h+6.28rd_1+8r^2}$ 或 $D = \sqrt{d_2^2+4d_2H-1.72rd_2-0.56r^2}$
2		当 $r \neq R$ 时 $D = \sqrt{d_1^2+6.28rd_1+8r^2+4d_2h+6.28Rd_2+4.56R^2+d_4^2-d_3^2}$ 当 $r = R$ 时 $D = \sqrt{d_4^2+4d_2H-3.44rd_2}$

（续）

序号	简图	计算公式
3	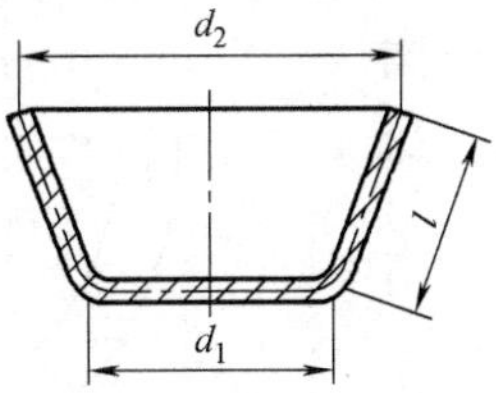	$D = \sqrt{d_1^2 + 2l(d_1 + d_2)}$
4	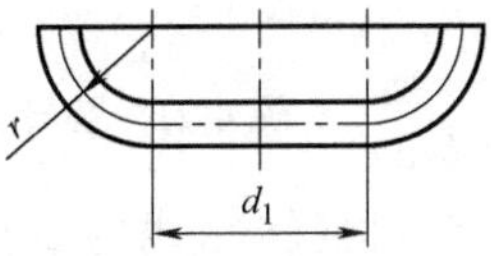	$D = \sqrt{d_1^2 + 2r(\pi d_1 + 4r)}$
5	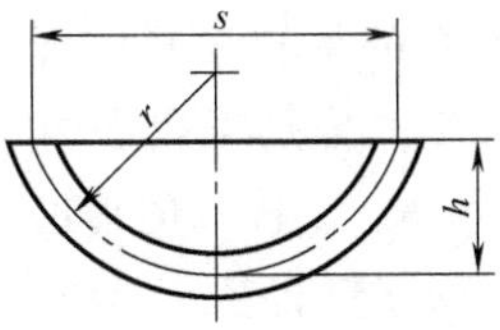	$D = \sqrt{8rh}$ 或 $D = \sqrt{s^2 + 4h^2}$
6	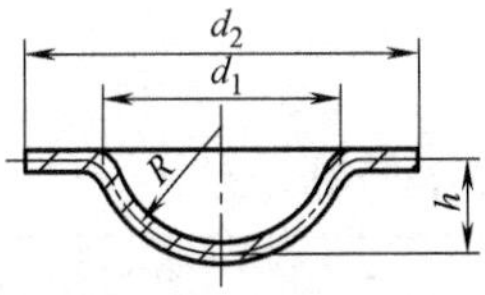	$D = \sqrt{d_2^2 + 4h^2}$
7	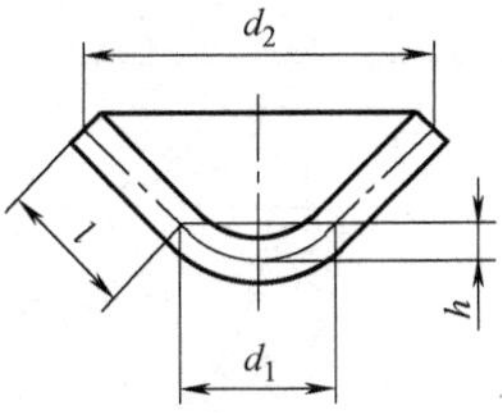	$D = \sqrt{d_1^2 + 4h^2 + 2l(d_1 + d_2)}$
8	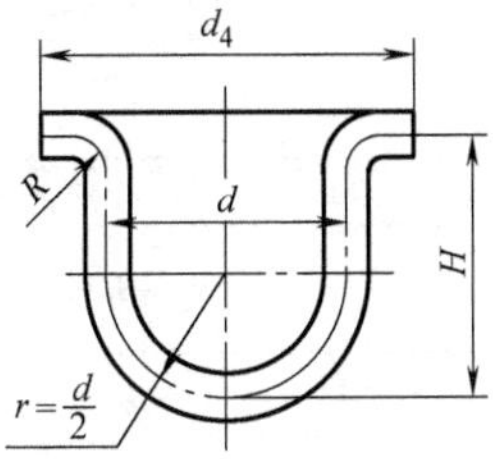	$D = \sqrt{d_4^2 - d^2 + 0.56R^2 + 4dH - 4dr - 1.72dR + 8r^2}$
9	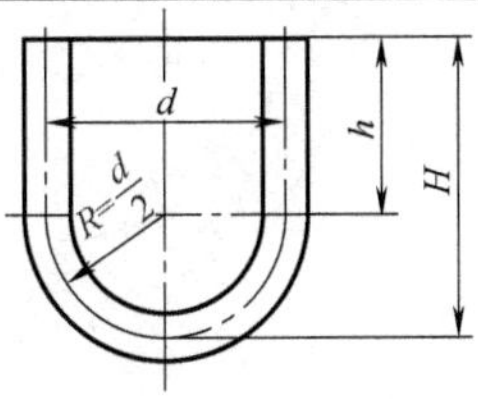	$D = 1.414\sqrt{d^2 + 2dh}$ 或 $D = 2\sqrt{dH}$

3. 复杂旋转体拉深件坯料尺寸的确定

复杂旋转体拉深件是指母线较复杂的旋转体零件，其母线可能由一段曲线组成，也可能由若干直线段与圆弧段相接组成。复杂旋转体拉深件的表面积可根据久里金法则求出，即任何形状的母线绕轴旋转一周所得到的旋转体表面积，等于该母线的长度与其形心绕该轴线旋转所得周长的乘积。如图 4-21 所示，旋转体表面积为

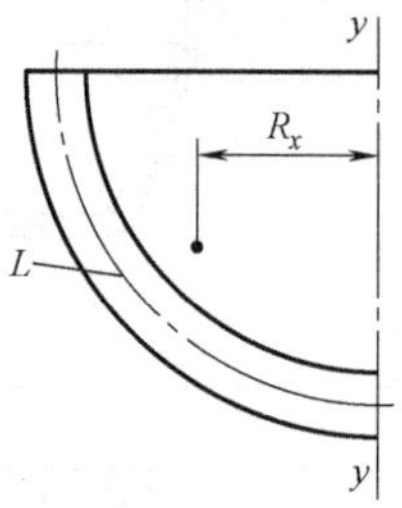

图 4-21 旋转体表面积计算图

$$A = 2\pi R_x L$$

根据拉深前、后表面积相等的原则，坯料直径可按下式求出

$$\pi D^2 / 4 = 2\pi R_x L$$

$$D = \sqrt{8 R_x L} \tag{4-2}$$

式中，A 为旋转体表面积（mm^2）；R_x 为旋转体母线形心到旋转轴线的距离（称为旋转半径，mm）；L 为旋转体母线长度（mm）；D 为坯料直径（mm）。

由式（4-2）可知，只要知道旋转体母线长度及其形心的旋转半径，即可求出坯料的直径。当母线较复杂时，可先将其分解成简单的直线和圆弧，分别求出各直线和圆弧的长度 L_1，L_2，$\cdots$，L_n 和其形心到旋转轴的距离 R_{x1}，R_{x2}，$\cdots$，R_{xn}（直线的形心在其中点，圆弧的长度及形心位置可按表 4-8 计算），再根据下式进行计算坯料直径

$$D = \sqrt{8 \sum_{i=1}^{n} R_{xi} L_i} \tag{4-3}$$

表 4-8 圆弧长度和形心到旋转轴的距离计算公式

中心角 α<90°时的弧长	中心角 α=90°时的弧长
$L = \pi R \dfrac{\alpha}{180°}$ 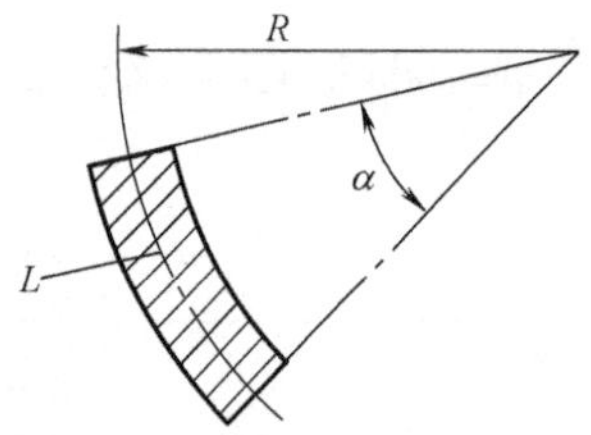	$L = \dfrac{\pi R}{2}$ 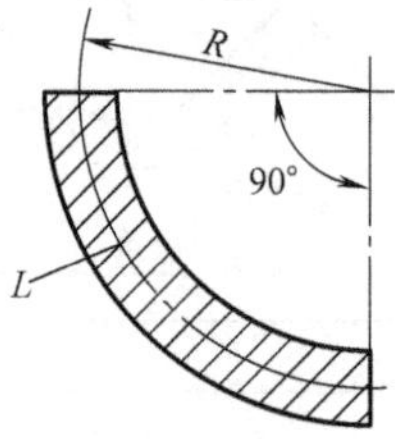

中心角 α<90°时弧的形心到 y—y 轴的距离	中心角 α=90°时弧的形心到 y—y 轴的距离
$R_x = R \dfrac{180° \sin\alpha}{\pi\alpha}$ $R_x = R \dfrac{180°(1-\cos\alpha)}{\pi\alpha}$ 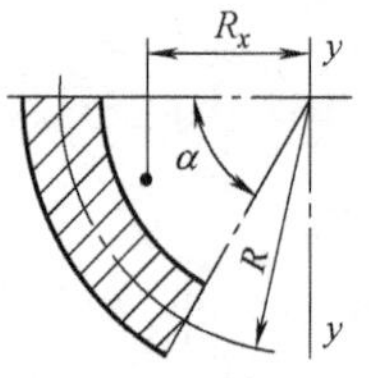 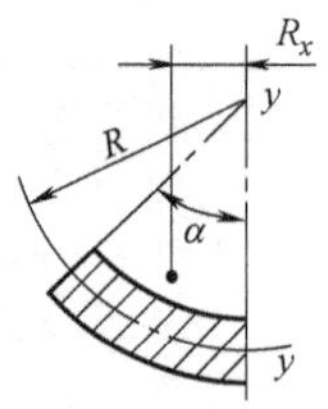	$R_x = \dfrac{2}{\pi} R$ 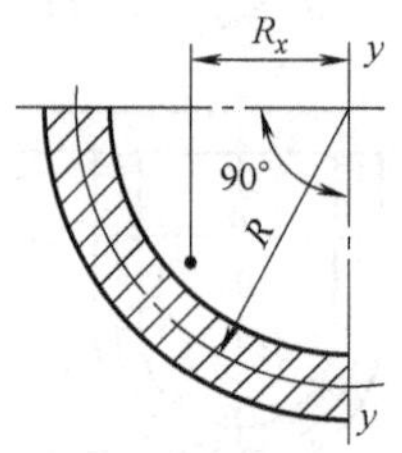

应该指出，用理论计算方法确定坯料尺寸不是绝对准确的，而是近似的，尤其是对于形状复杂的拉深件。随着计算机辅助技术的应用与发展，对于形状复杂的拉深件，可以利用 CAE 分析软件获得较为准确的毛坯尺寸。

二、圆筒形件的拉深工艺计算

1. 拉深系数

（1）拉深系数　拉深系数 m 是指每次拉深后圆筒形件的直径与拉深前毛坯（或半成品）的直径之比，即

第一次拉深系数
$$m_1 = \frac{d_1}{D}$$

以后各次拉深系数
$$m_2 = \frac{d_2}{d_1}, m_3 = \frac{d_3}{d_2}, \cdots, m_n = \frac{d_n}{d_{n-1}} \tag{4-4}$$

总拉深系数 $m_总$ 表示从坯料直径 D 拉深至 d_n 的总变形程度，即

$$m_总 = \frac{d_n}{D} = \frac{d_1}{D} \frac{d_2}{d_1} \frac{d_3}{d_2} \cdots \frac{d_{n-1}}{d_{n-2}} \frac{d_n}{d_{n-1}} = m_1 m_2 m_3 \cdots m_{n-1} m_n \tag{4-5}$$

式中，m_1，m_2，m_3，$\cdots$，m_n 为各次的拉深系数；D 为毛坯直径；d_1，d_2，d_3，$\cdots$，d_n 为各次工序件（或工件）的直径，如图 4-22 所示。

由此可见，拉深系数是用来表示拉深过程中的变形程度，其值 m 是永远小于 1 的。拉深系数越小，说明拉深前后直径差别越大，需要转移的"多余三角形"面积越大，即变形程度越大。拉深系数是拉深工作中重要的工艺参数，在拉深工艺计算中，只要知道每道工序的拉深系数，就可以计算出各道工序中拉深件的尺寸。

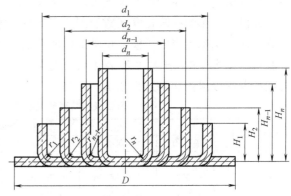

图 4-22　圆筒形件多次拉深工序图

在制订拉深工艺时，如果拉深系数 m 取得过小，就会使拉深件起皱、拉裂或严重变薄超差。因此，为了保证拉深工艺的顺利进行，拉深系数 m 的取值有一个客观的界限，这个界限就称为极限拉深系数，用 $[m]$ 表示。

（2）影响拉深系数的因素　在不同条件下极限拉深系数是不同的，影响极限拉深系数的因素较多，主要从以下几个方面考虑。

1）材料的组织与力学性能。一般来说，材料组织均匀、屈强比小、晶粒大小适当、塑性好、板平面方向性系数小、塑性应变比大、硬化指数大的板料，变形抗力小，拉深性能好，极限拉深系数较小。

2）板料的相对厚度 t/D。当板料的相对厚度大时，凸缘抵抗失稳能力较强，不易起皱，可不采用压边圈或减少压边力，这样就减小了摩擦阻力，有利于拉深，故极限拉深系数较小。

3）润滑条件。凹模与压边圈的工作表面光滑、润滑条件较好，可以减小拉深系数。但

为避免在拉深过程中凸模与板料或工序件之间产生相对滑移而造成危险断面的过度变薄或拉裂，在不影响拉深件内表面质量和脱模的前提下，凸模工作表面可以比凹模粗糙一些，并避免涂润滑剂。坯料表面光滑，拉深时摩擦阻力小而容易流动，所以极限拉深系数可减小。

4）拉深次数。第一次拉深时，材料没产生加工硬化，塑性好，极限拉深系数可小一些。以后各次拉深时，因材料已硬化，塑性越来越差，变形越来越困难，所以各次拉深系数逐步增大，即 $m_1 < m_2 < m_3 \cdots < m_n$。

5）模具的几何参数。拉深模中，影响极限拉深系数的主要参数是凸、凹模圆角半径及间隙。凸模圆角半径 r_p 太小时，板料绕凸模弯曲的拉应力增加，易造成局部变薄严重，降低危险断面的强度，因而会降低极限变形程度；凹模圆角半径 r_d 太小时，板料在拉深过程中通过凹模圆角半径时弯曲阻力增加，增加了筒壁传力区的拉应力，也会降低极限变形程度。凸、凹模间隙太小时，板料会受到较大的挤压作用和摩擦阻力，增大了拉深力，使极限变形程度减小。

因此，为减小极限拉深系数，凸、凹模圆角半径及间隙应适当取较大值。但是凸、凹模圆角半径和间隙也不宜取得过大，过大的圆角半径会减小板料与凸模和凹模端面的接触面积及压边圈的压料面积，板料悬空面积增大，容易产生失稳起皱；过大的凸、凹模间隙还会影响拉深件的精度，使拉深件的锥度和回弹变大。

除此以外，影响极限拉深系数的因素还有拉深方法、拉深速度和拉深件形状等。由于影响因素很多，实际生产中，极限拉深系数的数值一般是在一定的拉深条件下用试验方法得出的经验值，见表4-9、表4-10和表4-11。通常，首次拉深的极限拉深系数为 0.46~0.6，以后各次拉深的极限拉深系数为 0.70~0.86。

表 4-9　无凸缘圆筒形件的极限拉深系数（带压边圈）

拉深系数	坯料相对厚度 t/D（%）					
	>1.5~2.0	>1.0~1.5	>0.6~1.0	>0.3~0.6	>0.15~0.3	>0.08~0.15
$[m_1]$	0.48~0.50	0.50~0.53	0.53~0.55	0.55~0.58	0.58~0.60	0.60~0.63
$[m_2]$	0.73~0.75	0.75~0.76	0.76~0.78	0.78~0.79	0.79~0.80	0.80~0.82
$[m_3]$	0.76~0.78	0.78~0.79	0.79~0.80	0.80~0.81	0.81~0.82	0.82~0.84
$[m_4]$	0.78~0.80	0.80~0.81	0.81~0.82	0.82~0.83	0.83~0.85	0.85~0.86
$[m_5]$	0.80~0.82	0.82~0.84	0.84~0.85	0.85~0.86	0.86~0.87	0.87~0.88

注：1. 表中数据适用于08、10S和15S钢及软黄铜H62、H68。当材料的塑性好、屈强比小，塑性应变比大时（05、08Z及10Z钢等），应比表中的数值小1.5%~2.0%；而当材料的塑性差，屈强比大，塑性应变比小时（20、25、Q215、Q235、酸洗钢、硬铝、硬黄铜等），应比表中数值大1.5%~2.0%。（符号S为深拉深钢，Z为最深拉深钢。）

2. 表中较小值适用于大的凹模圆角半径 $r_d = (8~15) t$，较大值适用于小的凹模圆角半径 $r_d = (4~8) t$。

表 4-10　无凸缘圆筒形件的极限拉深系数（不带压边圈）

拉深系数	坯料相对厚度 t/D（%）				
	1.5	2.0	2.5	3.0	>3.0
$[m_1]$	0.65	0.60	0.55	0.53	0.50
$[m_2]$	0.80	0.75	0.75	0.75	0.70
$[m_3]$	0.84	0.80	0.80	0.80	0.75
$[m_4]$	0.87	0.84	0.84	0.84	0.78
$[m_5]$	0.90	0.87	0.87	0.87	0.82
$[m_6]$	—	0.90	0.90	0.90	0.85

注：此表适用于08、10及15Mn等材料，其余各项同表4-9注。

表 4-11　其他金属材料的极限拉深系数

材料名称	牌号	首次拉深 $[m_1]$	以后各次拉深 $[m_i]$
铝和铝合金	8A06、1035、3A21	0.52~0.55	0.70~0.75
杜拉铝	2A11、2A12	0.56~0.58	0.75~0.80
黄铜	H62	0.52~0.54	0.70~0.72
	H68	0.50~0.52	0.68~0.72
纯铜	T2、T3、T4	0.50~0.55	0.72~0.80
无氧铜		0.50~0.58	0.75~0.82
镍、镁镍、硅镍		0.48~0.53	0.70~0.75
康铜(铜镍合金)		0.50~0.56	0.74~0.84
白铁皮		0.58~0.65	0.80~0.85
酸洗钢板		0.54~0.58	0.75~0.78
不锈钢	Cr13	0.52~0.56	0.75~0.78
	Cr18Ni	0.50~0.52	0.70~0.75
	Cr18Ni11Nb、Cr23Ni13	0.52~0.55	0.78~0.80
镍铬合金	Cr20Ni80Ti	0.54~0.59	0.78~0.84
合金结构钢	30CrMnSiA	0.62~0.70	0.80~0.84
可伐合金		0.65~0.67	0.85~0.90
钼铱合金		0.72~0.82	0.91~0.97
钽、铌		0.65~0.67	0.84~0.87
钛及钛合金	TA2、TA3	0.58~0.60	0.80~0.85
	TA5	0.60~0.65	0.80~0.85
锌		0.65~0.70	0.85~0.90

注：1. 毛坯相对厚度 $t/D \times 100 < 0.62$ 时，表中系数取大值；当 $t/D \times 100 \geqslant 0.62$ 时，表中系数取小值。

　　2. 凹模圆角半径 $r_d < 6t$ 时，表中系数取大值；凹模圆角半径 $r_d = (7\sim8)t$ 时，表中系数取小值。

需要指出的是，在实际生产中，并不是所有情况下都采用极限拉深系数 $[m]$。为了提高工艺稳定性，提高零件质量，应采用稍大于极限值 $[m]$ 的拉深系数进行拉深。

2. 拉深次数

当拉深件的拉深系数 $m = d/D$ 大于第一次极限拉深系数 $[m_1]$，即 $m > [m_1]$ 时，则拉深件只需一次拉深就可成形，否则就要进行多次拉深。需多次拉深时，其拉深次数可按以下方法确定。

（1）推算法　先根据 t/D 和是否带压边圈的条件从表 4-9、表 4-10 和表 4-11 中查出 $[m_1]$，$[m_2]$，$[m_3]$，…，然后从第一道工序开始依次算出各次拉深工序件的直径，即 $d_1 = [m_1]D$，$d_2 = [m_2]d_1$，…，$d_n = [m_n]d_{n-1}$，直到 $d_n \leqslant d$，即当计算所得直径 d_n 稍小于或等于拉深件所要求的直径 d 时，计算的次数 n 即为拉深的次数。

（2）查表法　圆筒形件的拉深次数还可从各种实用的表格中查取。表 4-12 所列是对于不同的坯料相对厚度 t/D，无凸缘圆筒形件的相对高度 h/d 与拉深次数的关系。

表 4-12　无凸缘圆筒形件相对高度 h/d 与拉深次数的关系

拉深次数	坯料相对厚度 t/D(%)					
	2.0~1.5	1.5~1.0	1.0~0.6	0.6~0.3	0.3~0.15	0.15~0.08
1	0.94~0.77	0.84~0.65	0.70~0.57	0.62~0.50	0.52~0.45	0.46~0.38
2	1.88~1.54	1.60~1.32	1.36~1.10	1.13~0.94	0.96~0.83	0.90~0.70
3	3.50~2.70	2.80~2.20	2.30~1.80	1.90~1.50	1.60~1.30	1.30~1.10
4	5.60~4.30	4.30~3.50	3.60~2.90	2.90~2.40	2.40~2.00	2.00~1.50
5	8.90~6.60	6.60~5.10	5.20~4.10	4.10~3.30	3.30~2.70	2.70~2.00

注：大的相对高度 h/d 值适用于第一次拉深的大凹模圆角半径 $r_d = (8\sim15)t$；小的相对高度 h/d 值适用于第一次拉深的小凹模圆角半径 $r_d = (4\sim8)t$。

3. 圆筒形件各次拉深工序尺寸的计算

当圆筒形件需多次拉深时，就必须计算各次拉深的工序件尺寸，以此作为设计模具及选择压力机的依据。

（1）各次工序件的直径 $d_i(i=1，2，\cdots，n)$　当拉深次数 n 确定之后，再根据直径 d_n 应等于拉深件直径 d 的原则，对各次拉深系数进行调整，使实际采用的拉深系数大于推算拉深次数时所用的极限拉深系数。先从表 4-9 或表 4-10 中查出各次拉深的极限拉深系数 $[m_i]$，并加以调整后确定各次拉深实际采用的拉深系数 m_i。调整的原则如下：

1）保证 $m_1m_2\cdots m_n=d/D$。

2）使 $m_1\geqslant[m_1]，m_2\geqslant[m_2]，\cdots，m_n\geqslant[m_n]$，且 $m_1<m_2<\cdots<m_n<1$。

然后根据调整后的各次拉深系数计算各次工序件直径

$$d_1=m_1D$$
$$d_2=m_2d_1$$
$$\vdots$$
$$d_n=m_nd_{n-1}=d$$

按照上述方法计算各次工序件的直径时，需要反复试取 $m_1，m_2，m_3，\cdots，m_n$ 的值，比较烦琐，实际上可以将各次极限拉深系数放大一个合适倍数 k 即可，即

$$k=\sqrt[n]{\frac{m_总}{[m_1][m_2]\cdots[m_n]}} \tag{4-6}$$

式中，n 为拉深次数。

（2）各次工序件的圆角半径　工序件的圆角半径 r 等于相应拉深凸模的圆角半径 r_p，即 $r=r_p$。但当料厚 $t\geqslant1\text{mm}$ 时，应按中线尺寸计算，这时 $r=r_p+t/2$。凸模圆角半径的确定可参考后续拉深模设计。

（3）各次工序件的高度 H_i　在各工序件的直径与圆角半径确定之后，可根据圆筒形件坯料尺寸计算公式推导出各次工序件高度的计算公式为

$$H_i=0.25\left(\frac{D^2}{d_i}-d_i\right)+0.43\frac{r_i}{d_i}(d_i+0.32r_i) \tag{4-7}$$

式中，H_i 为各次拉深工序件的高度（mm），含切边余量；d_i 为各次拉深工序件的直径（mm）；r_i 为各次拉深工序件的底部圆角半径（mm）；D 为坯料直径（mm）。

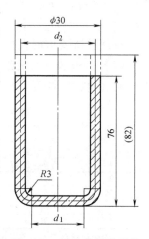

图 4-23　无凸缘圆筒形件

【例 4-1】　计算图 4-23 所示无凸缘圆筒形件的坯料尺寸、拉深系数及各次拉深工序件尺寸。材料为 10 钢，板料厚度 $t=2\text{mm}$。

解　因板料厚度 $t>1\text{mm}$，故按板厚中线尺寸计算。

（1）计算坯料直径　根据拉深件尺寸，其相对高度为 $h/d=$（76-1）/（30-2）≈2.7，查表 4-5 得切边余量 $\Delta h=6\text{mm}$。从表 4-7 中查得坯料直径的计算公式为

$$D=\sqrt{d_2^2+4d_2H-1.72rd_2-0.56r^2}$$

由图 4-23 可知，$d_2=(30-2)\text{mm}=28\text{mm}$，$r=(3+1)\text{mm}=4\text{mm}$，$H=(76-1+6)\text{mm}=81\text{mm}$，代入得

$$D = \sqrt{28^2 + 4 \times 28 \times 81 - 1.72 \times 4 \times 28 - 0.56 \times 4^2}\ \text{mm} = 98.3\text{mm}$$

（2）确定拉深次数　根据坯料的相对厚度 $t/D = 2/98.3 \times 100\% \approx 2\%$，查表 4-2 可知，可采用也可不采用压边圈。为了保证拉深质量，只有首次拉深时采用压边圈。

根据 $t/D \approx 2\%$，查表 4-9，取首次拉深极限拉深系数 $[m_1] = 0.50$，总拉深系数 $m_{总} = d/D = 28/98.3 = 0.285$，即 $m_{总} < [m_1]$，该零件不能一次拉深成形。查表 4-10，取 $[m_2] = 0.75$，$[m_3] = 0.80$，$[m_4] = 0.84$，…。故

$$d_1 = [m_1]D = 0.50 \times 98.3\text{mm} = 49.15\text{mm}$$
$$d_2 = [m_2]d_1 = 0.75 \times 49.15\text{mm} = 36.86\text{mm}$$
$$d_3 = [m_3]d_2 = 0.80 \times 36.86\text{mm} = 29.49\text{mm}$$
$$d_4 = [m_4]d_3 = 0.84 \times 29.49\text{mm} = 24.77\text{mm}$$

因 $d_4 = 24.77\text{mm} < 28\text{mm}$，所以需采用 4 次拉深成形。

（3）计算各次拉深工序件尺寸　为了使第 4 次拉深的直径与零件要求一致，需对极限拉深系数进行调整。根据式（4-6）计算得 $k = \sqrt[4]{\dfrac{0.285}{0.5 \times 0.75 \times 0.8 \times 0.84}} = 1.031$，则

$$m_1 = k[m_1] = 1.031 \times 0.50 = 0.516$$
$$m_2 = k[m_2] = 1.031 \times 0.75 = 0.773$$
$$m_3 = k[m_3] = 1.031 \times 0.80 = 0.825$$
$$m_4 = k[m_4] = 1.031 \times 0.84 = 0.866$$

调整后，取各次拉深的实际拉深系数为 $m_1 = 0.516$，$m_2 = 0.773$，$m_3 = 0.825$，$m_4 = 0.866$。

各次工序件直径为

$$d_1 = m_1 D = 0.516 \times 98.3\text{mm} = 50.7\text{mm}$$
$$d_2 = m_2 d_1 = 0.773 \times 50.7\text{mm} = 39.2\text{mm}$$
$$d_3 = m_3 d_2 = 0.825 \times 39.2\text{mm} = 32.34\text{mm}$$
$$d_4 = m_4 d_3 = 0.866 \times 32.34\text{mm} = 28\text{mm}$$

各次工序件底部圆角半径 r_i，根据经验公式 $r_{d1} = 0.8\sqrt{(D-d)\ t}$，将 $D = 98.3\text{mm}$、$d_1 = 50.7\text{mm}$、$t = 2\text{mm}$ 代入计算得 $r_{d1} = 7.8\text{mm}$，取 $r_{p1} = r_{d1} = 8\text{mm}$，按中线计算，则 $r_1 = r_{p1} + t/2 = 9\text{mm}$，其余工序件底部圆角半径值为 $r_2 = 5\text{mm}$，$r_3 = r_4 = 4\text{mm}$。

把各次工序件直径和底部圆角半径代入式（4-7），得各次工序件高度为

$$H_1 = 0.25 \times \left(\frac{98.3^2}{50.7} - 50.7\right)\text{mm} + 0.43 \times \frac{9}{50.7} \times (50.7 + 0.32 \times 9)\text{mm} = 39.06\text{mm}$$

$$H_2 = 0.25 \times \left(\frac{98.3^2}{39.2} - 39.2\right)\text{mm} + 0.43 \times \frac{5}{39.2} \times (39.2 + 0.32 \times 5)\text{mm} = 54.06\text{mm}$$

$$H_3 = 0.25 \times \left(\frac{98.3^2}{32.34} - 32.34\right)\text{mm} + 0.43 \times \frac{4}{32.34} \times (32.34 + 0.32 \times 4)\text{mm} = 68.4\text{mm}$$

$$H_4 = 0.25 \times \left(\frac{98.3^2}{28} - 28\right)\text{mm} + 0.43 \times \frac{4}{28} \times (28 + 0.32 \times 4)\text{mm} = 81\text{mm}$$

以上计算所得工序件尺寸都是中线尺寸，所得圆筒形拉深件各工序图如图 4-24 所示。

三、其他形状零件的拉深

1. 带凸缘圆筒形件的拉深

带凸缘圆筒形件如图 4-25 所示，其拉深过程是将坯料拉深至凸缘直径为 d_f 时停止，而不是将凸缘变形区的材料全部拉入凹模内，所以从变形过程的本质看，与无凸缘圆筒形件拉深是相同的。首先应根据拉深件的相对高度 h/d 和拉深系数 d/D 判断能否一次拉深成形，若不能一次拉深成形，则需要多次拉深。

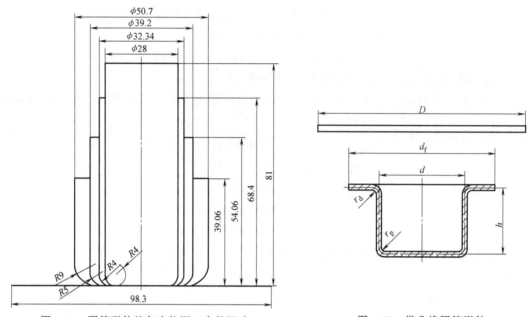

图 4-24　圆筒形件的各次拉深工序件尺寸　　　图 4-25　带凸缘圆筒形件

带凸缘圆筒形件通常按凸缘尺寸的大小分为窄凸缘（$d_f/d = 1.1 \sim 1.4$）和宽凸缘（$d_f/d > 1.4$）两种类型。

（1）窄凸缘圆筒形件的多次拉深　对于窄凸缘圆筒形件的拉深，可在前面几次拉深中不留凸缘，即先拉深成圆筒形件，而在最后几次拉深中形成锥形凸缘，最后将其压平，如图 4-26 所示。其拉深系数的确定及拉深工艺计算与圆筒形件完全相同。

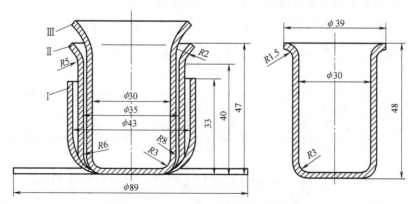

图 4-26　窄凸缘圆筒形件的拉深方法

（2）宽凸缘圆筒形件的多次拉深　对于宽凸缘圆筒形件的多次拉深，其凸缘直径 d_f 是在首次拉深中成形的，后续各次拉深中 d_f 不再变化。这是因为在后续各次拉深中 d_f 的微小减小都会引起很大的变形抗力，而使圆筒形底部危险断面处被拉裂。宽凸缘圆筒形件多次拉深的方法通常有两种：

1）对于中小型制件（$d_f<200mm$），圆角半径在首次拉深中成形，在以后各次拉深中基本保持不变，以减小圆筒直径来增加圆筒高度，如图 4-27a 所示。

2）对于大型制件（$d_f>200mm$），圆筒高度在首次拉深中基本成形，在以后各次拉深中基本保持不变，仅减小圆筒直径和圆角半径，如图 4-27b 所示。

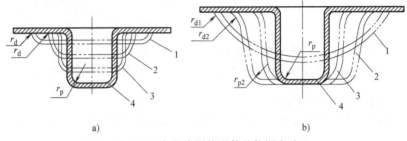

图 4-27　宽凸缘圆筒形件的拉深方法

当圆筒底部圆角较小或对凸缘有平面度要求时，上述两种方法都需要增加最终整形工序。

2. 阶梯圆筒形件的拉深

阶梯圆筒形件如图 4-28 所示。阶梯圆筒形件拉深的变形特点与圆筒形件拉深的特点相同，可以认为圆筒形件在以后各次拉深时不拉到底就得到阶梯圆筒形件，变形程度的控制也可采用圆筒形件的拉深系数。但是，阶梯圆筒形件的拉深次数及拉深方法与圆筒形件拉深是有区别的。

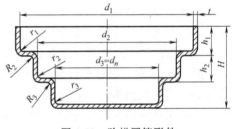

图 4-28　阶梯圆筒形件

首先根据拉深件的高度与最小直径的比值 H/d_n 判断能否一次拉深成形，若不能一次拉深成形，则需要多次拉深。根据阶梯圆筒形件的各部分尺寸关系不同，其拉深方法也不相同。

（1）大直径到小直径拉深　当每一对相邻阶梯的直径比 d_2/d_1，d_3/d_2，…，d_n/d_{n-1} 均大于相应的圆筒形件的极限拉深系数时，则可以由大直径到小直径每次拉一个阶梯，逐一拉出，其拉深次数为阶梯数目，如图 4-29a 所示。

（2）小直径到大直径拉深　当某相邻两阶梯的直径比值小于相应圆筒形件的极限拉深系数时，在该阶梯成形时应采用有凸缘圆筒形件的拉深方法，拉深顺序由小直径到大直径。如图 4-29b 所示，因 d_2/d_1 小于相应的圆筒形件的极限拉深系数，故先拉出 d_2 以后，再用工序 5 拉出 d_1。

（3）浅阶梯圆筒形件拉深　对于浅阶梯圆筒形件，因阶梯直径差别较大而不能一次拉出时，可先拉成大圆角的圆筒形件，然后用校正工序得到制件的形状和尺寸，如图 4-29c 所示。

此外，当阶梯件的最小阶梯直径 d_n 很小、d_n/d_{n-1} 过小，高度 h_n 又不大时，可考虑用胀形方法成形。

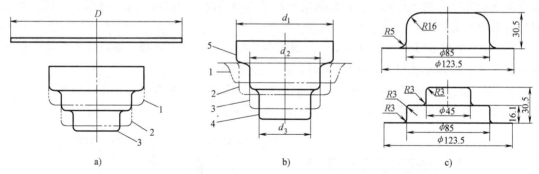

图 4-29　阶梯圆筒形件多次拉深方法

a）由大直径到小直径　b）由小直径到大直径　c）浅阶梯圆筒形件的成形方法

3. 轴对称曲面形状零件的拉深

轴对称曲面形状零件包括球面、抛物面和锥形等零件，拉深时其变形区的位置、受力情况、变形特点都与圆筒形件不同。轴对称曲面形状零件在拉深开始时，坯料的中央部分只有较小范围与凸模的顶点（端）接触，这个小范围的接触处承受全部拉深力（压力集中），处于较大的双向受拉的应力状态（具有胀形的变形特点），容易引起局部较严重变薄而破裂。同时，在拉深过程中，有很大一部分材料既不与凸模接触，又不与凹模接触，处于悬空状态，而这部分材料在由平面变成曲面的过程中，在其切向仍要产生相当量的切向压缩变形，因而极易起皱。同时这部分材料径向受拉，故具有拉深变形的特点。因此，轴对称曲面形状零件的拉深往往是拉深与胀形两种变形方式的复合。

如图 4-30 所示，以锥形拉深件为例来认识轴对称曲面形状零件的拉深过程。锥形拉深件的各部分尺寸比例不同，其冲压成形的难易程度和方法也不同。确定其拉深方法时，主要考虑锥形拉深件的相对高度 h/d_2、锥角 α 和坯料相对厚度 t/D 三个参数。一般情况下，当 h/d_2、α 大，而 t/D 较小时，拉深难度大，需要多次拉深。

（1）浅锥形件（$h/d_2 \leq 0.25$，$\alpha = 50° \sim 80°$）其变形程度小，定形性差，可采用带压边圈的拉深模一次成形，如图 4-31 所示。拉深后，宜用有底凹模与凸模对制件锥形部分进行整形。

当板料厚度较小、锥角 $\alpha < 45°$ 时，可按有凸缘圆筒形件直接拉深成形；当锥角 $\alpha > 45°$

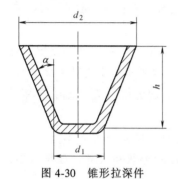

图 4-30　锥形拉深件

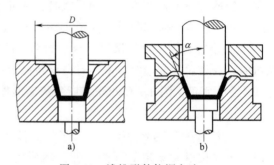

图 4-31　浅锥形件拉深方法

时，因回弹比较大，制件的尺寸精度较差，在拉深时，应采用有拉深筋的模具或软模拉深。对于无凸缘的浅锥形拉深件，应按有凸缘浅锥形拉深件进行拉深，然后再切边。

（2）中等深度锥形件（$0.25<h/d_2≤0.7$） 中等深度锥形件的锥角 $\alpha = 15°\sim 45°$，在拉深时变形量也不大，一般可以一次拉成，但要防止起皱。板料相对厚度较小（$t/D<1.5\%$）时，需采用压边圈进行多次拉深，依据锥形件大端、小端尺寸不同分为两种情况：当大端与小端直径相差较大时，可先拉成近似锥形，近似锥形的表面积应等于或小于成品制件的相应部分的表面积；当大端和小端直径相差较小时（差值在 25% 以内），可先拉成圆筒形，再拉成锥形。

（3）深锥形件（$h/d>0.7$） 深锥形件的锥角 $\alpha≤30°$，需要经过多次拉深逐渐成形。其拉深方法有阶梯拉深成形法、锥面逐步成形法和锥面一次成形法等。其中，锥面逐步成形法有从口部开始（图 4-32a）和从底部开始（图 4-32b）两种。

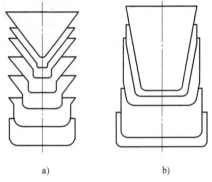

a)　　　　　　　　b)

图 4-32　深锥形件的多次拉深方法

4. 盒形件的拉深

盒形件的几何形状与前述的旋转体零件不同，它是一种非旋转体直壁状零件，最典型的就是矩形（方形）盒。与圆筒形件的拉深成形相比，盒形件拉深时坯料变形情况要复杂得多。如图 4-33 所示，盒形件的侧壁由 4 段直边和 4 个圆角组成，拉深成形时，圆角部分近似圆筒形件拉深，直边部分近似弯曲。因此，盒形件拉深成形是圆角部分拉深、直边部分弯曲两种变形方式的组合。

当盒形件的边长比 $A/B≤1.2$ 时，采用圆形坯料，如图 4-34a 所示；当 $A/B>1.2$ 时，采用近似椭圆形的坯料，如图 4-34b 所示。

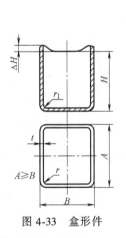

图 4-33　盒形件

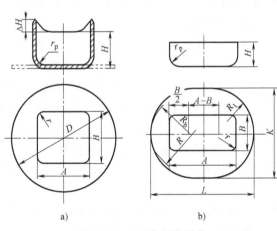

a)　　　　　　　　b)

图 4-34　盒形件坯料形状

a）圆形坯料及盒形件　b）椭圆形坯料及盒形件

如果盒形件的相对高度 H/r 或 H/B 不超过拉深极限值，则盒形件可一次拉深成形，属于低盒形件拉深；否则就要进行多次拉深，属于高盒形件拉深。高盒形件在多次拉深时的变形不仅不同于圆筒形件的多次拉深，而且它本身在不同的相对高度 H/B 和相对转角半径 r/B 的条件下，也有很大的不同。图 4-35a 所示为方形盒形件的多次拉深；图 4-35b 所示为矩形盒形件的多次拉深。

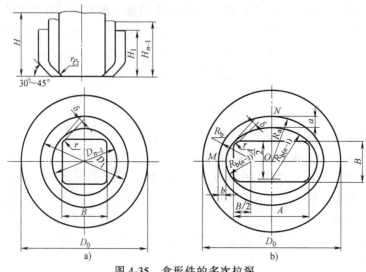

图 4-35　盒形件的多次拉深

复杂形状零件的拉深变形过程可通过 CAE 软件进行成形过程模拟，为零件的结构设计、成形缺陷、成形载荷与应力等提供解决措施，为确定成形方法、坯料尺寸及形状、成形设备等提供设计依据。

四、拉深力、压边力与拉深压力机

拉深工艺力是指拉深工艺过程中所需要的各种力，主要包括拉深力和压边力。为合理选择冲压设备和设计模具，需要计算拉深力和压边力。

1. 拉深力的确定

图 4-36 所示为试验测得的一般情况下拉深力随凸模行程变化的曲线。在拉深开始时，因为凸缘变形区材料的变形不大，加工硬化较小，所以虽然此时的变形区面积较大，但材料的变形抗力与变形区面积相乘所得的拉深力并不大；拉深从初期到中期，材料加工硬化的增长速度超过了变形区面积减少的速度，拉深力逐渐增大，在前中期达

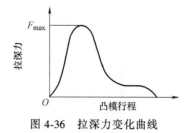

图 4-36　拉深力变化曲线

到最大值；拉深到中期以后，变形区面积的减少速度超过了加工硬化增长的速度，于是拉深力逐渐下降。

零件拉深完成后，还要从凹模中推出，因此曲线出现缓慢下降，这是摩擦力作用的结果，不是拉深变形力造成的。

由于影响拉深力的因素比较复杂，按实际受力和变形情况来准确计算拉深力是比较困难的，所以，实际生产中通常是以危险断面的拉应力不超过其材料抗拉强度为依据，采用经验公式进行计算。对于圆筒形件，可按下式估算。

首次拉深

$$F = K_1 \pi d_1 t R_m \tag{4-8}$$

以后各次拉深 $\qquad\qquad F = K_2 \pi d_i t R_m \qquad (i = 2, 3, \cdots, n)$ $\qquad\qquad$ (4-9)

式中，F 为拉深力（N）；d_1，d_2，$\cdots$，d_n 为各次拉深工序件直径（mm）；t 为板料厚度（mm）；R_m 为拉深件材料的抗拉强度（MPa）；K_1、K_2 为修正系数，与拉深系数有关，见表 4-13。

表 4-13　修正系数 K_1、K_2 数值

m_1	0.55	0.57	0.60	0.62	0.65	0.67	0.70	0.72	0.75	0.77	0.80	—	—	—
K_1	1.00	0.93	0.86	0.79	0.72	0.66	0.60	0.55	0.50	0.45	0.40	—	—	—
$m_2, \cdots, m_n$	—	—	—	—	—	—	0.70	0.72	0.75	0.77	0.80	0.85	0.90	0.95
K_2	—	—	—	—	—	—	1.00	0.95	0.90	0.85	0.80	0.70	0.60	0.50

注：m_1，m_2，$\cdots$，m_n 为第一次及以后各次的拉深系数。

2. 压料装置及压边力的确定

在拉深过程中，压料装置的作用是防止在拉深过程中坯料起皱。在实际生产中，可按表 4-2 的条件来判断是否在拉深模的设计中采用压料装置。目前，生产中常用的压料装置有弹性压料装置和刚性压料装置。

（1）弹性压料装置　在单动压力机上进行拉深加工时，一般都采用弹性压料装置来产生压边力。根据产生压边力的弹性元件不同，弹性压料装置可分为弹簧式、橡胶式和气垫式三种，如图 4-37 所示。

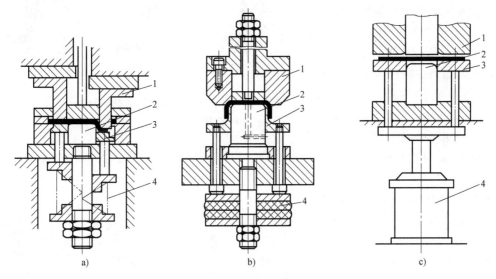

图 4-37　弹性压料装置

a）弹簧式压料装置　b）橡胶式压料装置　c）气垫式压料装置

1—凹模　2—凸模　3—压边圈　4—弹性元件（弹顶器或气垫）

上述三种压料装置的压边力曲线如图 4-38 所示。由图可以看出，弹簧式和橡胶式压料装置的压边力是随着工作行程（拉深深度）的增加而增大的，尤其是橡胶式压料装置更突出。这样的压边力变化特性会使拉深过程中的拉深力不断增大，从而增大拉裂的危险性。因此，弹簧式和橡胶式压料装置通常只用于浅拉深。但是，这两种压料装置结构简单，在普通单动中小型压力机上使用较为方便。只要正确地选用弹簧的规格和橡胶的牌号及尺寸，并采取适当的限位措施，就能减少它的不利方面。弹簧应选总压缩量大、压力随压缩量增加而缓慢增大的规格。橡胶应选软橡胶，并保证相对压缩量不会过大，建议橡胶的总厚度不小于

拉深工作行程的 5 倍。

气垫式压料装置压料效果好,压边力基本上不随工作行程而变化(压边力的变化可控制在 10% ~ 15% 内),但气垫装置结构复杂。

目前,工厂中所采用的压料装置大多安装在下部,这样能够将弹性元件(弹簧、橡胶)做得很高或利用气垫,以满足深拉深的要求。装在模具上的压料装置一般只能用于浅拉深。

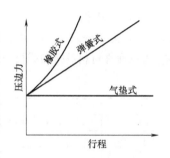

图 4-38 各种弹性压料装置的压边力曲线

压边圈是压料装置的关键零件,常见的结构型式有平面形、锥形和弧形,如图 4-39 所示。一般的拉深模采用平面形压边圈,如图 4-39a 所示;当坯料的相对厚度较小,拉深件凸缘小且圆角半径较大时,采用带弧形的压边圈,如图 4-39c 所示;锥形压边圈如图 4-39b 所示,它能降低极限拉深系数,其锥角与锥形凹模的锥角相对应,一般取 $\beta = 30° ~ 40°$,主要用于拉深系数较小的拉深件。

为了保持整个拉深过程中压边力均衡和防止将坯料压得过紧,特别是拉深板料较薄且凸缘较宽的拉深件时,可采用带限位装置(定位销、柱销或螺柱)的压边圈,如图 4-40 所示。限位装置可使压边圈和凹模之间始终保持一定的距离 s。对于带凸缘零件的拉深,$s = t + (0.05 ~ 0.1)$ mm;对于铝合金零件的拉深,$s = 1.1t$;对于钢板零件的

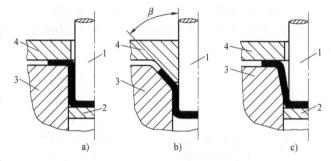

图 4-39 压边圈的结构型式
1—凸模 2—顶板 3—凹模 4—压边圈

拉深,$s = 1.2t$(t 为板料厚度)。图 4-40a 所示结构用于第一次拉深,图 4-40b、c 所示结构用于以后各次拉深。

由于常规弹性元件存在缺陷,近年来,氮气弹簧(具有体积小、弹力大、行程长、工作平稳等特性)作为一种新型的弹性元件,在模具中得到了越来越多的应用。但目前我国氮气弹簧的技术与国外先进技术相比还有较大差距,因此模具工业"十三五"规划中把寿命能达到 100 万次的模具用高压氮气缸作为模具高档标准件生产技术的突破口之一进行重点发展。

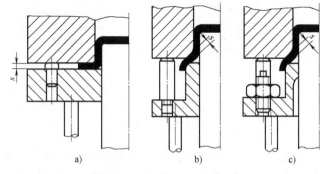

图 4-40 有限位装置的压边圈
a)、b) 固定式限位 c) 调节式限位

(2)刚性压料装置 刚性压料装置一般设置在双动压力机上,其压边力不随行程变化,拉深效果较好,模具结构简单。图 4-41 所示为双动压力机用拉深模,件 6 即为刚性压边圈,拉深凸模 5 装在压力机的内滑块 4 上,压边圈固定在外滑块 3 上。内滑块 4 用于拉深,外滑

块 3 用于压边。

在每次冲压行程开始时，外滑块 3 带动压边圈 6 下降而压在坯料的凸缘上，并在此停止不动；随后内滑块 4 带动拉深凸模 5 下降，并进行拉深变形。

刚性压料装置的压料作用是通过调整压边圈与凹模平面之间的间隙 c 获得的，而该间隙则是靠调节压力机外滑块得到的。考虑到拉深过程中坯料凸缘区有增厚现象，所以间隙 c 应略大于板料厚度 t。

刚性压边圈的结构型式与弹性压边圈基本相同。刚性压料装置的特点是压边力不随拉深工作行程而变化，压料效果较好，模具结构简单。

（3）压边力的计算 压边力的大小应适当，压边力过小时，防皱效果不好；压边力过大时，则会增大传力区危险断面上的拉应力，从而引起严重变薄甚至拉裂。因此，应在保证坯料变形区不起皱的前提下，尽量选用较小的压边力。

应该指出，压边力的大小应允许在一定范围内调节。一般来说，随着拉深系数的减小，压边力的可调节范围减小，这对拉深工作是不利的。这时，当压边力稍大些时就会发生破裂；压边力稍小些时会出现起皱，即拉深的工艺稳定性不好。相反，拉深系数较大时，压边力可调节范围增大，工艺稳定性较好。在设计模具时，压边力可按下列经验公式计算

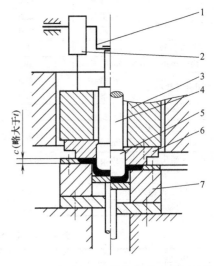

图 4-41 双动压力机用拉深模的刚性压料装置
1—曲轴 2—凸轮 3—外滑块 4—内滑块
5—拉深凸模 6—压边圈 7—拉深凹模

$$Q = Aq \qquad (4\text{-}10)$$

式中，Q 为压边力（N）；A 为压边圈在坯料上的投影面积（mm^2）；q 为单位面积压边力（MPa），其值可查表 4-14。

在实际生产中，一次拉深时的压边力 Q 可按拉深力的 1/4 选取。

表 4-14 部分材质的单位面积压边力 q

材料名称		单位面积压边力 q/MPa
铝		0.8~1.2
纯铜、硬铝（退火）		1.2~1.8
黄铜		1.5~2.0
软钢	板料厚度 $t \le 0.5mm$	2.5~3.0
	板料厚度 $t > 0.5mm$	2.0~2.5
镀锌钢板		2.5~3.0
耐热钢（软化状态）		2.8~3.5
高合金钢、高锰钢、不锈钢		3.0~4.5

3. 拉深压力机选用

（1）拉深压力机及主要技术参数 拉深压力机按驱动方式分为机械式拉深压力机和液压式拉深压力机（拉深液压机），按主要用途分为通用压力机和专用压力机。通用压力机即曲柄压力机，常用于简单形状的浅拉深成形。专用拉深压力机按照滑块动作分为单动、双动

和三动。部分双动拉深压力机的主要技术参数见表 4-15。部分拉深液压机的主要技术参数见表 4-16。

表 4-15　部分双动拉深压力机的主要技术参数

技术参数		型　　号			
		JA45-100	JA45-200	JA45-315	JB46-315
公称力/kN	内滑块	1000	2000	3150	3150
	外滑块	630	1250	3150	3150
滑块行程/mm	内滑块	420	670	850	850
	外滑块	260	425	530	530
内外滑块行程次数/(次/min)		15	8	5.5~9	10,低速 1
闭合高度调节量/mm		100	165	300	500
最大闭合高度/mm	内滑块	580	770	900	1300
	外滑块	530	665	850	1000
立柱间距离/mm		950	1620	1930	3150
工作台板尺寸 (宽/mm×长/mm×厚/mm)		900×950×100	1400×1540×160	1800×1600×220	1900×3150×250
滑块底平面尺寸 (宽/mm×长/mm)	内滑块	560×560	900×960	1000×1000	1300×2500
	外滑块	850×850	1350×1420	1550×1600	1900×3150
气垫顶出力/kN		800	1200	—	4400
主电动机功率/kW		22	30	75	100

表 4-16　部分拉深液压机的主要技术参数

技术参数	Y27 系列单动薄板拉深液压机				Y28 系列双动薄板拉深液压机			
总压力//kN	2000	3150	4000	5000	1800	3150	6300	8000
拉深压力/kN					1000	2000	4000	5000
压边压力/kN					800	1150	2300	3000
液压垫压力/kN	400	630	630	1600	315	630	1000	1250
拉深滑块行程长度/mm	710	800	900	900	710	800	1100	1100
压边滑块行程长度/mm					350	350	1000	1000
液压垫行程长度/mm	200	300	150	300		300	300	350
拉深滑块开口高度/mm	1120	1140	1250	1500	1460	1500	1800	2110
压边滑块开口高度/mm							1700	2000
电动机功率/kW	15	22	37	60	22	44	110	160

（2）拉深压力机公称力的确定

1）对于单动压力机，其公称力 P_0 应大于拉深力 F 与压边力 Q 之和，即

$$P_0 > F + Q$$

2）对于双动压力机，应使内滑块公称力 P_1 和外滑块公称力 P_2 分别大于拉深力 F 和压边力 Q，即

$$P_1 > F, \quad P_2 > Q$$

确定机械式拉深压力机公称力时，必须注意：当拉深工作行程较大，尤其是落料-拉深复合时，应使拉深力曲线位于压力机滑块的许用负荷曲线之下，而不能简单地按压力机公称力大于拉深力或拉深力与压边力之和的原则去确定规格。在实际生产中，也可以按下式来确定压力机的公称力。

浅拉深 $\qquad\qquad\qquad\qquad P_0 \geqslant 1.8 F_\Sigma \qquad\qquad\qquad\qquad$ （4-11）

深拉深 $\qquad\qquad\qquad\qquad P_0 \geqslant 2.0 F_\Sigma \qquad\qquad\qquad\qquad$ （4-12）

式中，F_Σ 为总冲压工艺力，与模具结构有关，包括拉深力、压边力、冲裁力等。

【任务实施】

1. 确定工艺方案

因板料厚度 $t = 0.5\text{mm} < 1\text{mm}$，故按拉深件标注尺寸计算，不必用中心线尺寸计算。

（1）计算坯料直径　根据拉深件尺寸，其相对高度为 $h/d = 24.5/64.8 \approx 0.378$，因为 $h/d < 0.5$，故该拉深件在拉深时不需要切边余量。从表 4-7 中查得坯料直径计算公式为

$$D = \sqrt{d^2 + 4dH - 1.72dr - 0.56r^2}$$

将 $d = 64.8\text{mm}$，$r = 4\text{mm}$，$H = 24.5\text{mm}$ 代入得 $D = 100.5\text{mm}$。

实际生产中，针对无须切边的拉深件，一般根据理论计算的结果来制备拉深件的毛坯，待拉深试模合格后，再制作拉深件的毛坯落料模。

（2）确定拉深次数　根据坯料的相对厚度 $t/D = (0.5/100.5) \times 100\% = 0.498\%$，查表 4-2 可知，拉深时需要采用压边圈。

拉深件总的拉深系数为 $m_\text{总} = d/D = 64.8/100.5 = 0.645$。

根据 $t/D = 0.498\%$，查表 4-9 可得 $[m_1] = 0.58$，即 $m_\text{总} > m_1 = 0.58$，故该拉深件可一次拉深成形。

（3）计算拉深件工序尺寸　由于此拉深件可一次拉深成形，其工序尺寸根据零件图进行计算即可，如图 4-4 所示。

2. 拉深力与压边力的计算

根据式（4-8）得：$F = K_1 \pi dt R_\text{m} = 0.72\pi \times 64.8 \times 0.5 \times 432\text{N} \approx 32\text{kN}$。其中 K_1 为修正系数，根据 $m_1 = 0.645 \approx 0.65$，查表 4-13 得 $K_1 = 0.72$；根据 10 钢查附录 D 取 $R_\text{m} = 432\text{MPa}$。

根据式（4-10）得：$Q = Aq = \pi(100.5^2 - 64.8^2) \times 3/4\text{N} \approx 14\text{kN}$。其中 q 为单位面积压边力，查表 4-14 得 $q = 3\text{MPa}$。

$$F_\text{总} = F + Q = (32 + 14)\text{kN} = 46\text{kN}$$

压力机的公称力 $P_0 \geqslant 1.8 F_\text{总}$，取 $P_0 = 1.8 \times 46\text{kN} = 82.8\text{kN}$，故压力机的公称力应大于 82.8kN。

3. 压力机的选择

根据上述理论计算，公称力应大于 82.8kN，可选压力机型号为 J23-10，其滑块行程为 45mm，最大闭合高度为 180mm。

任务四　拉深模的类型及结构

【学习目标】

1. 了解拉深模的分类及结构组成，能够简述典型拉深模的工作原理。
2. 掌握圆筒形件拉深模的结构，能够正确设计圆筒形拉深件的模具结构。

【任务导入】

如图 4-4 所示拉深件，材料为 10 钢，厚度 $t = 0.5\text{mm}$，尺寸公差等级为 IT13，采用大批

量生产。通过本任务的学习，在拉深工艺分析与计算的基础上，进行拉深模结构设计。

【相关知识】

一、拉深模的分类

拉深模的结构类型较多，按所使用压力机的类型，可分为单动压力机上使用的拉深模和双动压力机上使用的拉深模；按工序的组合程度，可分为单工序拉深模、复合拉深模与级进拉深模；按拉深工序顺序，可分为首次拉深模与以后各次拉深模；另外，还可分为无压料装置拉深模与有压料装置拉深模、正装式拉深模与倒装式拉深模、下出件拉深模与上出件拉深模等。

二、拉深模的典型结构

1. 单动压力机上使用的拉深模

（1）首次拉深模　图 4-42 所示为无压料装置的首次拉深模，工作时，毛坯在定位圈 2 中定位。拉深结束后，拉深件由凹模 4 底部的台阶完成脱模，并由漏料孔落下。这种类型的模具结构简单，凸模往往是整体的。当凸模直径过小时，为了防止因凸模根部直接与滑块接触，接触压应力超过滑块材料的允许值（≤90MPa），则需增加一块上模板。为便于从凸模上取下拉深件，应在凸模上开一直径为 3mm 以上的通气孔。上、下模的导向靠材料及凸、凹模间隙自然形成，一般不需要另加导柱和导套。此类模具一般适用于材料厚度较大（$t>2mm$）而拉深深度较小的拉深件。

图 4-43 所示为压边圈装在下模的倒装式首次拉深模。由于弹性元件装在下模底下的压力机工作台面孔中，因此空间较大，允许弹性元件有较大的压缩行程，可以拉深深度较大的拉深件。这副模具采用了锥形压边圈 6。在拉深时，锥形压边圈 6 先将毛坯压成锥形，使毛坯的外径产生一定的收缩量，然后再将其拉成筒形件。采用这种结构，有利于拉深成形，可以降低极限拉深系数。

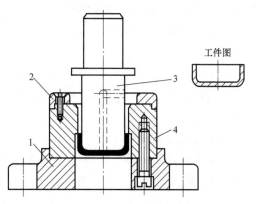

图 4-42　无压料装置的首次拉深模
1—下模座　2—定位圈　3—凸模　4—凹模

图 4-44 所示为压料装置在上模的正装式首次拉深模。拉深前，毛坯以定位板 6 定位；拉深时，凸模 10 向下运行，毛坯在弹簧 4 的作用下首先被压料板 5 平整地压在凹模 7 表面；凸模 10 继续向下运行，弹簧 4 继续受压，直至拉深成形。拉深结束，凸模向上运行，压料板在弹簧的作用下回复，将包在凸模上的拉深件卸下来。此拉深模的压料装置在上模，由于弹性元件高度受到模具闭合高度的限制，这种结构型式的拉深模只适用于拉深高度不大的拉深件。

（2）以后各次拉深模　在以后各次拉深中，因毛坯已不是平板形状，而是已成形的半成品，所以应充分考虑毛坯在模具上的定位。常用的定位方法有三种：一是采用特定的定位板；二是在凹模上加工出供半成品定位的凹窝；三是利用半成品内孔用凸模外形来定位。

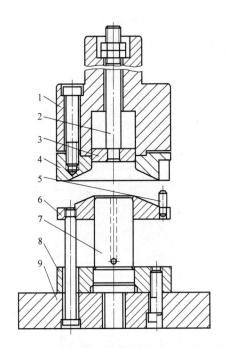

图 4-43　有压料装置的倒装式首次拉深模

1—上模座（兼模柄）　2—打杆　3—推件块

4—凹模　5—限位柱　6—锥形压边圈

7—凸模　8—凸模固定板　9—下模座

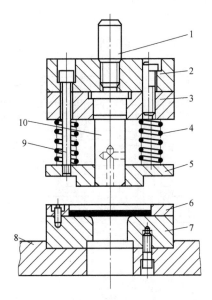

图 4-44　有压料装置的正装式首次拉深模

1—模柄　2—上模座　3—凸模固定板　4—弹簧

5—压料板（兼卸料板）　6—定位板　7—凹模

8—下模座　9—卸料螺钉　10—凸模

图 4-45 所示为无压料装置的以后各次拉深模，结构简单，仅用于直径变化量不大的拉深、整形。图 4-46 所示为有压料装置的以后各次拉深模，这是最常见的结构型式。拉深前，毛坯套在压边圈 4 上，压边圈的形状必须与上一次拉出的半成品相适应；上模下行时，将毛坯拉入凹模 2，从而得到所需的拉深件；拉深后，压边圈将拉深件从凸模 3 上顶出，使其留在凹模内，由推件板 1 将拉深件从凹模中推出。

（3）落料-拉深复合模　图 4-47 所示为典型的正装式落料-拉深复合模。上模部分装有凸凹模 3（落料凸模、拉深凹模），下模部分装有落料凹模 7 与拉深凸模 8。当压力机滑块下行时，凸凹模 3 和压边圈 2 配合压住毛坯并伸入落料凹模 7 进行落料；上模继续下行时，拉深凸模 8 开始接触落料件半成品并将其拉入凸凹模 3 孔内，完成拉深；上模回程时，由卸料板 6 从凸凹模 3 上卸下废料，压边圈 2 同步将工件从拉深凸模 8 上顶出，使工件留在凸凹模 3 孔内，再由推件块 5 推

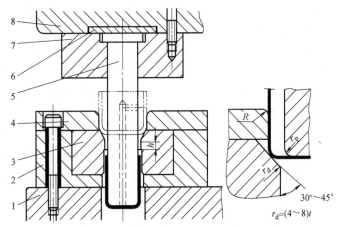

图 4-45　无压料装置的以后各次拉深模

1—下模座　2—凹模固定板　3—凹模　4—定位板

5—凸模　6—垫板　7—凸模固定板　8—上模座

出。为保证冲压时的精度，一般先落料再拉深，拉深凸模低于落料凹模一个料厚以上。弹性压边圈 2 兼起顶件作用，压边力是靠安装在下模座上的弹顶装置通过连接顶杆 1 供给的。

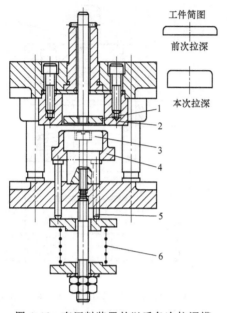

工件简图
前次拉深
本次拉深

图 4-46　有压料装置的以后各次拉深模

1—推件板　2—凹模　3—凸模
4—压边圈　5—顶杆　6—弹簧

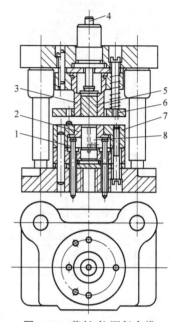

图 4-47　落料-拉深复合模

1—顶杆　2—压边圈　3—凸模　4—打杆
5—推件块　6—卸料板　7—落料凹模　8—拉深凸模

2. 双动压力机上使用的拉深模

（1）首次拉深模　如图 4-48 所示，下模部分由凹模 2、定位板 3、凹模固定板 8、顶件块 9 和下模座 1 组成。上模的压边圈 5 通过上模座 4 固定在压力机的外滑块上，凸模 7 通过凸模固定杆 6 固定在内滑块上。工作时，坯料由定位板 3 定位，外滑块先行下降，带动压边圈 5 将坯料压紧，接着内滑块下降，带动凸模 7 完成对坯料的拉深。回程时，内滑块先带动凸模 7 上升而将拉深件卸下，接着外滑块带动压边圈 5 上升，同时顶件块 9 在弹顶器作用下将拉深件从凹模 2 内顶出。

（2）落料-拉深复合模　如图 4-49 所示，该模具可同时完成落料、拉深及底部的浅成形。主要工作零件采用组合式结构，压边圈 3 固定在压边圈座 2 上，并兼做落料凸模，拉深凸模 4 固定在凸模座 1 上。这种组合式结构特别适用于大型模具，不仅可以节省模具钢，而且也便于坯料的制备与热处理。

工作时，外滑块先带动压边圈 3 下行，在到达下死点前与落料凹模 5 配合完成落料，接着进行压料（图 4-49 左半视图）。然后内滑块带动拉深凸模 4 下行，与拉深凹模 6 配合完成拉深。顶件块 7 兼做拉深凹模 6 的底，在内滑块到达下死点时，可完成对工件底部的浅成形（图 4-49 右半视图）。回程时，内滑块先上升，然后外滑块上升，最后由顶件块 7 将工件顶出。

▷▷▷【任务实施】

根据以上分析，该 U 形拉深件的成形模具总体结构如图 4-50 所示。该模具采用倒装式结构，压料装置设置在垫板最下方，采用橡胶作为弹性元件。

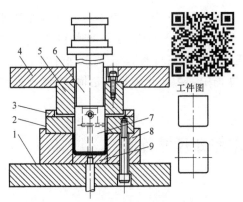

图 4-48 双动压力机用首次拉深模

1—下模座 2—凹模 3—定位板 4—上模座 5—压边圈
6—凸模固定杆 7—凸模 8—凹模固定板 9—顶件块

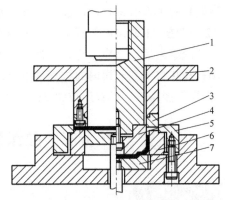

图 4-49 双动压力机用落料-拉深复合模

1—凸模座 2—压边圈座 3—压边圈（兼落料凸模）
4—拉深凸模 5—落料凹模 6—拉深凹模 7—顶件块

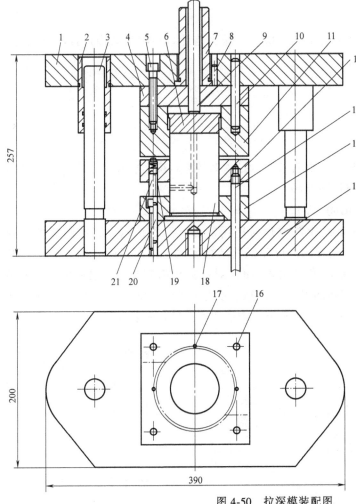

工件图

$\phi 64.8$

24.5

$R4$

材料：10钢

图 4-50 拉深模装配图

1—上模座 2—导套 3—导柱 4—垫板 5—内六角螺钉 6—推板 7—模柄 8—止转销 9—打杆
10—销钉 11—凹模 12—弹性压边圈 13—压边圈螺钉 14—凸模固定板 15—下模座
16—内六角螺钉 17—挡料销 18—凸模 19—弹簧 20—圆柱销 21—定位销

该模具的工作过程：冲压前，将坯料放在弹性压边圈 12 上；上模下行，坯料在弹性压边圈 12 与凹模 11 的作用下压紧；上模继续下行，坯料被压入凸模 18 与凹模 11 之间，拉深成形；拉深结束后，上模上行，弹性压边圈 12 复位并将包在凸模 18 上的拉深件卸下，由推板 6 和打杆 9 将卡在凹模内的拉深件推出。拉深过程中，为防止弹性压边圈 12 倾斜而与凸模 18 发生干涉摩擦，设置定位销 21 进行导向。

任务五　拉深模工作部分尺寸计算

【学习目标】

1. 了解拉深凸模与凹模的结构，能够正确计算其工作尺寸。
2. 了解拉深凸模与凹模间隙的重要性，能够正确设计凸、凹模间隙。

【任务导入】

如图 4-4 所示拉深件，在对其进行工艺分析、拉深工艺计算和模具结构设计的基础上，计算拉深模工作部分的尺寸及公差。

【相关知识】

一、凸、凹模的结构

凸、凹模的结构设计是否合理，不但直接影响拉深时的坯料变形，而且还影响拉深件的质量。凸、凹模常见的结构型式有以下几种。

1. 无压料装置时的凸、凹模结构

图 4-51 所示为无压料装置的首次拉深成形时所用的凸、凹模结构，其中圆弧形凹模（图 4-51a）结构简单，加工方便，是常用的拉深凹模结构型式；锥形凹模（图 4-51b）、渐开线形凹模（图 4-51c）和等切面形凹模（图 4-51d）对抗失稳起皱有利，主要用于拉深系数较小的拉深件。图 4-52 所示为无压料装置的以后各次拉深所用的凸、凹模结构。在上述凹模结构中，其中尺寸 $a = 5 \sim 10mm$，$b = 2 \sim 5mm$，锥形凹模的锥角一般取 30°。

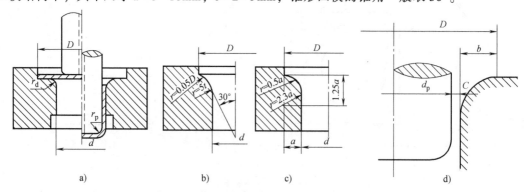

a)　　　　　b)　　　　　c)　　　　　d)

图 4-51　无压料装置首次拉深的凸、凹模结构

a) 圆弧形　b) 锥形　c) 渐开线形　d) 等切面形

2. 有压料装置时的凸、凹模结构

有压料装置时的凸、凹模结构如图 4-53 所示。图 4-53a 所示结构用于直径小于 100mm 的拉深件。图 4-53b 所示结构用于直径大于 100mm 的拉深件，这种结构除了具有锥形凹模的特点外，还可减轻坯料的反复弯曲变形，以提高拉深件的侧壁质量。

设计多次拉深的凸、凹模结构时，必须十分注意使前后两次拉深的凸、凹模的形状尺寸具有恰当的关系，尽量使前次拉深所得工序件形状有利于后次拉深成形，而后一次拉深的凸、凹模及压边圈的形状

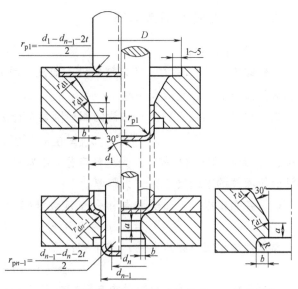

图 4-52　无压料装置的以后各次拉深的凸、凹模结构

与前次拉深所得工序件相吻合，以避免坯料在成形过程中反复弯曲。为了保证拉深时工序件底部平整，应使前一次拉深所得工序件的平底部分尺寸不小于后一次拉深工序件的平底尺寸。

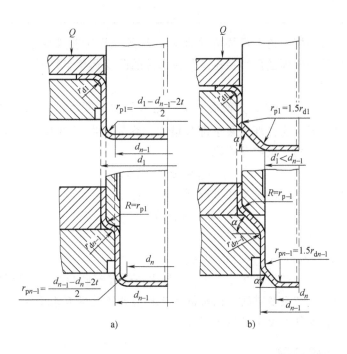

a)　　　　　　　　b)

图 4-53　有压料装置的以后各次拉深的凸、凹模结构

二、凸、凹模的圆角半径

1. 凹模圆角半径

凹模圆角半径 r_d 越大，坯料越易进入凹模；但 r_d 过大时，坯料易起皱。因此，在坯料不起皱的前提下，r_d 宜取大一些。

第一次（包括只有一次）拉深的凹模圆角半径 r_{d1} 可按经验公式计算

$$r_{d1} = 0.8\sqrt{(D-d)t} \qquad (4\text{-}13)$$

式中，r_{d1} 为凹模圆角半径；D 为坯料直径；d 为凹模内径（当料厚 $t \geqslant 1\text{mm}$ 时，也可取首次拉深时拉深件的中线尺寸）；t 为料厚。

以后各次拉深时，凹模圆角半径 r_{di} 应逐渐减少，一般可按以下关系确定：

$$r_{di} = (0.6 \sim 0.9) r_{d(i-1)} \quad (i=2,3,\cdots,n) \qquad (4\text{-}14)$$

盒形件拉深凹模圆角半径 r_d 按下式计算

$$r_d = (4 \sim 8)t \qquad (4\text{-}15)$$

r_d 也可根据拉深件的材料种类与厚度参考表 4-17 确定。

表 4-17　拉深凹模圆角半径 r_d 的数值　　　　　　　（单位：mm）

拉深件材料	料厚 t	r_d
钢	< 3	$(10 \sim 6)t$
	3~6	$(6 \sim 4)t$
	> 6	$(4 \sim 2)t$
铝、黄铜、纯铜	< 3	$(8 \sim 5)t$
	3~6	$(5 \sim 3)t$
	> 6	$(3 \sim 1.5)t$

以上计算所得凹模圆角半径均应符合 $r_d \geqslant 2t$ 的拉深工艺性要求。对于带凸缘的圆筒形件，最后一次拉深的凹模圆角半径还应与拉深件的凸缘圆角半径相等。

2. 凸模圆角半径

凸模圆角半径 r_p 过小时，会使坯料受到过大的弯曲变形，导致危险断面材料严重变薄甚至拉裂；r_p 过大时，会使坯料悬空部分增大，容易产生"内起皱"现象。一般 $r_p < r_d$，单次拉深或多次拉深的第一次拉深可取

$$r_{p1} = (0.7 \sim 1.0) r_{d1} \qquad (4\text{-}16)$$

以后各次拉深的凸模圆角半径可按下式确定：

$$r_{p(i-1)} = \frac{d_{i-1} - d_i - 2t}{2} \quad (i=3,4,\cdots,n) \qquad (4\text{-}17)$$

式中，d_{i-1}、d_i 为各次拉深工序件的直径。

最后一次拉深时，凸模圆角半径 r_{pn} 应与拉深件底部圆角半径 r 相等。但当拉深件底部圆角半径小于拉深工艺性要求时，凸模圆角半径应按工艺性要求确定（$r_p \geqslant t$），然后通过增加整形工序得到拉深件所要求的圆角半径。

三、凸、凹模间隙

拉深模的凸、凹模间隙对拉深力、拉深件质量、模具寿命等都有较大的影响。间隙小

时，拉深力大，模具磨损也大；但拉深件回弹小，精度高。间隙过小时，会使拉深件壁部严重变薄甚至拉裂。间隙过大时，拉深时坯料容易起皱，而且口部的变厚得不到消除，拉深件会出现较大的锥度，精度较差。因此，拉深凸、凹模间隙应根据坯料厚度及公差、拉深过程中坯料的增厚情况、拉深次数、拉深件的形状及精度等要求确定。

1. 圆筒形及椭圆形件的拉深模间隙

对于圆筒形件及椭圆形件的拉深模，凸、凹模单边间隙 c 可按下式确定

$$c = K_c t + t_{max} \tag{4-18}$$

式中，c 为凸、凹模单边间隙；t_{max} 为材料厚度的最大极限尺寸；K_c 为系数，见表4-18。

表 4-18　系数 K_c

材料厚度 t/mm	一般精度		较高精度	高精度
	一次拉深	多次拉深		
1	0.07~0.09	0.08~0.10	0.04~0.05	
2	0.08~0.10	0.10~0.14	0.05~0.06	0~0.04
3	0.10~0.12	0.14~0.16	0.07~0.09	
4	0.12~0.14	0.16~0.20	0.08~0.10	

注：1. 对于强度高的材料，表中数值取小值。
　　2. 对于精度要求高的拉深件，建议末道工序采用间隙为 (0.9~0.95)t 的整形拉深。

2. 盒形件拉深模间隙

对于盒形件拉深模，凸、凹模单边间隙 c 可根据盒形件精度确定。当精度要求较高时，$c = (0.9~1.05)t$；当精度要求不高时，$c = (1.1~1.3)t$。最后一次拉深取较小值。

另外，盒形件拉深时坯料在角部变厚较多，因此圆角部分的间隙应比直边部分的间隙大 $0.1t$。

四、凸、凹模工作部分尺寸及公差

拉深件的尺寸和公差是由最后一次拉深模保证的，考虑拉深模的磨损和拉深件的弹性回复，最后一次拉深模的凸、凹模工作部分尺寸及公差按如下情况确定。

1. 拉深件标注外形尺寸

当拉深件标注外形尺寸时，如图4-54a所示，以拉深凹模尺寸为基准，首先计算凹模的尺寸和公差。

凹模尺寸及公差　　　　　　　$$D_d = (D_{max} - 0.75\Delta)^{+\delta_d}_{\ 0} \tag{4-19}$$

凸模尺寸及公差　　　　　　$$D_p = (D_{max} - 0.75\Delta - 2c)^{\ 0}_{-\delta_p} \tag{4-20}$$

2. 拉深件标注内形尺寸

当拉深件标注内形尺寸时，如图4-54b所示，以拉深凸模尺寸为基准进行计算。

凸模尺寸及公差　　　　　　　$$d_p = (d_{min} + 0.4\Delta)^{\ 0}_{-\delta_p} \tag{4-21}$$

凹模尺寸及公差　　　　　　$$d_d = (d_{min} + 0.4\Delta + 2c)^{+\delta_d}_{\ 0} \tag{4-22}$$

3. 首次及中间各次拉深模

对于多次拉深中的首次拉深和中间各次拉深，因工序件尺寸无须严格要求，所以其凸、凹模工作部分尺寸取相应工序的工序件尺寸即可。若以凹模为基准，则凹模尺寸为

$$D_d = D^{+\delta_d}_{\ 0} \tag{4-23}$$

凸模尺寸为

$$D_p = (D - 2c)_{-\delta_p}^{\;0} \qquad (4\text{-}24)$$

式（4-19）~式（4-24）中，D_d、d_d 为凹模工作尺寸；D_p、d_p 为凸模工作尺寸；D_{max}、d_{min} 分别为拉深件的最大外形尺寸和最小内形尺寸；c 为凸、凹模单边间隙；D 为各次拉深工序件的公称尺寸；Δ 为拉深件的尺寸公差；δ_p、δ_d 为凸、凹模的制造公差，可按标准公差等级 IT6~IT8 查阅 GB/T 1800.1—2009 确定或查表 4-19 选取。

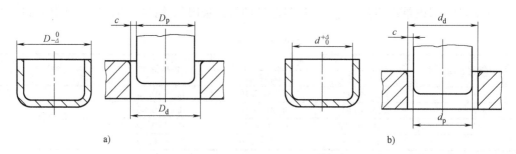

图 4-54　拉深件尺寸与凸、凹模工作部分尺寸

a）拉深件标注外形尺寸　b）拉深件标注内形尺寸

表 4-19　拉深凸、凹模的制造公差　　　　　　　　　　　　（单位：mm）

板料厚度 t	拉深件直径 d					
	≤20		>20~100		>100	
	δ_d	δ_p	δ_d	δ_p	δ_d	δ_p
≤0.5	0.02	0.01	0.03	0.02	—	—
>0.5~1.5	0.04	0.02	0.05	0.03	0.08	0.05
>1.5	0.06	0.04	0.08	0.05	0.10	0.06

⫸【任务实施】

1. 凸、凹模间隙的确定

该制件拉深模采用压边圈，经工艺计算可知一次就能拉深成形，按式（4-18）计算。查表 4-18 取 $K_c = 0.07$，故单边间隙 c 为

$$c = K_c t + t_{max} = 0.07 \times 0.5\,\text{mm} + 0.5\,\text{mm} = 0.535\,\text{mm}$$

2. 凸、凹模圆角半径的计算

根据式（4-13），将 $D = 100.5\,\text{mm}$、$d = 64.8\,\text{mm}$、$t = 0.5\,\text{mm}$ 代入计算得 $r_d = 3.38\,\text{mm}$，取拉深凹模圆角半径 $r_d = 3\,\text{mm}$，满足 $r_d \geq 2t$ 的拉深工艺要求。

此制件只需一次拉深成形，所以凸模圆角半径 r_p 值取与拉深件底部圆角相同的半径值，即 $r_p = 4\,\text{mm}$。（注：在实际设计工作中，拉深凸模圆角半径 r_p 值和凹模圆角半径 r_d 值应选取比计算值略小的数值，这样便于在试模调整时逐渐加大，直到获得合格的制件为止。）

3. 凸、凹模工作部分尺寸及公差的计算

对于制件一次拉深成形的拉深模及末次拉深模，凸、凹模的尺寸及公差应按制件的要求确定。凸、凹模制造公差分别按标准公差等级 IT6、IT7 查 GB/T 1800.1—2009 得：$\delta_p = 0.019\,\text{mm}$、$\delta_d = 0.03\,\text{mm}$。

此制件尺寸均未注公差，可由 GB/T 15055—2007 查得 m 等级的极限偏差为 ±0.5mm，即 $\Delta = 1$mm。由于标注为外形尺寸，设计凸、凹模时，应以凹模为基准进行计算，即凹模尺寸为

$$D_d = (D_{max} - 0.75\Delta)_0^{+\delta_d} = (64.8 - 0.75 \times 1)_0^{+0.03} mm$$
$$= 64.05_0^{+0.03} mm$$

间隙取在凸模上，凸模尺寸可标注公称尺寸 62.98mm，不标注公差，但在技术要求中要注明按单边间隙 0.535mm 配作。

思 考 题

1. 拉深模的装配要求有哪些？

2. 研磨抛光的注意事项有哪些？

3. 拉深变形有哪些特点？用拉深方法可以成形哪些类型的零件？

4. 根据应力、应变状态的不同，拉深毛坯划分为哪五个区域？拉深变形主要在哪个区域完成？

5. 拉深件的主要质量问题有哪些？如何控制？

6. 拉深件的危险断面在何处？在什么情况下会发生拉裂？

7. 何谓圆筒形件的拉深系数？影响拉深系数的因素主要有哪些？

8. 拉深件坯料尺寸计算应遵循哪些原则？

9. 拉深过程中润滑的目的是什么？哪些部位需要润滑？

10. 以后各次拉深模与首次拉深模主要有哪些不同？

11. 图 4-55 所示为圆筒形件，求其坯料直径及各次拉深直径（材料为 08 钢）。

12. 图 4-56 所示为两个拉深件，假设这两个拉深件均能一次拉深成形，请设计拉深模工作部分尺寸，并画出相应的示意图。

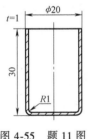

图 4-55　题 11 图

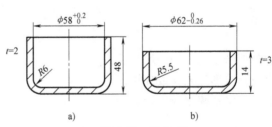

a)　　　　　　　　b)

图 4-56　题 12 图

项目五　成形模设计

成形工序是指利用各种局部变形的方法来改变坯料或工序件形状的加工方法，包括胀形、翻孔、翻边、缩口、校平、整形等冲压工序。

按照变形特点，可分为伸长类变形和压缩类变形。如胀形和翻孔属于伸长类变形；缩口和外缘翻凸边属于压缩类变形。伸长类变形常因变形区拉应力过大而导致拉裂破坏；压缩类变形常因变形区压应力过大而导致失稳起皱。对于校平和整形，由于变形量不大，一般不会产生拉裂或起皱，其主要需解决的问题是回弹。

由于不同的成形工序呈现不同的变形特点，在制订成形工艺和设计模具时，一定要根据不同的变形特点确定合理的工艺参数，并且合理设计模具结构。

本项目通过两个任务——罩盖胀形模设计和固定套翻孔模设计，使学生认识中等复杂程度的成形模的典型结构及其特点，能确定模具的结构型式，进行工艺计算，绘制模具总装图，并确定模具主要零部件的结构与尺寸。

任务一　罩盖胀形模设计

▶▶【学习目标】

1. 能分析胀形工序的变形特点。
2. 会进行胀形工艺参数计算。
3. 能进行胀形模结构设计。

▶▶【任务导入】

图 5-1 所示为罩盖零件图，零件侧壁凸出成鼓状，俗称凸肚，底部向内凹进形成凸包，这两处的形状都需胀形成形。零件选用的坯料为料厚 $t=1\text{mm}$ 的 10 钢，采用中批量生产，试设计胀形模的结构。

▶▶【相关知识】

胀形是利用模具使板料拉伸变薄，局部表面积增大，以获得零件的加工方法。罩盖侧壁的凸肚胀形和底部的凸包胀形是有区别的，凸肚属于空心毛坯胀形，是将空心件或管件沿径向

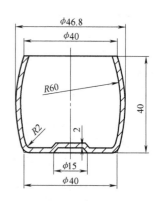

图 5-1　罩盖零件图

向外扩张，胀出所需凸起曲面的一种加工方法；而底部凸包是由平板坯料局部胀形而成。虽需两种胀形形式，但可以在一副模具上使这两种胀形同时实现。

一、胀形的分类及变形特点

1. 胀形的分类

根据毛坯形状的不同，胀形可分为平板毛坯的胀形和圆柱形空心毛坯的胀形。

（1）平板毛坯的胀形　平板毛坯的胀形（又称为起伏成形）是一种使材料发生伸长，形成局部的凹进或凸起，借以改变毛坯形状的方法。实际生产中，平板毛坯胀形的应用如图5-2所示。

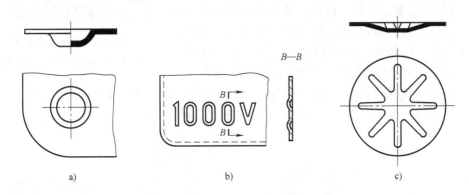

图 5-2　平板毛坯的胀形

a）压凹坑　b）压字　c）压加强筋

（2）圆柱形空心毛坯的胀形　圆柱形空心毛坯的胀形又称为凸肚，是通过模具将空心毛坯（无底的管子或带底的拉深件）向外扩张成空心零件的成形方法。用这种方法可制造许多诸如波纹管、凸肚件等形状复杂的空心曲面零件，如图5-3所示。

空心毛坯的胀形按传力介质的不同可分为刚模胀形、软模胀形、高能成形（爆炸成形、电磁成形）三大类。胀形时，需要通过传力介质将压力传至工件的内壁，产生较大的切向变形，使直径尺寸增大。

1）刚模胀形采用金属凸模胀形，如图5-4所示，凸模采用分瓣式结构型式。上模下行

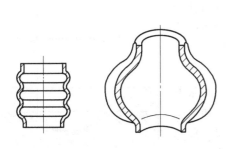

图 5-3　圆柱形空心毛坯胀形的典型零件

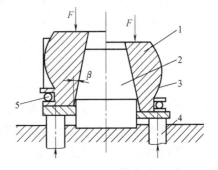

图 5-4　刚模胀形原理

1—分瓣凸模　2—锥形芯块　3—工件

4—顶杆　5—拉簧

时，由于锥形芯块 2 的作用，使分瓣凸模 1 向四周顶开，从而将坯料胀出所需的形状。上模回程时，分瓣凸模 1 在顶杆 4 和拉簧 5 的作用下复位，便可取出工件。凸模分瓣数目越多，胀形件的形状精度越高。

刚模胀形的模具结构复杂，成本高，产生的力场不均匀，且不能成形较长支管；受模具制造与装配精度的影响较大，很难获得尺寸精确的胀形件，工件表面很容易出现压痕；当工件形状复杂时，给模具制造带来较大的困难，工件质量难以保证。因而，刚模胀形的应用受到很大的限制。

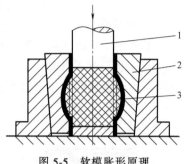

图 5-5　软模胀形原理

1—柱塞　2—分块凹模　3—橡胶

2）软模胀形是以气体、液体、橡胶及石蜡等作为传力介质，代替金属凸模进行胀形。如图 5-5 所示，橡胶 3 作为胀形凸模，胀形时，橡胶在柱塞 1 的压力作用下发生变形，从而使坯料沿分块凹模 2 内壁胀出所需的形状。

图 5-6a 所示是采用橡胶凸模的胀形模，图 5-6b 所示是用倾注液体的方法胀形，图 5-6c 所示是用冲液橡皮囊胀形，图 5-6d 所示是采用聚氨酯橡胶棒胀形。

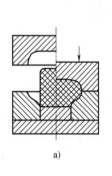
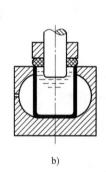
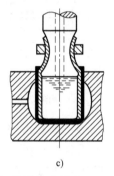
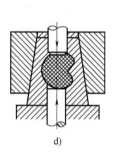

a)　　　　　　　b)　　　　　　　c)　　　　　　　d)

图 5-6　软模胀形的常见典型形式

需要说明的是，相比刚模胀形，软模胀形时板料的变形比较均匀，容易保证工件的几何形状和尺寸精度。流体产生的力场最为均匀，所以相比其他传力介质能生产最长支管。但以流体作为胀形介质，密封问题很难解决。弹性体介质不存在密封问题，而且弹性体由于高强度、高硬度能产生较高内压以满足胀形的需要，另外，弹性体作为胀形介质可以重复使用。胀形介质的选取很重要，应以胀形效果好且实际应用性好为主要目标。对于不对称且形状复杂的空心件，软模胀形很容易实现胀形加工。因此，软模胀形的应用比较广泛。

2. 胀形的变形特点

如图 5-7 所示，表面上看，平板毛坯局部胀形的胀形模在结构上可与首次拉深模完全相同，但变形特点却完全不同。当毛坯直径 D 超过工件直径 d 的 3 倍以上时，成形时凹模口外的凸缘区材料是无法流入凹模内的。拉探变形已不可能，塑性变形只局限于凹模口内的部分材料。可见，胀形时变形区内的材料不可能向变形区外转移，通常

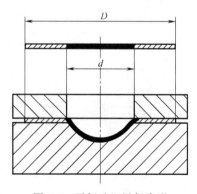

图 5-7　平板毛坯局部胀形

变形区外的材料也不向变形区内补充，这种胀形也可称为纯胀形。平板毛坯局部胀形时，一般都属于这种情况。也就是说，胀形变形是依靠变形区部分板料厚度变薄、表面增大来实现的。

拉深与平板毛坯胀形的分界，取决于材料的应变强化率、模具几何参数和压边力的大小。如图 5-8 所示，当 d/D_0 为 $0.38 \sim 0.35$ 时，凸缘部分不再产生明显的塑性流动，毛坯的外缘尺寸在成形前后保持不变。零件的成形将主要靠凸模下方及附近材料的拉薄，极限成形高度与毛坯直径不再有关，这一阶段就是平板毛坯的胀形阶段。如图 5-8 所示，曲线以上为破裂区，以下为安全区，线上为临界状态。

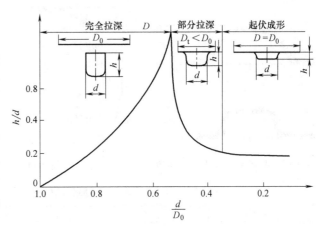

图 5-8　拉深与平板毛坯胀形的分界

胀形属于伸长类成形，不会产生失稳起皱，胀形件表面光滑，质量好，尺寸精度较高。材料的塑性越好，硬化指数值越大，可能达到的极限变形程度就越大。同时，因为变形材料截面上拉应力沿厚度方向的分布比较均匀，所以卸载后的回弹很小。

二、胀形工艺参数

1. 平板毛坯胀形的变形程度

平板毛坯局部胀形的极限变形程度可按截面最大相对伸长变形 ε_p 不超过工件材料许用伸长率 $[\delta]$ 的 $70\% \sim 75\%$ 来控制，即

$$\varepsilon_p = \frac{l-l_0}{l_0} \le (0.70 \sim 0.75)[\delta] \tag{5-1}$$

式中，l、l_0 分别为胀形前后变形区截面长度，如图 5-9 所示；$[\delta]$ 为工件材料许用伸长率；系数 $0.70 \sim 0.75$ 可视胀形变形的均匀程度来选取。例如，压加强筋时，截面为圆弧形时可取较大值，截面为梯形时应取较小值。

2. 压筋时的工艺参数

压筋成形就是在平板坯料上压出加强筋。压筋成形的极限变形程度，主要受材料的性能、筋的几何形状、模具结构及润滑等因素影响。对于形状比较简单的压筋件，如果式（5-1）的条件满足，则可一次成形。否则，可先压制弧形过渡形状，达到在较大范围内聚料和均匀变形的目的，然后再压出零件所需形状，如图 5-10 所示。对于形状较

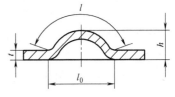

图 5-9　平板毛坯胀形时截面
材料长度的变化

复杂的压筋件，成形时应力应变分布比较复杂，其危险部位和极限变形程度一般要通过试验的方法确定。

压筋后零件惯性矩的改变和材料加工后的硬化，能够有效地提高零件的刚度和强度，因此压筋成形在生产中应用广泛。

加强筋的型式和尺寸可参考表5-1。当加强筋与边缘的距离小于（3~5）t 时，如图5-11 所示，成形过程中边缘材料要收缩，因此应预先留出切边余量，成形后再切除。

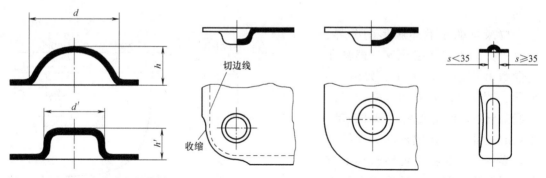

图 5-10　两道工序完成的加强筋　　　　图 5-11　平板毛坯胀形的切边余量预留

表 5-1　加强筋的型式和尺寸

简图	R	h	D 或 B	r	α
	$(3\sim4)t$	$(2\sim3)t$	$(7\sim10)t$	$(1\sim2)t$	—
	—	$(1.5\sim2)t$	$\geqslant 3h$	$(0.5\sim1.5)t$	$15°\sim30°$

压制加强筋所需的冲压力可用下式估算

$$F = KLtR_{\mathrm{m}} \tag{5-2}$$

式中，L 为加强筋的周长（mm）；t 为材料厚度（mm）；R_{m} 为材料的抗拉强度（MPa）；K 为系数，一般 $K = 0.7\sim1.0$（加强筋形状窄而深时，取大值；宽而浅时，取小值）。

在曲轴压力机上对厚度小于 1.5mm、面积小于 2000mm^2 的薄料小件进行压筋成形时，所需冲压力可用下式估算

$$F = KAt^2 \tag{5-3}$$

式中，F 为胀形冲压力（N）；A 为胀形面积（mm^2）；t 为材料厚度（mm）；K 为系数，对于钢 $K = 200\sim300$，对于黄铜，$K = 150\sim200$。

3. 压凸包时的工艺参数

压制凸包时，凸包的高度因受材料塑性的限制不能太大。凸包的成形高度还与凸模形状及润滑条件有关，球形凸模比平底凸模成形高度大，润滑条件较好时成形高度也较大。表5-2 列出了平板坯料压凸包时的许用成形高度，表5-3 列出了压凸包的推荐型式和尺寸。

表 5-2　平板坯料压凸包时的许用成形高度

简　　图	材料	凸包许用成形高度 h
	软钢	$(0.15\sim0.2)d$
	铝	$(0.1\sim0.15)d$
	黄铜	$(0.15\sim0.22)d$

表 5-3　压凸包的型式和尺寸

简　　图	D/mm	L/mm	l/mm
	6.5	10	6
	8.5	13	7.5
	10.5	15	9
	13	18	11
	15	22	13
	18	26	16
	24	34	20
	31	44	26
	36	51	30
	43	60	35
	48	68	40
	55	78	45

4. 空心坯料胀形时的工艺参数

空心坯料胀形时，材料切向受拉应力作用产生拉伸变形，其变形程度用胀形系数 K 表示，如图 5-12 所示，即

$$K = \frac{d_{max}}{D} \qquad (5-4)$$

式中，d_{max} 为胀形后零件的最大直径；D 为空心坯料的原始直径。

胀形系数 K 和坯料切向拉伸伸长率 δ 的关系为

$$\delta = \frac{d_{max} - D}{D} = K - 1 \ \ 或 \ \ K = 1 + \delta \qquad (5-5)$$

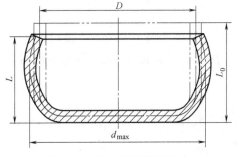

图 5-12　空心坯料胀形尺寸

K 值越大，表示胀形变形程度越大。胀形前对坯料进行退火或径向施压的同时轴向也施压或对变形区加热等措施均可提高胀形系数。此外，良好的表面质量也有利于提高胀形系数。

由于坯料的变形程度受到材料伸长率的限制，所以根据材料的切向许用伸长率便可按式 (5-5) 求出相应的胀形系数 K。表 5-4 所列是一些常用材料的极限胀形系数和切向许用伸长率近似值。表 5-5 所列是铝管坯料的试验极限胀形系数，可供参考。

表 5-4　常用材料的极限胀形系数 $[K]$ 和切向许用伸长率

材料		材料厚度 t/mm	极限胀形系数	切向许用伸长率 δ(%)
铝合金	3A21-0	0.5	1.25	25
纯铝	1070A、1060	1.0	1.28	28
	1050A、1035	1.5	1.32	32
	1200、8A06	2.0	1.32	32
黄铜	H62	0.5~1.0	1.35	35
	H68	1.5~2.0	1.40	40
低碳钢	08	0.5	1.20	20
	10、20	1.0	1.24	24

表 5-5　铝管坯料的试验极限胀形系数 [K]

胀形方法	极限胀形系数	胀形方法	极限胀形系数
用橡胶的简单胀形	1.2~1.25	局部加热至 200~250℃	2.0~2.1
用橡胶并对坯料轴向加压的胀形	1.6~1.7	加热至 380℃锥形凸模端部胀形	3.0

5. 胀形坯料的计算

空心坯料一般采用空心管坯或拉深件。为了便于材料的流动，减小变形区材料的变薄量，胀形时坯料端部一般不予固定，允许其自由收缩，有利于零件成形。因此，坯料长度 L 要考虑增加一个收缩量并留出切边余量。

由图 5-11 和式 (5-4) 可知，坯料直径 D 为

$$D = \frac{d_{max}}{K} \tag{5-6}$$

坯料长度 L 为

$$L = l[\,1 + (0.3 \sim 0.4)\delta\,] + b \tag{5-7}$$

式中，l 为变形区母线的长度；δ 为坯料切向拉伸的伸长率；b 为切边余量，一般取 $b = 10 \sim 20\text{mm}$；0.3~0.4 为切向伸长而引起高度减小所需的系数。

6. 胀形力的计算

空心坯料胀形时，所需的胀形力 F 可按下式计算

$$F = pA \tag{5-8}$$

式中，p 为胀形时所需的单位面积压力（MPa）；A 为胀形面积（mm^2）。

胀形时所需的单位面积压力 p 可用下式近似计算

$$p = 1.15 R_m \frac{2t}{d_{max}} \tag{5-9}$$

式中，R_m 为材料的抗拉强度（MPa）；d_{max} 为胀形最大直径（mm）；t 为材料的原始厚度（mm）。

三、胀形模的设计要点

胀形模的凹模结构有整体式和分块式两类，一般均采用钢、铸铁、锌基合金、环氧树脂等材料制造。

整体式凹模工作时承受较大的压力，必须要有足够的强度。增加凹模强度的方法是采用加强筋，也可以在凹模外面套上模套，凹模和模套之间采用过盈配合，构成预应力组合凹模，这比单纯增加凹模壁厚更有效。

分块式胀形凹模必须根据胀形零件的形状合理选择分模面，分块数量应尽量少。在模具闭合状态下，分模面应紧密贴合，以形成完整的凹模型腔，在拼缝处不应有间隙和不平。分模块用整体模套固紧并采用圆锥面配合，其锥角 α 应小于自锁角，一般取 $\alpha = 5° \sim 10°$ 为宜。为了防止模块之间错位，模块之间应用定位销连接。

橡胶胀形凸模的结构尺寸需设计合理。为了便于加工，橡胶凸模一般简化成柱形、锥形和环形等简单的几何形状，其直径应略小于坯料内径。

如图 5-13 所示，圆柱形橡胶凸模的直径和高度可按下式计算

$$d = 0.895D \tag{5-10}$$

$$h_1 = K\frac{LD^2}{d^2} \qquad (5\text{-}11)$$

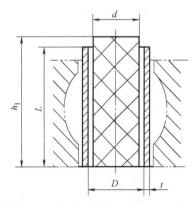

式中，d 为橡胶凸模的直径；D 为空心坯料的内径；h_1 为橡胶凸模的高度；L 为空心坯料的长度；K 为考虑橡胶凸模压缩后体积缩小和变形力提高的系数，一般取 $K=1.1 \sim 1.2$。

四、胀形模的典型结构

1. 压筋胀形

图 5-14 所示的圆筒形件需压筋胀形，材料为 08 钢，料厚 $t = 1.5\text{mm}$，图 5-15 所示为该圆筒形件胀形模，采用

图 5-13　圆柱形橡胶凸模的尺寸计算

无凸模结构，依靠对圆筒形件轴向加压，使筒壁材料径向凸起。这种情况下，应防止筒壁受轴向压力失稳而产生内凹。芯轴 2 插入毛坯中，做定位导向以防止失稳内凹。因此，要求圆筒形件毛坯侧壁锥度小，芯轴与毛坯内径间隙控制在 0.1mm 为宜。

毛坯放在下凹模 6 中定位，上模下行时，芯轴 2 插入毛坯中，在上凹模 1 和下凹模 6 的作用下，工件压凸成形。上模回升时，推件块 4 和顶件块 5 将工件从上、下凹模中推出。

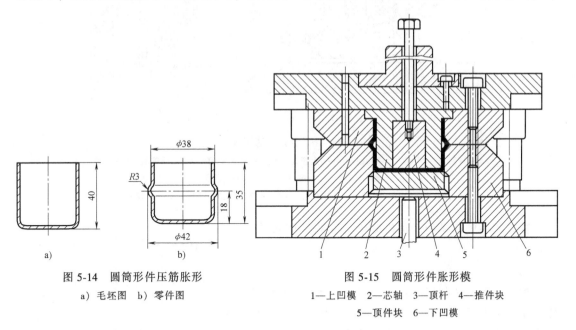

图 5-14　圆筒形件压筋胀形
a）毛坯图　b）零件图

图 5-15　圆筒形件胀形模
1—上凹模　2—芯轴　3—顶杆　4—推件块
5—顶件块　6—下凹模

2. 管接头胀形模

管接头胀形模如图 5-16 所示。该胀形模是用管状坯料，采用聚氨酯橡胶凸模 8，在液压机上进行胀形。其工作原理为：在上模下行时，导向件 1 首先对管坯轴向加压，橡胶凸模 8 与毛坯间的摩擦作用使材料处于轴向压缩的胀形变形状态；上模继续下行，圆柱橡胶凸模 8 在凸模垫块 6 和限位块 17 的轴向双向挤压下沿凹模壁径向向外胀出；在径向力的作用下，管坯上部发生变形，被挤压贴紧在凹模内壁上，形成工件。导向件 1 到达最低位置时，被卸件钩 12 钩住，使管坯在封闭环境中成形。随后，在杠杆 15 的作用下，通过卸件器 18、卸

件钩 12、限位器 11 和导向件 1 完成工件成形后的卸件。

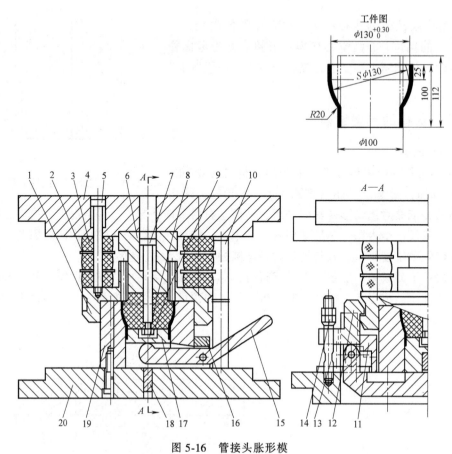

图 5-16　管接头胀形模

1—导向件　2—垫片　3—橡胶　4—上模座　5、7—卸料螺钉　6—凸模垫块　8—凸模
9—夹紧块　10、11—限位器　12—卸件钩　13—双头螺栓　14—带肩球面螺母
15—杠杆　16—支架　17—限位块　18—卸件器　19—凹模　20—下模座

聚氨酯橡胶凸模的形状和尺寸如图 5-17 所示。

【任务实施】

根据冲压工艺制订的基本原则，可制订罩盖的冲压工序分别为平板毛坯落料、拉深、胀形、切边。在本任务实施中，主要对胀形进行工艺计算及模具结构设计。

1. 胀形工艺计算

（1）底部平板坯料胀形计算　根据材料为 10 钢查表 5-2 得该零件底部凸包成形高度 $h = (0.15 \sim 0.2)d$ $=(2.25 \sim 3)\,\mathrm{mm}$，大于零件底部凸包的实际高度 2mm，所以可一次胀形成形。

胀形力由式（5-3）计算（取 $K = 250$）得

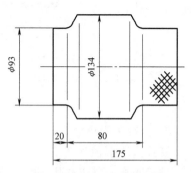

图 5-17　聚氨酯橡胶凸模

$$F_1 = KAt^2 = 250 \times \frac{\pi}{4} \times 15^2 \times 1^2 \text{N} = 44156 \text{N}$$

（2）侧壁胀形计算　已知 $D = 40$mm，$d_{\max} = 46.8$mm，由式（5-4）计算得零件侧壁的胀形系数

$$K = \frac{d_{\max}}{D} = \frac{46.8}{40} = 1.17$$

查表 5-4 得极限胀形系数 $[K] = 1.24$，该零件的胀形系数小于极限胀形系数，故侧壁可一次胀形成形。

零件胀形前的坯料长度 L 可由式（5-7）计算得到，即

$$L = l[1 + (0.3 \sim 0.4)\delta] + b$$

式中，δ 为坯料伸长率，由式（5-5）得 $\delta = (d_{\max} - D)/D = (46.8 - 40)/40 = 0.17$；$l$ 为零件胀形部位母线长度，即为 $R60$mm 段圆弧的长度，由几何关系可以算出 $l = 40.8$mm；b 是切边余量，取 $b = 10$mm，则

$$\begin{aligned}
L &= 40.8 \times [1 + (0.3 \sim 0.4) \times 0.17] \text{mm} + 10 \text{mm} \\
&\approx 40.8 \times (1 + 0.35 \times 0.17) \text{mm} + 10 \text{mm} \\
&= 53.23 \text{mm}
\end{aligned}$$

取整数 $L = 53$mm。

橡胶胀形凸模的直径及高度分别由式（5-10）和式（5-11）计算，即

$$d = 0.895D = 0.895 \times (40 - 1) \text{mm} \approx 35 \text{mm}$$

$$h_1 = K \frac{LD^2}{d^2} = 1.1 \times \frac{53 \times 39^2}{35^2} \text{mm} \approx 73 \text{mm}$$

侧壁的胀形力按两端不固定的型式近似计算，取 $R_m = 430$MPa，由式（5-9）得单位面积胀形力

$$p = 1.15 \times R_m \frac{2t}{d_{\max}} = 1.15 \times 430 \times \frac{2 \times 1}{46.8} \text{MPa} = 21.1 \text{MPa}$$

故胀形力为　　　$F_2 = pA = p\pi d_{\max} l = 21.1 \times \pi \times 46.8 \times 40.8 \text{N} = 126508 \text{N}$

总胀形力为　　　$F = F_1 + F_2 = 44156 \text{N} + 126508 \text{N} = 170664 \text{N} \approx 170 \text{kN}$

2. 模具结构设计

图 5-18 所示为罩盖胀形模，该模具采用聚氨酯橡胶进行软模胀形。为使工件在胀形后便于取出，将胀形凹模分成上凹模 6 和下凹模 5 两部分，上、下凹模之间通过止口定位，单边间隙取 0.05mm。工件侧壁靠聚氨酯橡胶 7 直接胀开成形，底部由橡胶通过压包凹模 4 和压包凸模 3 成形。上模下行时，先由弹簧 13 压紧上、下凹模，然后上固定板 9 压紧橡胶进行胀形。

3. 压力机的选用

虽然总胀形力不大，但由于模具的闭合高度较大（闭合高度为 202mm），故压力机的选用应以模具尺寸为依据。查阅相关模具设计手册，选用型号为 JC23-25 的开式双柱可倾压力机，其公称力为 250kN，最大装模高度为 220mm。

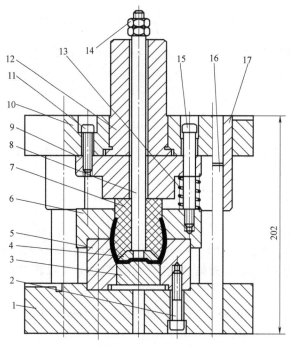

图 5-18　罩盖胀形模

1—下模座　2、11、15—螺钉　3—压包凸模　4—压包凹模　5—胀形下凹模　6—胀形上凹模　7—聚氨酯橡胶
8—拉杆　9—上固定板　10—上模座　12—模柄　13—弹簧　14—螺母　16—导柱　17—导套

任务二　固定套翻孔模设计

【学习目标】

1. 能分析翻孔、外缘翻边工序的变形特点。
2. 会进行翻孔、外缘翻边工艺参数计算。
3. 能进行翻孔、外缘翻边模具结构设计。

【任务导入】

图 5-19a 所示为固定套翻孔件，材料为 08 钢，厚度 $t = 1$mm，采用中批量生产。翻孔前工序件为直径 ϕ80mm、高 15mm 的圆筒件，如图 5-19b 所示。试设计翻孔模。

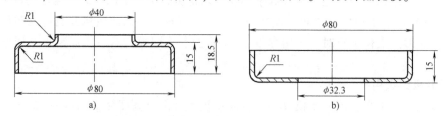

图 5-19　固定套翻孔件

a) 固定套翻孔件尺寸　b) 翻孔前工序件尺寸

【相关知识】

　　翻孔和外缘翻边也是冲压生产中常用的工序之一。翻孔（内孔翻边）是在预先制好孔的工序件上沿孔边缘翻起竖立直边的成形方法。外缘翻边是在坯料的外边缘沿一定曲线翻起竖立直边的成形方法。采用翻孔和外缘翻边可以加工形状较为复杂的各种具有良好刚度的零件，如自行车的中接头、汽车门外板等；还能在冲压件上加工出与其他零件装配的部位，如铆钉孔、螺纹底孔和轴承座等。图5-20所示为翻孔和外缘翻边实例。

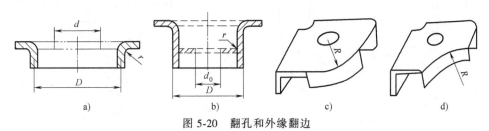

图 5-20　翻孔和外缘翻边

a）平板翻孔　b）拉深件底部翻孔　c）外曲翻边　d）内曲翻边

一、翻边变形的分类与特点

1. 翻边的分类

　　根据翻边后材料的变化情况，翻边可分为伸长类翻边和压缩类翻边；根据变形工艺特点，可分为内孔翻边、外缘翻边和变薄翻边等。内孔翻边可分为圆孔翻边和非圆孔翻边；外缘翻边可分为内曲翻边和外曲翻边。

　　伸长类翻边（如圆孔翻边、外缘的内曲翻边等）容易发生破裂，原因是模具直接作用而引起变形区材料受拉应力，使得切向产生伸长变形而导致厚度减薄。而压缩类翻边（如外缘的外曲翻边）时，由于模具的直接作用而引起变形区材料切向受压缩应力，产生压缩变形，厚度增大，故容易起皱。

　　图5-21所示为非圆孔翻边。从变形情况来看，该部分的翻边是集伸长类变形和压缩类变形为一体，将孔边分成Ⅰ、Ⅱ、Ⅲ三种性质不同的变形区。其中，只有Ⅰ区属于圆孔翻边变形；Ⅱ区为直边，属于弯曲变形；Ⅲ区则与拉深变形性质相似。Ⅱ、Ⅲ区两部分的变形可以减轻Ⅰ区翻边部分的变形程度。

2. 翻边的变形特点

　　（1）圆孔翻边　图5-22所示为圆孔翻边，在平板毛坯上制出直径为 d_0 的底孔，随着凸模的下压，孔径将被逐渐扩大。变形区为 $(D+2r_d)-d_0$ 的环形部分，靠近凹模口的板料贴紧 r_d 区后就不再变形，而进入凸模圆角区的板料被反复折弯，最后转为直壁。翻边变形区切向受拉应力 σ_θ，径向受拉应力 σ_ρ。而板厚方向的应力可忽略不计，因此，可视为双向受拉的平面应力状态。而且，圆孔翻边时底孔边缘受到了最强烈的拉伸作用，变形程度过大时，底孔边缘很容易出现裂口。因此，翻边的主要破坏形式就是底孔边缘拉裂。为了防止出现裂纹，需限制内孔翻边的变形程度。

　　（2）伸长类内曲翻边　如图5-23所示，伸长类内曲翻边是指在坯料或零件的曲面部分，沿其边缘向曲面的曲率中心相反的方向翻起竖边的成形方法。这类零件在翻边成形中易产生边缘开裂、侧边起皱、底面起皱等缺陷。这是因为在翻边过程中，成形坯料的圆弧部分与直

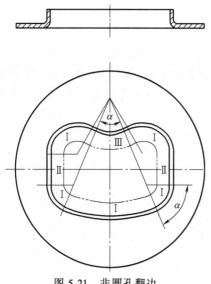

图 5-21　非圆孔翻边

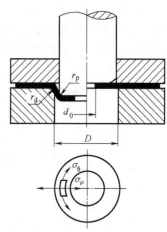

图 5-22　圆孔翻边应力状态

边部分的相互作用，会引起圆弧部分产生切向伸长变形，使直边部分产生剪切变形，使坯料底面产生切向压缩变形。因此，凡是对圆弧部分与直边部分之间相互作用有影响的因素，也必将影响坯料上述三个部分产生的三种形式的变形，当然，也一定会影响冲压件的质量及其成形极限。翻边边缘处的切向应变最大。

（3）压缩类外曲翻边　如图 5-24 所示，压缩类外曲翻边是指在坯料或零件的曲面部分，沿其边缘向曲面的曲率中心方向翻起竖边的成形方法。这类零件所产生的质量问题是侧边的失稳起皱。这是因为翻边坯料变形区内绝对值最大的主应力是沿切向（翻边线方向）的压应力，在该方向产生压缩变形，并主要发生在圆弧部分，因而容易在这里发生失稳起皱。防止发生失稳起皱的主要措施是减小圆弧部分的压应力。同时，与圆弧部分相毗邻的直边部分，由于与圆弧部分的相互作用发生了明显的剪切变形，而这一剪切变形又使圆弧部分的切向压缩变形发生了变化。

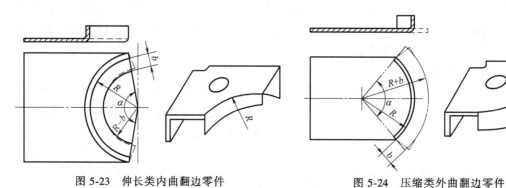

图 5-23　伸长类内曲翻边零件　　　　　　图 5-24　压缩类外曲翻边零件

二、内孔与外缘翻边工艺设计

1. 内孔翻边工艺设计

（1）圆孔翻边的工艺设计　图 5-25 所示为平板毛坯圆孔翻边尺寸图，圆孔翻边后的竖边与凸缘之间的圆角半径应满足条件：材料厚度 $t \leqslant 2mm$ 时，$r = (2 \sim 4)t$；$t > 2mm$ 时，$r = (1 \sim 2)t$。若不满足上述要求，则在翻边后需增加整形工序，以获得需要的圆角半径。

通常在翻边前需预冲出圆孔，再根据翻孔件的翻边高度及翻边系数确定能否一次成形，进而确定翻孔件的成形方法。

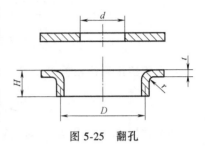

图 5-25　翻孔

1）翻边系数。图 5-25 所示是在预先制好圆孔的平板上翻边，其变形程度取决于毛坯预制孔的直径 d 与翻边后孔径 D（按中线标注）之比，即圆孔的翻边系数（或翻孔系数）K，其表达式为

$$K = \frac{d}{D} \tag{5-12}$$

式中，d 为预制孔的直径；D 为翻边后的孔径。

显然，K 值越小，变形程度越大，竖边孔缘厚度减薄也越大，越容易在竖边的边缘出现微裂纹。圆孔翻边时，孔边不破裂所能达到的最大变形程度称为许可的极限翻边系数 K_{min}。表 5-6 列出了低碳钢毛坯圆孔的极限翻边系数，表 5-7 列出了其他金属材料的翻边系数。

表 5-6　低碳钢毛坯圆孔的极限翻边系数 K_{min}

凸模型式	孔的加工方法	预制孔直径与材料厚度的比值（d/t）										
		100	50	35	20	15	10	8	6.5	5	3	1
球形头部	钻孔后去毛刺	0.70	0.60	0.52	0.45	0.40	0.36	0.33	0.31	0.30	0.25	0.20
	冲孔	0.75	0.65	0.57	0.52	0.48	0.45	0.44	0.43	0.42	042	
圆柱形平底	钻孔后去毛刺	0.80	0.70	0.60	0.50	0.45	0.42	0.40	0.37	0.35	0.30	0.25
	冲孔	0.85	0.75	0.65	0.60	0.55	0.52	0.50	0.50	0.48	0.47	

表 5-7　其他金属材料的翻边系数 K

毛坯材料		K	
		一般	最小
镀锌铁皮（白铁皮）		0.70	0.65
软钢（$t = 0.25 \sim 2mm$）		0.72	0.68
软钢（$t = 2 \sim 4mm$）		0.78	0.75
黄铜 H62（$t = 0.5 \sim 4mm$）		0.68	0.62
铝（$t = 0.5 \sim 5mm$）		0.70	0.64
硬铝合金		0.89	0.80
钛、钛合金	TA1（冷态）	0.64 ~ 0.68	0.55
	TA1（加热至 300 ~ 400℃）	0.40 ~ 0.50	—
	TA5（冷态）	0.85 ~ 0.90	0.75
	TA5（加热至 500 ~ 600℃）	0.65 ~ 0.70	0.55

从表中的数值可以看出，影响极限翻边系数的因素有材料的塑性、孔的加工方法（孔的断面质量）、预制孔的直径、板料的相对厚度、翻边凸模的型式等。

2）平板毛坯上圆孔翻边的工艺计算。翻边时，材料主要是切向伸长，厚度变薄，而径向变形不大，因此，计算毛坯展开尺寸时，可根据弯曲件中性层长度不变的原则近似地求出预制孔尺寸。

预制孔直径计算公式为

$$d = D - 2(H - 0.43r - 0.72t) \tag{5-13}$$

翻边高度计算公式为

$$H = \frac{D-d}{2}+0.43r+0.72t = \frac{D}{2}\left(1-\frac{d}{D}\right)+0.43r+0.72t$$

$$= \frac{D}{2}(1-K)+0.43r+0.72t \tag{5-14}$$

如果将极限翻边系数 $K_{\min}$ 代入，便可求出圆孔一次翻边可达到的最大翻边高度 $H_{\max}$ 为

$$H_{\max} = \frac{D}{2}(1-K_{\min})+0.43r+0.72t \tag{5-15}$$

当制件要求高度 $H>H_{\max}$ 时，就不能一次直接翻边成形。这时，如果是单个毛坯的小孔翻边，应采用壁部变薄的翻边。对于大孔的翻边或在带料上连续拉深时的翻边，则采用拉深后冲底孔再翻边的办法，如图 5-26 所示。

3）拉深后冲底孔再翻边的工艺计算。在拉深件底部冲孔再翻边时，应先确定最大翻边高度，然后再根据翻边高度及制件高度来确定拉深高度。由图 5-26 可知，翻边高度为

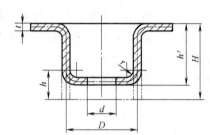

图 5-26 拉深后冲底孔再翻边

$$h = \frac{D-d}{2}-\left(r+\frac{t}{2}\right)+\frac{\pi}{2}\left(r+\frac{t}{2}\right)$$

$$= \frac{D}{2}(1-K)+0.57\left(r+\frac{t}{2}\right) \tag{5-16}$$

以极限翻边系数 $K_{\min}$ 代入式（5-16）可得

$$h_{\max} = \frac{D}{2}(1-K_{\min})+0.57\left(r+\frac{t}{2}\right) \tag{5-17}$$

此时，内孔翻边前预制孔直径 d 和拉深高度 h' 为

$$d=K_{\min}D \quad 或 \quad d=D+1.14\left(r+\frac{t}{2}\right)-2h_{\max} \tag{5-18}$$

$$h'=H-h_{\max}+r+t \tag{5-19}$$

4）翻边力的计算。用圆柱形凸模进行翻边时，翻边力可按下式计算

$$F = 1.1\pi(D-d)tR_{\text{eL}} \tag{5-20}$$

式中，F 为翻边力（N）；R_{eL} 为材料的屈服强度（MPa）；D 为翻边直径（mm）；d 为毛坯预制孔直径（mm）；t 为材料厚度（mm）。

（2）非圆孔翻边的工艺设计 非圆孔翻边多用于减轻工件的质量和增加结构刚度，翻边高度一般不大，约为 $(4\sim6)t$，同时精度要求也不高。

非圆孔翻边系数 K_{f}（一般是指最小圆弧部分的翻边系数）可小于圆孔翻边系数 K，两者的关系大致为

$$K_{\text{f}}=(0.85\sim0.95)K \tag{5-21}$$

非圆孔翻边的极限翻边系数，可根据各圆弧段的圆心角大小查表 5-8 获得。

如图 5-21 所示，非圆孔翻边坯料的预制孔形状和尺寸，可按圆孔翻边、弯曲和拉深各区段分别展开，然后用作图法把各展开线交接处光滑连接起来得到。但理论计算所确定的预制孔形状与翻边结果会有出入，应予适当的修正。

表 5-8　低碳钢非圆孔翻边的极限翻边系数 K_f

α/(°)	比值 d/t（d 为圆心角 α 所对应孔缘弧线段直径）						
	50	33	20	12.5～8.3	6.6	5	3.3
180～360	0.80	0.60	0.52	0.50	0.48	0.46	0.45
165	0.73	0.55	0.48	0.46	0.44	0.42	0.41
150	0.67	0.50	0.43	0.42	0.40	0.38	0.375
135	0.60	0.45	0.39	0.38	0.36	0.35	0.34
120	0.53	0.40	0.35	0.33	0.32	0.31	0.30
105	0.47	0.35	0.30	0.29	0.28	0.27	0.26
90	0.40	0.30	0.26	0.25	0.24	0.23	0.225
75	0.33	0.25	0.22	0.21	0.20	0.19	0.185
60	0.27	0.20	0.17	0.17	0.16	0.15	0.145
45	0.20	0.15	0.13	0.13	0.12	0.12	0.11
30	0.14	0.10	0.09	0.08	0.08	0.08	0.08
15	0.07	0.05	0.04	0.04	0.04	0.04	0.04
0	弯曲变形						

2. 外缘翻边的工艺设计

（1）变形程度　根据翻边的变形性质不同，外缘翻边可分为伸长类翻边和压缩类翻边。翻边过程中是否会发生起皱或拉裂，主要取决于变形程度的大小。

1）伸长类（内曲）翻边。如图 5-23 所示，其变形程度为

$$\varepsilon_d = \frac{b}{R-b} \tag{5-22}$$

2）压缩类（外曲）翻边。如图 5-24 所示，其变形程度为

$$\varepsilon_p = \frac{b}{R+b} \tag{5-23}$$

外缘翻边的极限变形程度可查阅相关设计手册。

（2）坯料形状与尺寸　对于压缩类翻边，坯料形状与尺寸按浅拉深的方法确定；对于伸长类翻边，坯料形状与尺寸按一般圆孔翻边的方法确定。需要说明的是，沿不封闭的曲线翻边，坯料变形区内的应力、应变分布是不均匀的，中间变形大，两端变形小，若采用与宽度 b 一致的坯料形状，则翻边后零件的高度就不平齐，竖边的端线也不垂直。为了得到平齐的翻边高度，应对坯料的轮廓线进行必要的修正，采用图 5-23、图 5-24 中双点画线所示的形状，其修正值根据变形程度和 α 的大小而不同，一般通过试模确定。如果翻边高度不大，且翻边沿线的曲率半径很大时，则可不做修正。

三、翻孔模与翻边模的结构及设计要点

1. 翻孔模与翻边模的结构

图 5-27 所示为落料、拉深、冲孔、翻孔复合模。凸凹模 9 与落料凹模 5 均固定在固定板 8 上，以保证同轴度。冲孔凸模 2 固定在凸凹模 1 内，并通过垫片 12 调整它们的高度差，以控制冲孔前的拉深高度。弹顶器通过顶杆 7 和压边圈（顶件块）6 对坯料施加压料力。该模具的工作过程为：条料从右往左送进模具，由导料板 10 导料，挡料销 4 挡料；上模下行时，首先在凸凹模 1 和落料凹模 5 的作用下完成落料；上模继续下行，由凸凹模 1 和压边圈（顶件块）6 将毛坯压住，并随着上模不断下行，在凸凹模 1 和凸凹模 9 配合的相互作用下

完成坯料拉深；当拉深到一定深度后，由冲孔凸模 2 和凸凹模 9 配合完成底部冲孔，并由凸凹模 1 与凸凹模 9 配合完成翻孔；当上模回程时，在压边圈（顶件块）6 和推件块 3 的作用下将工件推出，条料由卸料板 11 卸下，完成一次冲压。

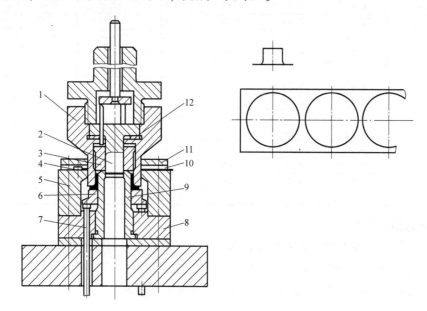

图 5-27　落料、拉深、冲孔、翻孔复合模
1、9—凸凹模　2—冲孔凸模　3—推件块　4—挡料销　5—落料凹模
6—压边圈（顶件块）　7—顶杆　8—固定板　10—导料板　11—卸料板　12—垫片

2. 翻孔模和翻边模的设计要点

翻孔模和翻边模的凹模圆角半径可直接按工件圆角半径确定。凸模圆角半径一般取得较大，对于平底凸模，可取 $r_p \geqslant 4t$，以利于翻边成形。内孔翻边时，还可采用抛物线形凸模或球形凸模，目的是改善金属的塑性流动条件。

图 5-28 所示为几种常用翻孔凸模的形状和主要尺寸。图 5-28a 所示为平底翻孔凸模，图 5-28b 所示为球形翻孔凸模，图 5-28c 所示为抛物线形翻孔凸模。从利于翻孔变形看，以抛物线形凸模最好，球形凸模次之，平底凸模最差。而从凸模的加工难易程度看则相反。图 5-28d~f 所示为带定位部分的翻孔凸模。图 5-28d 所示凸模用于预制孔直径为 10mm 以上的翻孔，图 5-28e 所示的凸模用于预制孔直径为 10mm 以下的翻孔，图 5-28f 所示的凸模用于无预制孔的不精确翻孔。当翻孔模采用压边圈时，则不需要凸模肩部。

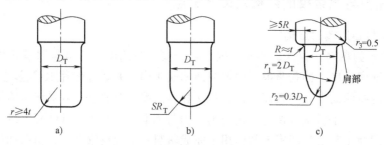

图 5-28　翻孔凸模的形状和尺寸

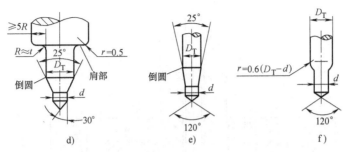

图 5-28　翻孔凸模的形状和尺寸（续）

由于翻孔后材料要变薄，翻孔凸、凹模单边间隙 c 可小于材料原始厚度 t，一般可取 $c = (0.75 \sim 0.85)t$。其中，系数 0.75 用于拉深后的翻孔，系数 0.85 用于平板坯料的翻孔。

【任务实施】

1. 工艺分析

由图 5-19a 所示固定套零件形状可知，$\phi 40\text{mm}$ 由圆孔翻边成形，翻孔前应先冲预制孔，$\phi 80\text{mm}$ 是圆筒形拉深件，经计算判断可一次拉深成形。因此，该零件的冲压工序安排为落料、拉深、冲预制孔、翻孔。拉深后为直径 $\phi 80\text{mm}$、高 15mm 的圆筒形工序件。

2. 翻孔工艺计算

（1）预制孔直径 d　翻孔前的预制孔直径根据式（5-13）计算。由图 5-19a 可知，$D = 39\text{mm}$，$H = (18.5 - 15 + 1)\text{mm} = 4.5\text{mm}$，则

$$d = D - 2(H - 0.43r - 0.72t) = 39\text{mm} - 2 \times (4.5 - 0.43 \times 1 - 0.72 \times 1)\text{mm} = 32.3\text{mm}$$

（2）判断可否一次翻孔成形　设采用圆柱形平底翻孔凸模，预制孔由冲孔获得，而 $d/t = 32.3$，查表 5-6 取 08 钢圆孔翻边的极限翻边系数 $K_{\min} = 0.65$，则由式（5-15）可求出一次翻孔可达到的极限高度 $H_{\max}$ 为

$$H_{\max} = \frac{D}{2}(1 - K_{\min}) + 0.43r + 0.72t = \frac{39}{2}(1 - 0.65)\text{mm} + 0.43 \times 1\text{mm} + 0.72 \times 1\text{mm} = 7.98\text{mm}$$

因零件的翻孔高度 $H = 4.5\text{mm} < H_{\max}$，所以该零件能一次翻孔成形。

（3）翻边力　查表得 08 钢 $R_{\text{eL}} = 196\text{MPa}$，由式（5-20）得圆孔翻边力为

$$F = 1.1\pi(D - d)tR_{\text{eL}} = 1.1 \times 3.14 \times (39 - 32.3) \times 1 \times 196\text{N} = 4536\text{N}$$

3. 模具结构设计

图 5-29 所示为固定套的翻孔模，采用倒装式结构，使用大圆角圆柱形平底翻孔凸模 7，工序件利用预冲孔套在定位销 9 上定位，压料力由装在下模的气垫或弹顶器提供，压料板 8 起压料作用，使拉深件底部翻孔后仍保持平整。上模下行时，在翻孔凸模 7 和凹模 10 的作用下，将工序件顶部翻孔成形。开模后，工件由压料板 8 顶出，若工件留在上模，则由推件块 11 推下。

4. 压力机的选用

因翻边力较小，故主要根据固定套零件尺寸和模具闭合高度选择压力机。查阅相关模具设计手册，选用 J23-25B 开式双柱可倾式压力机，其公称力为 250kN，最大装模高度为 175mm。

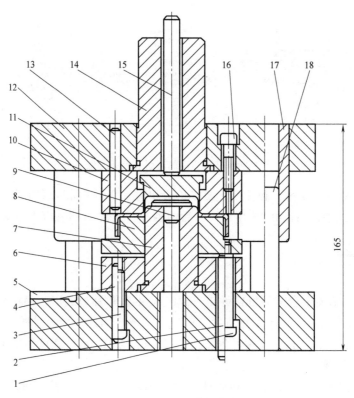

图 5-29 固定套翻孔模

1—卸料螺钉　2—顶杆　3、16—螺钉　4、13—销钉　5—下模座　6—凸模固定板　7—凸模　8—压料板　9—定位销
10—凹模　11—推件块　12—上模座　14—模柄　15—打杆　17—导套　18—导柱

【拓展知识】

一、缩口

缩口是将管坯或预先成形的空心开口件通过缩口模将其口部直径缩小的一种成形方法，可分为冲压缩口和旋压缩口。缩口工艺在生活中应用比较广泛，如钢气瓶、烧水壶、易拉罐、圆珠笔芯头部、异径管接头等。缩口可以代替拉深工艺加工某些零件，以减少成形工序，提高效率。

1. 缩口的变形特点和变形程度

缩口的变形特点如图 5-30 所示。缩口时，在压力 F 作用下，缩口凹模压迫坯料口部，口部则发生变形而成为变形区。在缩口过程中，变形区受两向压应力 σ_1、σ_3 的作用，其中切向压应力 σ_3 是最大主应力，使坯料直径减小，高度和壁厚有所增加，因而切向容易产生失稳起皱。同时，在非变形区的筒壁，由于承受全部缩口压力 F，如压力 F 过大，也易产生轴向的失稳变形，出现环状皱纹。故缩口的极限变形程度主要受失稳条件的限制，防止受压

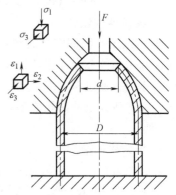

图 5-30 缩口的变形特点

失稳是缩口工艺要解决的主要问题。

缩口的变形程度用缩口系数 m 表示，如图 5-30 所示，其表达式为

$$m = \frac{d}{D} \tag{5-24}$$

式中，d 为缩口后的直径；D 为缩口前的空心毛坯的直径。

可见，缩口系数 m 值越小，变形程度越大。一般来说，缩口系数与材料种类、厚度、硬度、模具对筒壁的支承刚度、润滑条件和表面质量有关，与所使用的设备也有一定关系，如用液压机与机械压力机有一些差别。

缩口模对筒壁的支承方式有无支承、外支承和内外支承三种。图 5-30 所示是无支承方式，缩口过程中坯料稳定性差，因而允许的缩口系数较大，工件高度不宜过大；图 5-31a 所示是外支承方式，缩口时坯料稳定性比无支承方式好，允许的缩口系数可小些；图 5-31b 所示是内外支承方式，缩口时坯料稳定性最好，允许的缩口系数为三者中最小，适用于较薄管壁的管件缩口。

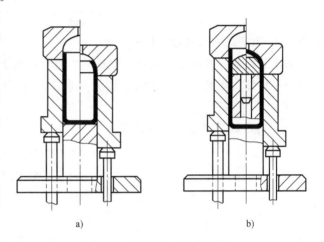

a)　　　　　　　　　b)

图 5-31　不同支承方式的缩口

表 5-9 所列是不同材料、不同材料厚度的平均缩口系数 m_0，表 5-10 所列是不同材料、不同支承方式所允许的极限缩口系数 $[m]$。

表 5-9　平均缩口系数 m_0

材料	材料厚度 t/mm		
	≤0.5	>0.5~1.0	>1.0
黄铜	0.85	0.80~0.70	0.70~0.65
钢	0.80	0.75	0.70~0.65

表 5-10　极限缩口系数 $[m]$

材料	支承方式		
	无支承	外支承	内外支承
软钢	0.70~0.75	0.55~0.60	0.30~0.35
黄铜 H62、H68	0.65~0.70	0.50~0.55	0.27~0.32
铝	0.68~0.72	0.53~0.57	0.27~0.32
硬铝(退火)	0.73~0.80	0.60~0.63	0.35~0.40
硬铝(淬火)	0.75~0.80	0.68~0.72	0.40~0.43

可见，材料的塑性好，厚度大，模具对筒壁的支承刚性越好，所允许的缩口系数就越小。在设计缩口工艺时应综合考虑以上因素，如对于不锈钢拉深件，加工硬化现象较严重，可以在缩口前加一道热处理软化工序，以减小工件的缩口系数；但也会由于筒身的软化，导致筒身支承强度减弱，不利于缩口。

缩口后工件口部略有增厚，增厚量最大部位在工件的口部，其增厚量通常不予考虑。如

需精确计算，其厚度可按式（5-25）估算

$$t' = t\sqrt{\frac{D}{d}} = t\sqrt{\frac{1}{m}} \tag{5-25}$$

式中，t' 为缩口后口部厚度；t 为缩口前坯料的原始厚度；m 为缩口系数。

2. 缩口工艺计算

（1）缩口次数　当工件的缩口系数 m 大于所允许的极限缩口系数 $[m]$ 时，则可以一次缩口成形，否则需进行多次缩口。缩口次数 n 可按式（5-26）估算

$$n = \frac{\ln m}{\ln m_0} = \frac{\ln d - \ln D}{\ln m_0} \tag{5-26}$$

式中，m_0 为平均缩口系数，见表 5-9。

多次缩口时，首次缩口系数一般比平均缩口系数小 10%，即 $m_1 = 0.9 m_0$。以后各次缩口系数比平均缩口系数大 5%~10%，即 $m_n = (1.05 \sim 1.1) m_0$。每次缩口工序后最好进行一次退火处理。

（2）各次缩口直径　估算公式为

$$d_1 = m_1 D$$
$$d_2 = m_2 d_1 = m_1 m_2 D$$
$$d_3 = m_3 d_2 = m_1 m_2 m_3 D$$
$$\vdots$$
$$d_n = m_n d_{n-1} = m_1 m_2 \cdots m_n D \approx m_0^n D \tag{5-27}$$

式中，d_n 应等于工件的缩口直径。缩口后，由于回弹，工件要比模具尺寸增大 0.5% ~ 0.8%。

（3）坯料高度　缩口前坯料的高度，一般根据变形前后体积不变的原则计算。不同形状的工件缩口前坯料高度 H 的计算公式如下。

对于图 5-32a 所示工件，坯料高度为

$$H = (1 \sim 1.05)\left[h_1 + \frac{D^2 - d^2}{8D\sin\alpha}\left(1 + \sqrt{\frac{D}{d}}\right)\right] \tag{5-28}$$

对于图 5-32b 所示工件，坯料高度为

$$H = (1 \sim 1.05)\left[h_1 + h_2\sqrt{\frac{d}{D}} + \frac{D^2 - d^2}{8D\sin\alpha}\left(1 + \sqrt{\frac{D}{d}}\right)\right] \tag{5-29}$$

对于图 5-32c 所示工件，坯料高度为

$$H = h_1 + \frac{1}{4}\left(1 + \sqrt{\frac{D}{d}}\right)\sqrt{D^2 - d^2} \tag{5-30}$$

（4）缩口力　图 5-32a 所示工件在无心柱支承的缩口模上（图 5-30）进行缩口时，忽略凹模入口处的弯曲应力，其缩口力 F 可按式（5-31）计算

$$F = K\left[1.1\pi Dt R_m\left(1 - \frac{d}{D}\right)(1 + \mu\cot\alpha)\frac{1}{\cos\alpha}\right] \tag{5-31}$$

式中，μ 为坯料与凹模接触面间的摩擦系数；R_m 为材料的抗拉强度（MPa）；K 为速度系数，在曲柄压力机上工作时，$K = 1.15$；其余符号如图 5-32a 所示。

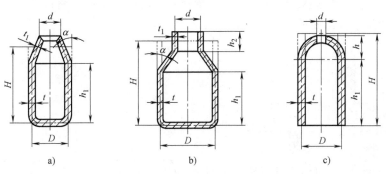

图 5-32　缩口坯料高度计算

a）斜口形式　b）直口形式　c）球面形式

3. 缩口模结构与设计要点

（1）缩口模结构　图 5-33 所示是无支承的灯罩缩口模结构。将拉深成形的毛坯件放在下模的镶块 4 中。上模下行时，斜楔 6 推动滑块 5 向中心移动，将毛坯夹紧、定位。上模继续下行，缩口凹模 8 使毛坯缩口成形，用芯棒 7 控制其内径。上模回升后，弹簧 3 使滑块 5 复位，即可取出工件。

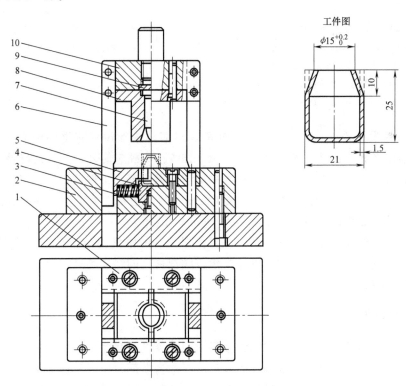

图 5-33　灯罩缩口模结构

1—侧导板　2—固定座　3—弹簧　4—镶块　5—滑块　6—斜楔　7—芯棒　8—缩口凹模　9—垫板　10—上模座

图 5-34 所示为有外支承的气瓶缩口模。材料为 08 钢，厚度为 1mm。缩口前采用拉深工艺形成空心圆筒形半成品，如图 5-35 所示，经工艺计算得 $m = 0.71$，大于 $[m]$，判断可以

一次缩口成形。缩口冲压前，坯料放在外支承套 6 的内孔中定位。缩口后，气瓶由推件块 8 在打杆 11 的作用下推出凹模。

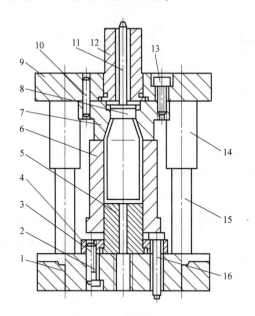

图 5-34　气瓶缩口模

1—下模板　2、13—螺钉　3、10—销钉

4—固定板　5—底座　6—外支承座　7—缩口凹模

8—推件块　9—上模座　11—打杆　12—模柄

14—导套　15—导柱　16—顶杆

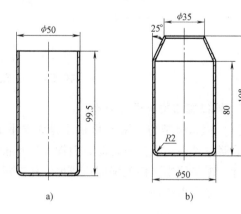

图 5-35　气瓶的成形工序

a）缩口前的坯料　b）气瓶

（2）缩口模设计要点　缩口凹模的半锥角 α 对缩口成形过程有重要影响，α 取值合理时，允许的缩口系数可比平均缩口系数小 10%~15%，一般应使 $\alpha<45°$，最好使 $\alpha<30°$。凹模工作部分的尺寸根据工件缩口部分的尺寸来确定，但应考虑工件缩口后的尺寸比缩口模实际尺寸大 0.5%~0.8% 的弹性回复量，以减少试模时的修正量。为了便于坯料成形和避免划伤工件，凹模的表面粗糙度值一般要求不大于 $Ra0.4\mu m$。

在缩口模上是否设置支承坯料的结构，要依据工件的刚性而定。当工件的刚性较差时，应在缩口模上设置支承坯料的结构，具体支承方式视坯料的结构和尺寸而定。反之，可不采用支承，以简化模具结构。

二、校平与整形

将毛坯或工件不平整的面压平，称为校平。利用模具使弯曲或拉深后的冲压件局部或整体产生少量塑性变形以得到较准确的尺寸和形状，称为整形。校平和整形关系到产品的质量及稳定性，要求模具的精度高，所用的设备要有一定的刚度，最好使用精压机。若用一般的机械压力机，则必须带有过载保护装置，以防因材料厚度波动等原因损坏设备。

1. 校平

当对工件的平面度要求较高时，必须在冲裁工序之后进行校平。

（1）变形特点与校平力　校平的变形情况如图 5-36 所示，在校平模的作用下，工件材料产生反向弯曲变形而被压平，并在压力机的滑块到达下死点时被强制压紧，使材料处于三向压应力状态。校平的工作行程不大，但压力很大，校平力的大小与工件材料的性能、材料厚度、校平模齿形等有关。校平力 F 可用式（5-32）估算

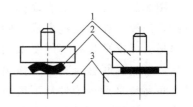

图 5-36　校平变形情况
1—上模板　2—工件　3—下模板

$$F = pA \qquad (5\text{-}32)$$

式中，p 为单位面积上的校平力，可查表 5-11 选取；A 为校平面积。

表 5-11　校平与整形单位面积上的压力

校形方法	p/MPa	校形方法	p/MPa
光面校平模校平	50～80	敞开形工件整形	50～100
细齿校平模校平	80～120	拉深件减小圆角及对底面、侧面整形	150～200
粗齿校平模校平	102～150		

（2）校平方式及设备　校平方式有多种，如模具校平、手工校平和在专门设备上校平等。模具校平多在摩擦压力机上进行，厚料校平多在精压机或摩擦压力机上进行。大批量生产中，厚板料还可以成叠地在液压机上校平，此时压力稳定并可长时间保持。当校平与拉深、弯曲等工序复合时，可采用曲轴或双动压力机，这时需在模具或设备上安装保护装置。对于尺寸不大的平板工件或带料，还可采用滚轮碾平的方式。

（3）模具校平　模具校平所采用的模具有平面校平模和齿面校平模。

1）平面校平模。平面校平模用于平面度要求不高的软材料、薄料或表面不允许有压痕的工件。平面校平模的单位压力小，很难改变工件的应力状态，校平后工件仍有较大的回弹。为了使校平不受压力机滑块导向精度的影响，校平模最好采用浮动式结构，如图 5-37 所示。在实际生产中，有时将工件背靠背叠起来校平，能收到一定的效果。

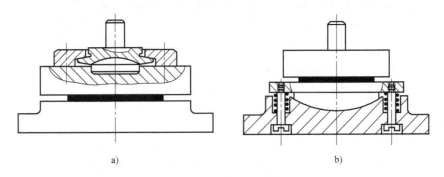

a)　　　　　　　　　　　　　b)

图 5-37　平面校平模
a）上模浮动式　b）下模浮动式

2）齿面校平模。齿面校平模用于材料较硬、较厚、强度及平面度要求较高的工件，可分为尖齿和平齿两种，如图 5-38 所示。尖齿校平模的齿形压入工件表面较深，校平效果较好，但会在工件表面上留有较深的痕迹，且工件也容易粘在模具上不易脱模，一般只用于表面允许有压痕或板料厚度较大（$t = 3\sim5\mathrm{mm}$）的工件校平。平齿校平模的齿形压入工件表面的压痕浅，因此生产中常采用平齿校平模，尤其是薄料和软金属的工件校平。

图 5-39 所示为带有自动弹出器的通用校平模，通过更换不同的模板，可校平具有不同要求的平板件。上模回程时，自动弹出器 3 可将校平后的工件从下模板上弹出，并使之顺着工件滑道 2 离开模具。

（4）加热校平　加热校平用于表面不允许有压痕，或尺寸较大而又要求具有较高平面度的工件。加热时，一般先将需校平的工件叠成一定高度，并用夹具夹紧压平，然后整体入炉加热（铝件的加热温度为 300～320℃，黄

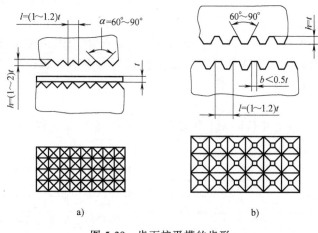

图 5-38　齿面校平模的齿形
a）尖齿齿形　b）平齿齿形

铜件的加热温度为 400～450℃）。校平时，由于温度升高后材料的屈服强度下降，压平时反向弯曲变形引起的内应力也随之下降，所以回弹变形减小，从而保证了较高的校平精度。

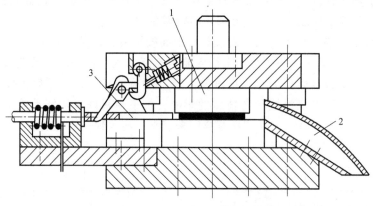

图 5-39　带自动弹出器的通用校平模
1—上模板　2—工件滑道　3—自动弹出器

2. 整形

整形主要用于弯曲件和拉深件，一般安排在拉深、弯曲或其他成形工序之后。整形模与相应工序件的成形模相似，只是工作部分的精度要求更高，表面粗糙度值要求更小，圆角半径和凸、凹模间隙取得更小，模具的强度和刚度要求也高。

（1）弯曲件的整形　弯曲件的整形方法有压校和镦校两种。

1）压校。压校主要用于折弯方法加工的弯曲件。图 5-40 所示为弯曲件的压校，因为在压校中坯料沿长度方向无约束，整形区的变形特点与该区弯曲时相似，坯料内部应力状态的性质变化不大，因而整形效果一般。

2）镦校。采用镦校得到的弯曲件尺寸精度较高。图 5-41 所示为弯曲件的镦校。采用这种方法整形时，弯曲件除了在表面的垂直方向上受压应力外，在其长度方向上也承受压应力，使整个弯曲件处于三向受压的应力状态，因而整形效果好。但这种方法不宜用于带孔及

宽度不等的弯曲件的整形。

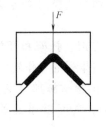

图 5-40　弯曲件的压校

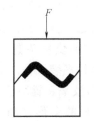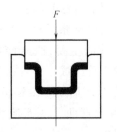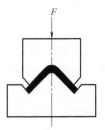

图 5-41　弯曲件的镦校

（2）拉深件的整形　根据拉深件的形状及整形部位的不同，拉深件的整形一般有以下两种方法。

1）对于无凸缘拉深件的整形，一般采用小间隙拉深整形法，如图 5-42 所示。因它也是一种变薄拉深方法，故整形凸、凹模的间隙 c 可取 $(0.9 \sim 0.95)t$，但应取稍大一些的拉深系数。

2）对于带凸缘拉深件，其整形部位通常包括凸缘平面、较小根部与底部的圆角、侧壁和底部等，如图 5-43 所示。其中，凸缘平面和底部平面的整形主要利用模具的校平作用，模具闭合时推件块与上模座、顶件板（压边圈）与固定板均应相互贴合，以传递并承受校平力；侧壁的整形与无凸缘拉深件的整形方法相同，主要采用小间隙拉深整形法；而圆角整形时，由于圆角半径变小，要求从邻近区域补充材料，如果邻近材料不能流动过来（如凸缘直径大于筒壁直径的 2.5 倍时，凸缘的外径已不可能产生收缩变形），则只有靠变形区本身的材料变薄来实现，这时变形部位的材料伸长变形以不超过 2% 为宜，否则变形过大会产生拉裂。采用这种整形方法，一般要经过反复试验后才能确定整形模各工作部分零件的形状和尺寸。

整形力 F 可用式（5-32）估算，式中，p 为单位面积上的整形力，可查表 5-11 选取；A 为整形面的投影面积。

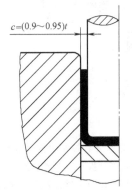

图 5-42　无凸缘拉深件的整形

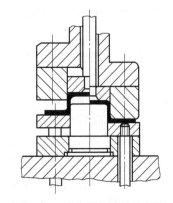

图 5-43　带凸缘拉深件的整形

三、卷材开卷校平

在汽车、仪器仪表等行业中，所需要的卷板批量很大，有碳素钢卷板、不锈钢或有色金属卷板、油漆或镀层卷板等。与此相关的许多机械自动化生产过程都要求有专门的板材预先处理设备，一方面可以降低对板材在包装运输过程中的较高要求，另一方面还可以提高制件的加工精度和质量。处理的方法是将宽卷料经过板材开卷校平纵向剪切线或横向剪切线，加工成所需要尺寸的窄卷料或单张板料，然后送至生产部门使用。

卷材开卷校平生产线的主要设备由卷材的供料装置（包括卷料支架、托架和开卷机）和多辊板料校平装置两部分组成。多辊板料校平装置是由上下两排交错排列的工作辊和支承辊组成，工作原理如图5-44所示。多辊板料校平装置用于对弯曲变形的板材施加交变载荷，使其产生正反方向的多次弯曲，从而使板料的变形逐渐减小或消失。它可以加工厚度达10mm、宽度可大于2000mm、质量达40t的宽板料。

常见的卷材开卷校平生产线的结构类型有以下三种。

1. 卷材开卷校平纵向剪切线

卷材开卷校平纵向剪切线如图5-45所示。将宽的卷材吊起并放进装载小车，小车起动后进入开卷机的适当位置。液压缸活塞顶起卷材，使卷材内孔中心与开

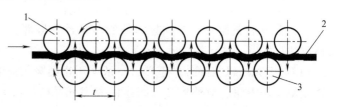

图5-44　多辊板料校平装置的工作原理
1—工作辊　2—校平板材　3—支承辊

卷机的卷筒中心重合。开动装载小车，使开卷机的卷筒进入卷材内孔，卷筒胀开，撑紧卷材并支撑卷材质量。液压缸活塞退回，装载小车离开开卷机，停在一定位置并装进另一卷料，以备下次使用。

开卷机上的卷材用压紧辊压紧，松卷并处理好料头，使其进入送料辊，经多辊板料校平机校平，再经料架、送料辊进入多条带料剪切机。根据所需带料宽度，调整好相邻刀盘之间的距离及上、下刀盘之间的间隙，即可剪切出所需的带料。最后经分离装置进入重卷机，即将较宽的卷材改制成数条相同或不同宽度的卷材，以便用于各种压力机生产线。

2. 卷材开卷校平横向剪切线

卷材开卷校平横向剪切线的生产能力可达80m/min。如图5-46所示，卷材经开卷机、校平装置进行开卷校平处理后，由送料单元送进剪切机，将板料剪切成需要长度的单张板料，然后进入堆料装置进行打捆或送进冲压生产线。

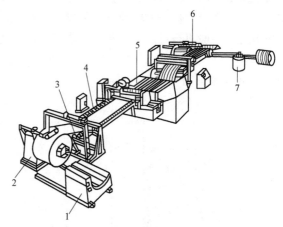

图5-45　卷材开卷校平纵向剪切线
1—装载小车　2—开卷机　3—校平装置　4—料架
5—多条带料剪切机　6—重卷机　7—卷料架

3. 卷材开卷校平冲压生产线

卷材开卷校平冲压生产线如图5-47所示。卷材经开卷机、校平装置进行开卷校平后进入储料坑，由送料单元按需要长度送进机械压力机进行冲压，冲压后的坯料由输送带送至堆料装置，然后集中运到下一道工序。这种大型冲压生产线多用于汽车行业，例如为车门自动

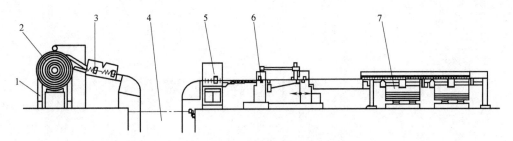

图 5-46　卷材开卷校平横向剪切线

1—开卷机　2—卷材　3—板料校平装置　4—储料坑　5—送料单元　6—剪切机　7—堆料装置

生产线或其他大型覆盖件冲压准备毛坯等。

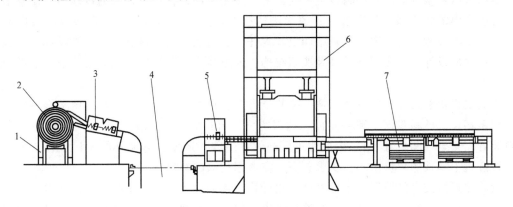

图 5-47　卷材开卷校平冲压生产线

1—开卷机　2—卷材　3—板料校平装置　4—储料坑　5—送料单元　6—机械压力机　7—堆料装置

思　考　题

1. 试分析胀形工艺与拉深工艺的区别。
2. 根据毛坯形状不同，胀形工艺分为哪几种类型？
3. 试述胀形模的设计要点。
4. 试分析翻边工艺与弯曲工艺的区别。
5. 试述翻孔模、翻边模的设计要点。
6. 为什么对某些冲压件要进行校平？如何校平？
7. 如图 5-48 所示，试设计计算翻孔件的预制孔直径及翻边系数。（材料为 Q235。）
8. 对图 5-49 所示电器胀形件进行有关胀形变形的计算。材料为 08 钢，允许伸长率为 32%，$R_m = 380MPa$。

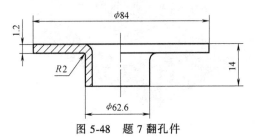

图 5-48　题 7 翻孔件

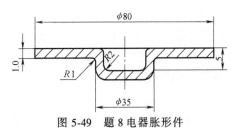

图 5-49　题 8 电器胀形件

项目六 级进模的拆装与设计

本项目以典型普通冲孔落料级进模的拆装为任务驱动，在完成任务的过程中，使学生逐步掌握级进模的结构和工作原理，了解级进冲压的特点等知识。本项目以微型电动机定子片、转子片的冲压工艺方案和模具结构设计为任务，重点介绍了级进模的排样设计、工位安排、刃口外形设计、主要零件设计及典型结构，通过典型模具结构实例介绍了级进模设计的相关要点。

级进模相比普通冲压模具在结构上要复杂得多，但基本组成相同，都是由工作零件、定位与固定零件、压料零件、卸料零件、送料零件和导向零件等组成（自动冲压还包括自动送料装置、安全检测装置等）。因此级进模的设计步骤仍遵循普通模具的设计流程，不同的是，级进模中零件的数量增多，要求更高，需考虑的问题更复杂。

随着计算机技术的应用，级进模已采用计算机辅助设计，提高了模具的设计水平。计算机辅助制造技术、慢走丝线切割、数控加工等先进加工方法的使用，提高了模具零件的制造精度。智能制造技术与模具的融合，促使级进模向高精、高效方向发展。

任务一 级进模的拆装

【学习目标】

1. 掌握冲孔落料级进模的组成、结构和工作原理。
2. 掌握级进模的拆装方法。
3. 了解级进模的装配要点。
4. 培养学生团结合作、分析并解决问题的基本能力。

【任务导入】

本任务主要介绍冲孔落料级进模的拆装方法，使学生重点掌握如图 6-1 所示级进模的拆装过程，理解级进模的工作原理和结构组成，对级进模有良好的感性认识，为级进模的结构设计打下基础。

级进模又称为连续模，是一种高精度、高效

图 6-1 冲孔落料级进模结构图

率的先进模具，是冲模发展的方向之一。这种模具除了实现冲裁工序外，还可根据零件的结构特点和成形性质，完成弯曲、拉深、压筋等成形工序，甚至还可以在模具中完成铆接、旋转等装配工序。下面将介绍普通冲孔落料级进模，其装配图如图 6-2 所示。

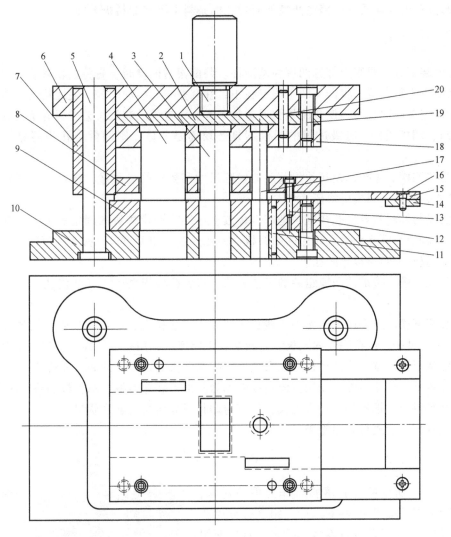

图 6-2　双侧刃定距冲孔落料级进模装配图

1—模柄　2—垫板　3—落料凸模　4—侧刃凸模　5—导柱　6—上模座　7—导套　8—固定卸料板
9—凹模　10—下模座　11、20—圆柱销　12、13、19—螺钉　14—托板　15—导料板
16—紧固螺钉　17—冲孔凸模　18—凸模固定板

　　该模具的结构特点：侧刃凸模 4 代替始用挡料销、挡料销和导正销控制条料送进距离（送料步距）。侧刃是特殊功用的凸模，其作用是在压力机每次冲压行程中，沿条料边缘切下一块长度等于送料步距的料边。该模具操作方便安全，送料速度高，便于实现自动化，但模具结构复杂，材料有额外消耗，定位精度不高。

　　工作原理：条料从右往左送进模具，由导料板 15 导向，由侧刃凸模进行定位及控制送料步距。首次定位冲压时，由前侧刃凸模沿条料边缘切下长度等于送料步距的料边，冲孔凸模 17 冲小孔；送料时，条料侧边切去料边部分才能往左送进；到达第二工位后，由落料凸模 3 完成落料，第一工位同时切下前侧料边和完成冲孔；再次送料后，后侧边同时切去料边。冲压结束后，冲下来的工件从凹模 9 的孔口由落料凸模 3 直接推出，冲孔废料由冲孔凸模 17 从凹模孔内直接推出，箍在凸模外面带孔的条料由固定卸料板 8 卸下。

【相关知识】

级进模装配时，原则上都选凹模为基准件。装配镶拼凹模时，先将凹模拼块压入凹模框套，再以凹模进行定位，将凸模装于固定板中，并调整与凹模的间隙，使之均匀。该装配方法有利于调整准确的步距，使步距累积误差趋于零。级进模的装配工艺主要有下列几项。

1）凸、凹模预配。若级进模的凹模不是镶块而是整体，则凹模型孔步距靠加工精度保证。

2）组装凹模。先按凹模拼块组装后的实际尺寸和要求的过盈量，修正凹模固定板固定型孔的尺寸，然后将凹模拼块压入。

3）凸模与卸料板导向孔预配。把卸料板放至已装入凹模拼块的固定板上，对准各型孔后夹紧，然后把凸模逐个插入相应的卸料板导向孔并进入凹模刃口，检查凸模的垂直度，若误差太大，应修正卸料板导向孔。

4）组装凸模。按前述凸模组装的工艺方法，将各凸模依次压入（或浇注、黏结）凸模固定板。

5）装配下模。首先按下模座中心线找正凹模固定板位置，通过凹模固定板螺孔配钻下模座上的螺钉过孔；再将凹模固定板、垫板装在下模座上，用螺钉紧固后，打入销钉定位。

6）配装上模。首先将卸料板套在凸模上，配钻凸模固定板上的卸料螺钉孔。

7）安装下模其他零件。以凹模固定板外侧为基准，装导料板、承料板和侧压装置。

8）装卸料板。把卸料板装入上模，复查与卸料板导向孔的配合状况。

9）模具装配后进行总体检查。

【任务实施】

选取图 6-1 所示的冲孔落料模作为拆装对象，实物如图 6-3 所示。学生 4~6 人为一组进行分组实验，利用相关拆装工具进行拆装。拆装工具的使用方法和注意事项、安全操作规程见项目二中的任务一。

模具拆装方案和拆装步骤的具体实施同前述项目，不再赘述。完成所拆装级进模零件明细表的填写，见表 6-1。

图 6-3　级进模实物图

表 6-1　级进模零件明细表

零件类别	序号	名称	数量	规格	备注
工作零件					

（续）

零件类别	序号	名称	数量	规格	备注
定位零件					
卸料与出件零件					
导向零件					
支承与固定零件					
紧固件及 其他零件					

级进模拆装实验完成后，按要求撰写实验报告五（附录 A-5）。

任务二　级进冲压的工艺设计

【学习目标】

1. 掌握级进冲压的排样方法。
2. 掌握级进模冲切刃口的设计。
3. 掌握级进模定距精度与方式的设计。

【任务导入】

图 6-4a、b 所示为微型电动机定子片与转子片，材料为冷轧电工硅钢片，料厚 0.35mm，制件形状复杂，生产批量大，为提高材料利用率，保证产品质量，定子、转子片宜采用级进模进行冲压。试根据制件的结构及工艺特点，充分考虑各种因素，设计合理的级进冲压工艺方案。

【相关知识】

级进模是在一副模具内按制件的冲压工艺分成若干个等距离工位，在每个工位上设置一定的冲压工序，完成制件半成品或成品的冲制。级进模能连续完成冲裁、弯曲、拉深等工序内容，所以结构尺寸小、形状复杂、工序较多、材料较薄的冲压件均可用一副级进模来完成冲制。生产批量大时，为保

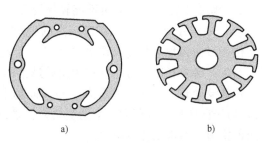

图 6-4　微型电动机定子片与转子片

a）定子片　b）转子片

证安全生产与提高生产率，常采用与级进模相配套的高速冲压设备及自动送料、出件、检测等装置，实现冲压生产自动化。

一、级进冲压的排样设计

排样设计的正确性、合理性决定了级进模加工的正确性和合理性，是设计模具的关键要素，是模具结构设计的依据之一。排样设计时须考虑下列要素。

1）级进模的设计尺寸基准与冲压件的尺寸基准重合。

2）冲压件每一部分在级进模中的冲压加工内容和顺序。

3）模具的总工位数（含空工位）及每一工位的加工要求。

4）模具各工位间的步距和定距方式。

5）排样中冲压件的排列方式（单排、双排和多排）、方位形式（直排、斜排和直对排等）和冲压加工的总压力中心。

6）带料（或条料）宽度、碾压纤维方向与冲压时送料方向的关系及材料的利用率。

7）带料（或条料）的载体设计及选用型式。

8）级进模的基本结构型式。

在设计级进模排样图时，一般应有多种排样方案进行比较，经反复计算、验证后选择一个最佳方案。

1. 排样设计的原则

（1）基准选择

1）当冲压件有指定基准时，排样图的设计标注尺寸基准应与指定基准统一。

2）冲压件未指定基准时，应按其对称中心线、使用功能基准及装配基准等考虑选用排样的尺寸标注基准，以防止尺寸计算及确定步距时产生累积误差。

（2）总工位和空工位的设置

1）总工位的设置。在不影响凹模强度的原则下，工位数越少越好，这样可以减少累积误差，使冲压件精度高。当冲压件形状复杂时，可用分段切除的方法，将复杂的内孔或外形分步冲出，使凸、凹模形状简单规则，便于模具制造并提高寿命，但应注意控制总工位数。

2）空工位的设置。当凹模型孔间距过小而影响强度时，或因冲压工艺要求需在模具结构中设置倒冲、侧向冲压等特殊装置时，必须设置相应的空工位（在空工位上不对条料进行冲压加工），以保证模具寿命和便于制造。一般情况下，步距在15mm以上时不宜多设空工位，步距在25mm以上时更不能轻易设置，而步距在8mm以下时可酌情设置空工位。

（3）冲压件的排列方式和冲压力的平衡　当生产批量较大，而生产能力（压力机数量及吨位、自动化程度和工人技术水平）不足时，可设计多排冲压，以提高效率。而当生产批量与生产能力相适应时，则宜采用单排排样，使模具结构简单，便于制造，并延长模具寿命。排样设计时，应尽量使压力中心与模具中心重合，其最大偏移量应不超过模具长度的1/6。对于侧向冲压过程中产生的侧向力，必须分析侧向力的产生部位、大小和方向，采取一定的措施，力求抵消侧向力。

（4）冲压件的毛刺方向　若冲压件有毛刺方向要求，则在排样时不论是双排还是多排，均应保证各排冲出的冲压件毛刺方向一致，不允许在一副模具里冲出冲压件的毛刺方向有正有反，如图6-5所示。对于弯曲件，在排样时应尽可能使毛刺面处于弯曲件的内侧，以避免弯曲部位出现裂纹，这对保证弯曲质量有利。

（5）各冲压工序的排序原则

1）对于导正销孔和间距精度要求较高的孔，在不影响凹模强度的前提下，应尽量在同一工位中冲出，以便保证冲压件质量。

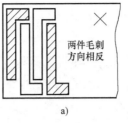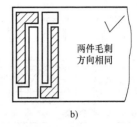

图 6-5　排样图中冲压件的毛刺方向

2）当冲压件复杂、工序较多时，一般将冲孔、切口、切槽等分离工序安排在前；接着安排弯曲、拉深等成形工序，同时有弯曲、拉深工序时，应先拉深后冲切周边的废料再进行弯曲；对于精度要求较高的拉深件和弯曲件，应在成形工序后再安排整形工序；最后是载体与冲压件连接部分的局部外形冲切与分离。

3）拉深切槽与切口的设计。级进模拉深可分为整体条料拉深和条料切槽或切口拉深两种。

级进模整体条料拉深如图 6-6 所示。在第一道拉深时，进入凹模的材料应比制件所需的材料多 5%~10%，以保证此后各道拉深不因材料不足而产生拉裂，多余材料可在此后的拉深过程中逐渐转移到凸缘上。该方法适宜于冲制材料塑性好的小型拉深件。

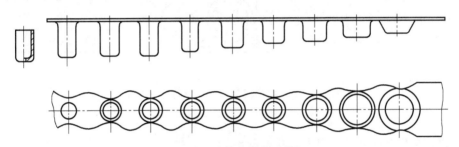

图 6-6　级进模整体条料拉深

级进模切口拉深工序安排示例如图 6-7 所示，切槽拉深排样示例如图 6-8 所示。

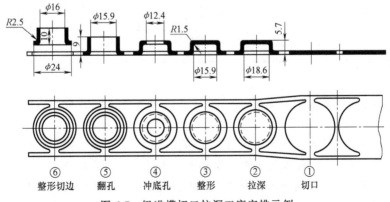

⑥　　⑤　　④　　③　　②　　①
整形切边　翻孔　冲底孔　整形　拉深　切口

图 6-7　级进模切口拉深工序安排示例

条料切口或切槽的目的是使带料的拉深过程接近单个毛坯的拉深，有利于拉深成形，可减少拉深次数，保证冲压件质量；另外，可防止条料边缘产生皱折，使冲压工艺过程顺利进行。级进模拉深常用的切槽与切口型式如图 6-9 所示。

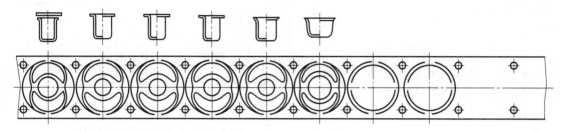

图 6-8 级进模切槽拉深排样示例

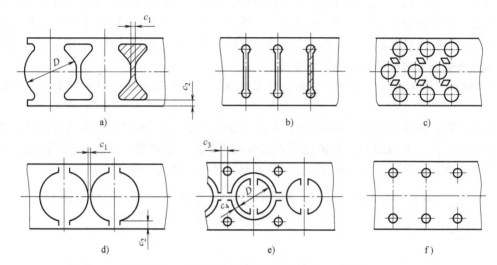

图 6-9 级进模拉深常用的切槽与切口型式

a) ~ c) 切口型式 d) ~ f) 切槽型式

级进模拉深切槽与切口的有关尺寸见表 6-2。

表 6-2 级进模拉深切槽与切口的有关尺寸 （单位：mm）

毛坯直径 D	c_1	c_2	c_3	c_4
≤10	0.8 ~ 2.0	1.0 ~ 1.7	1.5 ~ 2.0	1.0 ~ 1.5
>10 ~ 30	1.3 ~ 2.5	1.5 ~ 2.3	1.8 ~ 2.5	1.2 ~ 2.0
>30 ~ 60	1.8 ~ 3.2	2.0 ~ 2.8	2.3 ~ 3.0	1.5 ~ 2.5
>60	2.2 ~ 3.5	2.5 ~ 3.8	2.7 ~ 3.7	2.0 ~ 3.0

2. 载体设计

载体是在排样中用来运载冲压件向前送进的那一部分余料。因此，它必须具有足够的强度和刚度。

载体与普通冲模排样中的搭边既相似又不同。搭边是为了满足把工件从条料上冲切下来的工艺要求而设置的，而载体在级进模中是必不可少的，没有载体便不能进行级进模的自动化冲压。一般情况下，都是利用条料的载体使连在其上的冲压件浮离凹模平面一定高度，平稳地送进到每一个工位，完成冲压动作。载体与冲压件之间的连接段称为搭接头。

（1）单侧载体 单侧载体是在条料送进过程中，一侧外形被切掉，另一侧外形保持完整原形，并且与冲压件相连的那部分，冲压条料仅靠这一侧载体送进，如图 6-10 所示。单侧载体的尺寸见表 6-3。

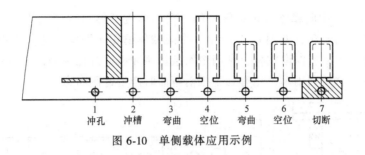

图 6-10　单侧载体应用示例

表 6-3　单侧载体与双侧载体的最小宽度　　　　　　　　　　　　　（单位：mm）

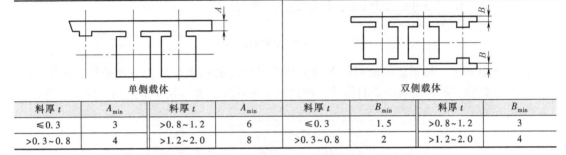

单侧载体　　　　　　　　　　　　　　　　　双侧载体

料厚 t	A_{min}	料厚 t	A_{min}	料厚 t	B_{min}	料厚 t	B_{min}
≤0.3	3	>0.8~1.2	6	≤0.3	1.5	>0.8~1.2	3
>0.3~0.8	4	>1.2~2.0	8	>0.3~0.8	2	>1.2~2.0	4

（2）双侧载体　双侧载体又称为标准载体，是指条料在送进过程中，在最后工位前，冲压件与条料的两侧相连的那部分。图 6-11a 所示为等宽双侧载体，在双侧均可设置导正销孔，且对称分布。双侧载体的外形保持完整，其强度和稳定性比单侧载体好，适用于材料较薄、冲压件精度要求较高的场合，应用广泛。图 6-11b 所示为不等宽双侧载体，在较宽一侧的载体上设置导正销孔，较宽的一侧称为主载体，较窄的一侧称为副载体。副载体也可在冲压过程中切去，以便于进行侧向冲压。双侧载体的不足之处是材料利用率低，其尺寸见表 6-3。

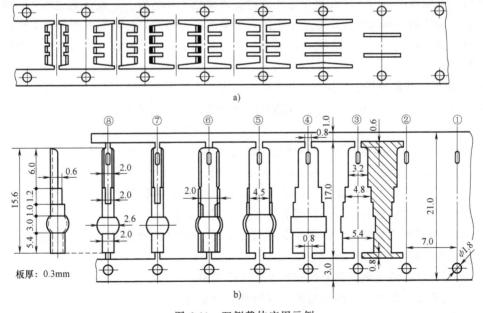

图 6-11　双侧载体应用示例

a）等宽双侧载体　b）不等宽双侧载体

（3）中间载体　中间载体位于条料中部，它比单侧载体和双侧载体节省材料，在弯曲件的工序排样中应用较多，如图6-12所示。中间载体适用于两头有弯曲成形和对称的冲压件。对于某些不对称的单向弯曲件，利用中间载体将冲压件排在两侧，变不对称排样为对称排样，有利于提高材料利用率，也有利于抵消弯曲时产生的侧向力。

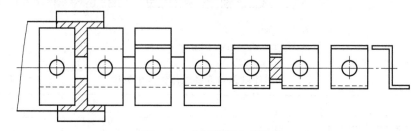

图6-12　中间载体应用示例

（4）边料载体　边料载体是利用条料搭边冲出导正销孔而形成的一种载体，如图6-13所示。这种载体实际上是利用条料排样上的边废料形成的，省料且简单实用，应用较普遍。

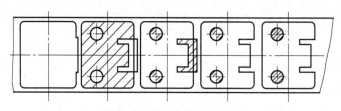

图6-13　边料载体应用示例

二、冲切刃口设计

在级进模设计中，为了实现复杂零件的冲压或简化模具结构，一般将复杂外形和内孔分几次冲切。冲切刃口外形设计就是把复杂的内形轮廓或外形轮廓分解为若干个简单的几何单元，各单元通过组合、补缺等方式构成新的冲切轮廓的工艺设计过程，目的是获得合理的凸模和凹模刃口外形。

1. 冲切刃口外形设计的原则

冲切刃口外形设计实际上就是刃口的分解与重组，应在坯料排样后进行，设计时应遵循以下原则。

1）刃口分解与重组应有利于简化模具结构，分解段数应尽量少，重组后形成的凸模和凹模外形要简单、规则，具有足够的强度及便于加工。

2）刃口分解应保证产品零件的形状、尺寸、精度和使用要求。

3）内、外形轮廓分解后，各段间的连接应平直或圆滑。

4）分段搭接头应尽量少，搭接头位置要避开产品零件的薄弱部位和外形的重要部位，应设置在不重要的位置或过渡面上。

5）外形轮廓各段毛刺方向有不同要求时，应分解。

6）有公差要求的直边和使用过程中有滑动配合要求的边应一次冲切，不宜分段，以免产生积累误差。

刃口外形的分解与重组不具有唯一性，设计过程比较灵活，经验性强，难度大。设计时应多考虑几种方案，经综合比较选出最优方案。图 6-14 所示为对同一产品几种不同轮廓分解的排样示例。当对 A 面有配合要求时，则不能采用图 6-14c、d 所示方案分解，最好采用图 6-14b 所示方案分解，使该面能一次冲切出来。当对 B 面有要求时，则按图 6-14d 所示方案分解不合适。

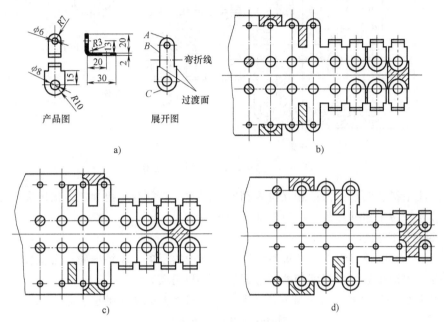

图 6-14 轮廓分解和组合排样示例

a）产品及展开图 b）分解示例 1 c）分解示例 2 d）分解示例 3

2. 轮廓分解时分段搭接头的基本型式

内外形轮廓分解后，各段之间必然会形成搭接头，不恰当的分解会导致搭接头处产生毛刺、错牙、尖角、塌角、不平直和不圆滑等质量问题。常见的搭接头型式有以下三种。

（1）交接 交接是指冲压件轮廓经冲切刃口分解与重组后，新的冲切刃口之间相互交错，有少量的重叠部分，如图 6-15 所示。按交接方式进行刃口分解，对保证搭接头的连接质量比较有利，因而使用最普遍。交接量一般大于 $0.5t$，若不受交接型孔的限制，交接量可达 $(1 \sim 2.5)t$。

（2）平接 平接就是把冲压件的直边段分两次冲切，两次冲切刃口平行、共线，但不重叠，如图 6-15 所示。这种方式可提高材料利用率，但在搭接头处容易产生毛刺、台阶、不平直等质量问题，应尽量避免采用。为了保证平接的各段搭接质量，应在各段的冲切工位上设置导正销。

（3）切接 切接是坯料圆弧部分分段冲切时的搭接型式，即在前一工位先冲切一部分圆弧段，在后续工位上再冲切其余部分，前后两段应相切，如图 6-15 所示。与平接相似，切接也容易在搭接头处产生毛刺、错牙、不圆滑等质量问题。为改善切接质量，可在圆弧段设计凸台。在圆弧段与直边形成的尖角处，要注意尺寸关系。

三、定距精度与定距方式设计

由于在级进模中冲压件的冲压工序分布在多个工位上完成，要求前后工位上工序件的冲

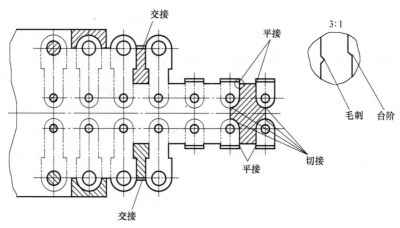

图 6-15 交接、平接、切接示意图

切部位能准确衔接、匹配，保证相互位置精度。因此，必须合理控制定距精度和采用定距元件或定距装置，使工序件在每一工位都能准确定位。

1. 步距与定距精度

步距是指条料在模具中逐次送进时每次向前移动的距离。步距准确与否直接影响冲压件的外形精度、内形相对位置精度和冲切过程能否顺利完成。

（1）步距的公称尺寸　常见排样的步距公称尺寸可按表 6-4 确定。

表 6-4　步距的公称尺寸

排样方式 （自右向左送料）		
步距公称尺寸	$s = A + M$	$s = B + M$
排样方式 （自右向左送料）		
步距公称尺寸	$s = \dfrac{M + B}{\sin \alpha}$	$s = A + B + 2M$

（2）定距精度　定距精度越高，冲压件的精度也越高，但会给模具加工带来困难。影响定距精度的主要因素有冲压件的公差等级、复杂程度、材质、料厚、模具的工位数，以及冲压时条料的送进方式和定距方式等。

有关级进模定距精度的确定，一般可按下列经验公式估算

$$\delta = \pm \frac{\beta}{2\sqrt[3]{n}} K \qquad (6-1)$$

式中，δ 为级进模步距极限偏差值；β 为将冲压件沿送料方向最大轮廓尺寸的公差等级提高三级后的实际公差值；n 为模具设计的工位数；K 为修正系数，见表 6-5。

表 6-5　修正系数 K 值

冲裁间隙 Z（双面）/mm	K	冲裁间隙 Z（双面）/mm	K
0.01～0.03	0.85	>0.12～0.15	1.03
>0.03～0.05	0.90	>0.15～0.18	1.06
>0.05～0.08	0.95		
>0.08～0.12	1.00	>0.18～0.22	1.10

为了减小级进模各工位之间步距的累积误差，在标注凹模、凸模固定板、卸料板等零件中与步距有关的孔位尺寸时，均以第一工位为尺寸基准向后标注，不论距离多大，极限偏差均为 δ，如图 6-16 所示。实际上，步距公差是用来控制级进模加工时的制造精度的。

2. 定距方式设计

在级进模中，常采用侧刃定距、侧刃与导正销、自动送料装置与导正销进行联合定距。

（1）侧刃定距　侧刃定距用于材料厚度为 0.1～1.5mm、工位数不多的级进模，是级进模中普遍采用的一种定距方法，具有定距可靠、结构比较简单和生产率高等特点。侧刃定距原理如图 6-17 所示，用装在上模的侧刃在条料侧边冲出缺口，缺口长度等于送料步距；条料向前送进时，侧刃挡块 A 挡住条料上的台阶 B，从而起到定距作用，即通过控制步距达到使工序件定位的目的。

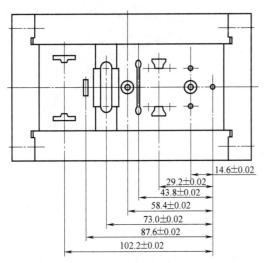

14.6±0.02
29.2±0.02
43.8±0.02
58.4±0.02
73.0±0.02
87.6±0.02
102.2±0.02

图 6-16　凹模步距尺寸及公差标注

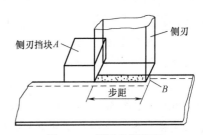

侧刃挡块 A　侧刃　步距　B

图 6-17　侧刃定距原理

侧刃可以是单侧刃，也可以是双侧刃。单侧刃是在条料一侧的工位上安排一个侧刃。双侧刃一般错开排列，把第二个侧刃安排在最后一个工位上。

侧刃冲切缺口的宽度 b 可查表 6-6 或图 6-18。排样时，根据 b 值的大小，确定条料的宽度。经侧刃冲切后的条料与导料板之间的间隙不宜过大，一般为 0.05～0.15mm，薄料取下

限，厚料取上限。

表 6-6　侧刃冲切缺口的宽度 b　　　　　　　（单位：mm）

料厚 t	b_{min}	料厚 t	b_{min}
≤0.3	1.0	>1.2~2.0	3.0
>0.3~0.8	1.5	>2.0~2.6	4.0
>0.8~1.2	2.0		

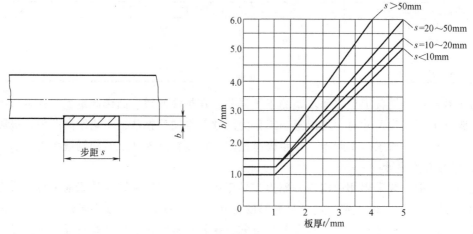

图 6-18　侧刃冲切缺口的宽度 b

（2）侧刃与导正销联合定距　当级进模工位数较多时，若单独采用侧刃定距，步距累积误差大，影响定距精度。此时一般由侧刃进行粗定位，导正销进行精定位，其定位原理如图 6-19 所示。此时，侧刃冲切缺口的长度应略大于步距的公称尺寸，以使导正销插入条料导正销孔后有 0.03~0.15mm 的回退余量，以校正条料的位置，保证凸模、凹模和冲压件三者之间具有正确的相对位置，从而达到精确定位的目的。否则，导正销无法插入导正销孔。若强行插入，则会引起小直径导正销弯曲或导正销孔变形，难以实现对条料的精确定位。

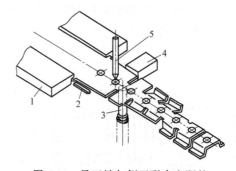

图 6-19　导正销与侧刃联合定距的
定位原理示意图

1—台肩式导料板　2—侧刃余料　3—浮顶销
4—侧刃挡块　5—导正销

1）导正销的设置。导正销孔应在第一工位冲出，第二工位开始导正，以后根据冲压件的精度要求，每隔适当工位设置导正销，至少要设置两个导正销。导正方法有两种：直接导正和间接导正。利用冲压件上的孔作为导正销孔的是直接导正，利用条料上冲切的工艺孔作为导正销孔的是间接导正。对于带料级进拉深，也可借助拉深凸模进行导正，但常规方法是冲工艺孔进行导正。单侧载体的末工位也要有导正销，以校正载体的横向弯曲。

2）导正销与导正销孔的直径。导正销工作直径 d 与导正销孔直径 D 应保持严格的配合关系，这样才能保证对定距精度的控制。导正销孔是由冲孔凸模冲出的，所以导正销与导正销孔间的尺寸关系实际上反映的是导正销直径与冲导正销孔凸模的直径 d_p 之间的关系。根据冲压件精度和材料厚度的不同，对于一般小型冲压件，导正销工作直径 d 和导正销孔直径 D 的大小可按材料厚度选取，见表 6-7。

表 6-7　导正销工作直径 d 和导正销孔直径 D

t/mm	d/mm	t/mm	D/mm	备　　注
0.06~0.2	$d_p-(0.008~0.02)$	≤0.5	1.6~2.0	d_p——冲导正销孔凸模的直径
>0.2~0.5	$d_p-(0.02~0.04)$	0.5~1.5	2.0~2.5	t——条料或带料厚度
>0.5~1.0	$d_p-(0.04~0.08)$	>1.5	2.5~4.0	

导正销工作直径 d 和冲导正销孔凸模的直径 d_p 按标准公差等级 IT6 制造。导正销与冲导正销孔的凸模材料相同，用合金工具钢制造，淬火硬度为 58~62HRC。

3）导正销的结构。在级进模中，间接导正销（指没有安装在凸模上的导正销）通常都安装在固定板或卸料板上。图 6-20 所示为间接导正销的装配结构。其中，图 6-20a、b、c 所示为固定式导正销的结构，对条料起准确的导向及定位作用，但若条料初定位不准确，则会使导正销孔翻边或折断导正销。图 6-20d、e、f 所示为浮动式导正销的结构，弹簧起压紧和缓冲作用。这种导正销不易折断，但也不易准确定位，结构复杂些，一般用于自动送料时的导正及检测。

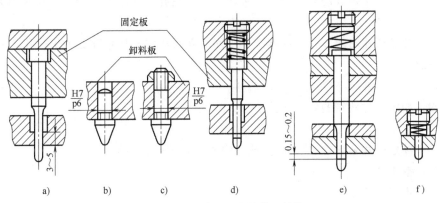

图 6-20　间接导正销的装配结构

（3）自动送料装置与导正销联合定距　在高速、精密和自动化冲压时，常采用自动送料装置实现带料的自动送进，此时可采用送料装置进行粗定位，用导正销进行精定位。

【任务实施】

图 6-21 所示为微型电动机的定子片与转子片零件简图，料厚为 0.35mm，材料为电工硅钢，采用大批量生产。现根据零件的结构及工艺特点，充分考虑各种因素，设计合理的级进冲压工艺方案。

微型电动机的定子片和转子片在使

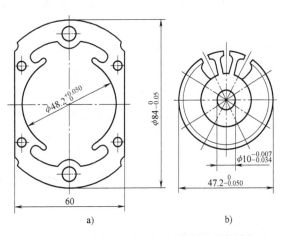

图 6-21　微型电动机定子片与转子片零件简图

a）定子片　b）转子片

用中所需的数量相等，且转子片外径比定子内径小 1mm，因此具备套冲的条件。定、转子片冲压件的精度要求较高、形状复杂、存在较多的异形孔，故适宜采用级进模冲压。

选用硅钢片卷料，采用自动送料装置送料，其送料精度可达 ±0.05mm。为进一步提高送料精度，在模具中使用导正销进行精定位。

微型电动机定子片与转子片排样图如图 6-22 所示，分为 8 个工位，各工位的工序内容如下。

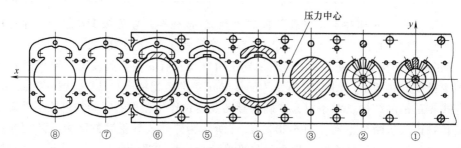

图 6-22　微型电动机定子片与转子片排样图

工位①：冲 2 个 ϕ8mm 的导正销孔，冲转子片各槽孔和中心孔，冲定子片两端 4 个小孔中的左侧 2 孔。

工位②：冲定子片右侧 2 孔，冲定子片中间 2 孔，冲定子片角部 2 个工艺孔；转子片槽和 ϕ10mm 孔校平。

工位③：转子片外径 $\phi47.2_{-0.05}^{0}$mm 落料。

工位④：冲定子片两端的异形槽孔。

工位⑤：空工位。

工位⑥：冲定子片 $\phi48.2_{0}^{+0.05}$mm 内孔，定子片两端圆弧余料切除。

工位⑦：空工位。

工位⑧：定子片切断。

排样图中步距为 60mm，与定子片宽度相等。

转子片中间 $\phi10_{-0.034}^{-0.007}$mm 孔有较高的精度要求，12 个线槽孔要缠绕径细、绝缘层薄的漆包线，不允许有明显的毛刺。为此，在工位②设置对 $\phi10_{-0.034}^{-0.007}$mm 孔和 12 个线槽孔的校平工序。工位③完成转子片的落料。

定子片中的异形孔有 4 个较狭窄的突出部分，必须分步冲切内形孔，避免整体凹模中 4 个突出部位损坏。因此，内形孔在两个工位中冲出。考虑到 $\phi48.2_{0}^{+0.05}$mm 孔精度较高，先冲两头长形异形孔，后冲中心孔，同时将 3 个孔打通，完成内孔冲裁。

工位⑧采取单边切断的方法。尽管切断处相邻两片毛刺方向不同，但不影响使用。

任务三　级进模的结构设计

【学习目标】

1. 熟悉级进模的特点。

2. 熟悉级进模的典型结构。

3. 掌握级进模工作零件的设计。

4. 熟悉级进模定位机构的设计。

5. 熟悉级进模卸料装置的设计。

【任务导入】

根据图 6-4a、b 所示微型电动机定子片与转子片的结构及工艺特点，充分考虑各种因素，在级进冲压工艺方案的基础上设计合理的级进模结构。

【相关知识】

一、级进模主要零部件的设计

1. 模具零件的设计原则

模具零件是模具结构最基本的组成单元，在级进模零件设计中应遵循以下原则：主要零件特别是凸模和凹模，要有足够的强度与刚度；应尽量选择标准件和标准尺寸；各零件的配合关系、尺寸要协调；尺寸基准应统一；定位可靠，连接牢固；要满足模具使用寿命要求；便于制造、测量、更换、修补和刃磨。

2. 模具总体结构设计

模具总体结构设计是指以排样设计为基础，根据冲压件的成形要求，确定级进模的基本结构型式。

（1）导向方式　级进模常包括外导向和内导向两部分。外导向主要是指模架中上、下模座的导向；内导向是指利用小导柱和小导套对卸料板进行导向，同时卸料板又对凸模起导向和保护作用。

内导向在级进模中是常用的结构，尤其适用于薄料、凸模直径小、冲压件精度要求高的场合。图 6-23 所示为小导柱和小导套的内导向典型结构型式。

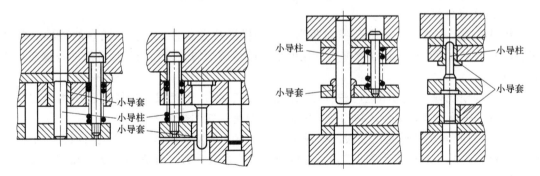

图 6-23　内导向典型结构型式

（2）卸料方式　在级进模中，多采用弹性卸料装置。当工位数较少、料厚大于 1.5mm 时，也可采用固定卸料方式。

（3）模板厚度　级进模模板一般包括凹模板、凸模固定板、垫板、卸料板和导料板等。这些模板的厚度决定了模具的总体高度。各模板的厚度可参考表 6-8 确定。

表 6-8　级进模模板的厚度　　　　　　　　　　　　　（单位：mm）

名称		t	A			备注
			≤125	>125~160	>160~300	
凹模板		≤0.6	13~16	16~20	20~25	A 为模板长度 t 为条料或带料厚度
		>0.6~1.2	16~20	20~25	25~30	
		>1.2~2.0	20~25	25~30	30~40	
刚性卸料板		≤1.2	13~16	16~20	16~20	
		>1.2~2.0	16~20	20~25	20~25	
弹性卸料板		≤0.6	13~16	16~20	20~25	
		>0.6~1.2	16~20	20~25	25~30	
		>1.2~2.0	20~25	25~30		
垫板			5~13	8~16		
导料板	固定卸料	<1	4~6			
		1~6	6~14			
	弹压卸料	<1	3~4			
		1~6	4~10			
凸模固定板			L			L 为凸模长度
		40	50	60	70	
		13~16	16~20	20~25	25~28	

（4）凸模固定板　级进模的凸模固定板上除安装固定各种凸模外，还要在相应位置安装导正销、斜楔、弹性卸料装置等零部件。因此，凸模固定板应有足够的厚度和耐磨性。固定板的厚度可按凸模设计长度的40%左右选用，或按表6-8确定。为保证多次拆装后安装孔的位置精度不变，级进模的凸模固定板需具有良好的耐磨性。对于一般级进模，凸模固定板可选用45钢，淬火硬度为 42~45HRC；对于精度要求较高的级进模，凸模固定板应选用 T10A、CrWMn 等，淬火硬度为 52~56HRC。常拆卸安装孔的表面粗糙度值应达到 $Ra0.8\mu m$。

（5）模架　级进模要求模架刚性好、精度高，因而除小型模具采用双导柱模架外，大多采用四导柱模架。精密级进模一般采用滚珠导向模架或弹压导板模架。上、下模座的材料除小型模具采用灰铸铁 HT200 外，多数采用铸钢或钢板。高速级进模也可采用硬铝合金等轻型材料制造，这样可减轻模具的重量，有利于提高冲压速度。

3. 工作零件设计

级进模的工作零件主要是凸模和凹模。级进模工位数目多，凸模和凹模的种类和数量多、尺寸小，且要适应高速连续冲压，这就使得凸、凹模的装配和调整比常规冲裁模要复杂和困难。

（1）凹模设计　在实际生产中，除工位数不多、型孔比较规则的级进模采用整体凹模外，多数采用镶块式和拼合式结构，其中又以分段拼合式凹模最为常用。

图 6-24a 所示的凹模是由三段凹模拼块拼合而成，用模套框紧，并分别用螺钉和销钉紧固在垫板上。图 6-24b 所示的凹模是由五段凹模拼块拼合而成，并分别用螺钉和销钉直接固定在模座上。

凹模进行拼合组配时应遵循下列原则。

1）拼合面尽量以直线分割，以便于加工，必要时也可以折线或圆弧进行分割。

2）同一工位的型孔常做在同一拼块上，一个拼块上包含的工位不宜太多。薄弱、易损坏的型孔宜单独分块，以便于损坏后更换。

3）不同冲压工艺的工位，应与冲裁部分分开，以便于刃磨。

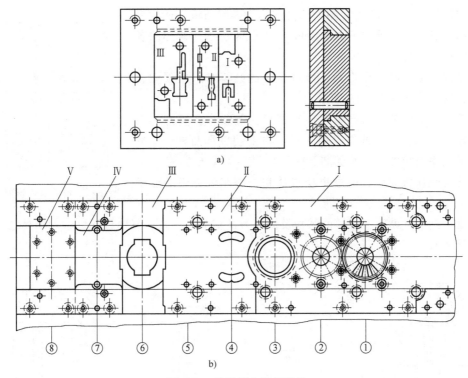

图 6-24　分段拼合凹模结构

4）凹模拼合面与型孔间应有一定的距离，型孔原则上应为封闭的。

5）拼块组配时，应用模套框紧，并在模套底部加整体垫板。

（2）凸模设计　在级进模中，凸模种类较多，按截面形状分有圆形凸模和异形凸模；按功用分有冲裁凸模和成形凸模。凸模的大小、长短、刚性各异，其基本结构和固定方法也不同。

1）圆形凸模。图 6-25 所示为不需经常拆卸、带台阶的圆形凸模，其截面简单。一般，对于工作直径为 6mm 以上的凸模，多采用该结构和安装方式。此时的凸台尺寸比固定部分直径大 3~4mm，利用凸台防止凸模从固定板中脱落。

小凸模和易损凸模应尽量采用便于拆卸的快换固定方法，如图 6-26 所示。凸模与固定板多采用 H7/h6 或 H6/h5 的间隙配合，这种方法便于装配和调整凸模。

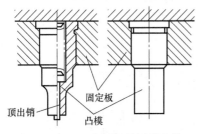

图 6-25　不经常拆卸的圆形凸模

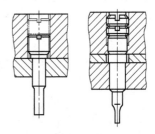

图 6-26　快换固定的圆形凸模

对于特别细小的凸模，可用带护套的快换凸模，如图 6-27 所示。这种结构提高了凸模的强度，也便于凸模的加工和更换。

2）异形凸模。形状不规则的凸模统称为异形凸模，通常采用线切割、成形磨削等加工方法制成。图 6-28 所示为常用的各种异形凸模的结构及固定方法。

为了提高模具的使用寿命，级进模中的凸模常采用硬质合金材料，安装方式如图 6-29 所示。

在固定板上安装冲裁凸模时，与凹模一起逐个调整好冲裁间隙后定位紧固；经试冲符合要求后，再安装成形凸模。有冲裁和成形工序的级进模，冲裁凸、凹模可采用如图 6-30 所示的结构，凸模磨损修磨后，通过更换垫片和垫圈来保持刃磨后闭合高度不变。

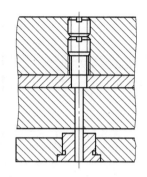

图 6-27　带护套的快换凸模

在同一副级进模中，凸模的结构及固定方法应基本一致，具体设计可参考项目二或相关模具设计手册。

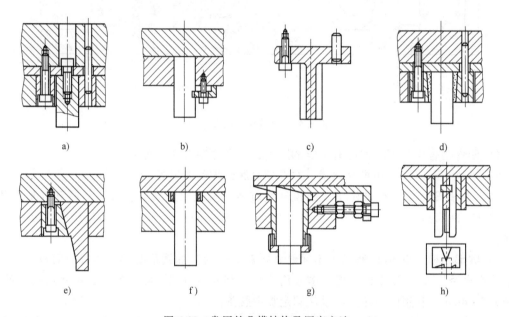

a)　　　　　　　　　　b)　　　　　　　　　　c)　　　　　　　　　　d)

e)　　　　　　　　　　f)　　　　　　　　　　g)　　　　　　　　　　h)

图 6-28　常用的凸模结构及固定方法

a）异形凸模大小固定板套装结构　b）异形直通式凸模压板固定　c）异形凸模直接固定
d）异形凸模粘接固定　e）异形凸模楔块固定　f）异形直通式焊接凸模台阶固定
g）可调凸模高度的安装结构　h）组合式凸模固定

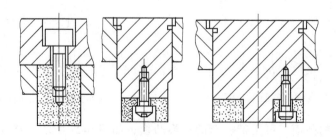

图 6-29　硬质合金凸模的固定方法

4. 导料装置设计

级进模完成的工序内容较多，在条料沿导料装置送进的过程中不能受到任何的阻滞。因此，在完成一次冲压行程之后，必须使条料浮离下模平面，同时还不能影响侧冲与倒冲机构工作。级进模与普通冲裁模一样，也用导料板对条料沿送进方向进行导向，导料板安装在凹模上平面的两侧，并平行于模具中心线，通过设置浮顶器将条料顶起一定的高度。

常见浮顶器的结构有三种型式，即普通浮顶器（由普通浮顶销、弹簧和螺塞组成）、套式浮顶器（由套式浮顶销、弹簧和螺塞组成）和圆周槽式浮顶器（由圆周槽式浮顶销、弹簧和螺塞组成）。

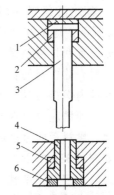

图 6-30 刃磨后不改变闭合高度的凸、凹模固定方法
1、6—更换的垫片
2、5—磨削的垫圈
3—凸模 4—凹模镶套

浮顶销的结构如图 6-31 所示。其中，图 6-31a ~ c 所示为普通圆柱浮顶销，图 6-31a 所示为顶部半球面形结构；图 6-31b 所示为局部球面形结构；图 6-31c 所示为平端面形结构，用于较大直径的浮顶销；图 6-31d 所示为套式浮顶销，其位置应与导正销一致，对导正销有容纳、导向和保护作用；图 6-31e、f 所示为有导向槽的浮顶销。

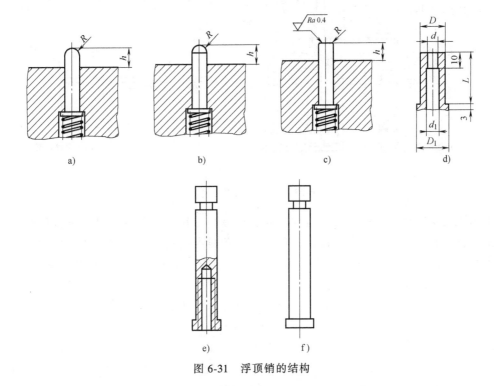

a)   b)   c)   d)

e)   f)

图 6-31 浮顶销的结构

图 6-32 所示为局部向下弯曲的条料由凹模面顶起高度的示意图，条料被顶起的高度 H'_0 应大于条料向下的最大成形高度 h_0，成形后的最低点与下模表面间的距离一般可取 1~5mm。

级进模中常用的导料装置有下列几种。

（1）套式浮顶器导料装置　如图 6-33a 所示，通常在凹模面上靠近导料板处设置两排浮顶销，在浮顶销顶起条料后，导料板的台肩使条料仍能在导料板内保持运动。当有导正销导正时，浮顶销应设置在导正销的对应位置上，导料板的台肩必须做出让位口，如图 6-33b 所示。冲压时，套式浮顶销内孔起导正销孔的作用，导正销进入套式浮顶销的内孔。

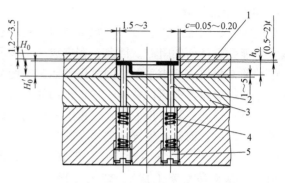

图 6-32　条料顶起高度的相对位置关系
1—台肩式导料板　2—浮顶销　3—凹模　4—弹簧　5—螺塞

（2）槽式浮顶器导料装置　如图 6-31e、f 所示，浮顶销与凹模孔的配合为 H7/f6。其导向槽的作用是导引带料的送进，并在弹簧的作用下顶托带料浮离在凹模面之上。图 6-31e 所示为浮顶距离较大需增加弹簧压缩量的结构型式。

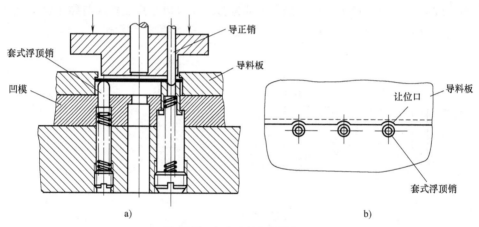

图 6-33　套式浮顶器导料装置

采用槽式浮顶销对条料进行导向时，需要在弹性卸料板的对应位置开出让位孔。工作时，由让位孔的底面压住槽式浮顶销的顶面，将条料由送料位置压回到冲压加工位置。因此，弹性卸料板上的让位孔深度和浮顶销导向槽的结构尺寸必须协调，如图 6-34a 所示，其结构尺寸按下列公式计算

$$h = t + (0.6 \sim 1.0)\,\text{mm}\ (h\ \text{不小于}\ 1.5\,\text{mm}) \tag{6-2}$$
$$c = 1.5 \sim 3.0\,\text{mm} \tag{6-3}$$
$$A = c + (0.3 \sim 0.5)\,\text{mm} \tag{6-4}$$
$$H = h_0 + (1.3 \sim 1.5)\,\text{mm} \tag{6-5}$$
$$h_1 = (3 \sim 5)t \tag{6-6}$$
$$d = D - (6 \sim 10)t \tag{6-7}$$

式中，h 为导向槽高度；c 为槽式浮顶销头部的高度；A 为卸料板让位孔深度；H 为浮顶销活动量；h_1 为导向槽深度；t 为条料厚度；h_0 为冲压件的最大高度。

如果结构尺寸不正确，则在卸料板压料时将产生如图 6-34b 所示的问题，即条料的侧边

发生变形，影响条料导向，甚至妨碍送料，以致不能工作。

当条料太薄或条料边缘有缺口时，槽式浮顶销的导料装置不适用，这时可采用浮动导轨式导料装置，如图6-35所示。

实际生产中，根据级进冲压过程中边料及工序件的变化情况，往往将两种导料装置联合使用，即条料一侧用台肩式导料板导向，另一侧用槽式浮顶销导料，如图6-36所示。

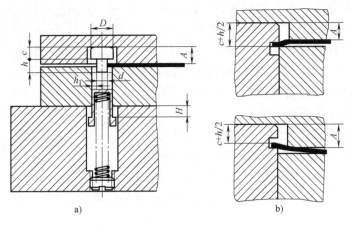

图6-34 槽式浮顶器导料装置

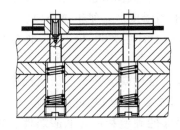
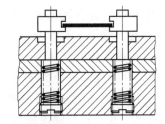

图6-35 浮动导轨式导料装置

普通导料板的结构设计与工作原理同普通冲裁模中的相应零部件，可参考项目二。

（3）浮顶销设置要点 浮顶销设置是否合理是决定条料能否沿正确的方向送进模具，实现自动冲压的关键。

1）浮顶销应沿条料送进方向在两侧均匀布置。条料较宽时，应在中间增设浮顶销，以防止变形；浮顶销的设置距离应小于或等于工位间距，以免薄料送进时呈波浪状。

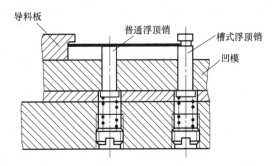

图6-36 导料板和槽式浮顶销配合使用的导料装置

2）在立体成形的加工部位不应设置浮顶销，否则会阻碍条料的送进。

3）在条料的不连续边料上尽量不设置浮顶销，以避免挡住条料而影响送进。

4）所有浮顶销的工作段高度应相同。

5）浮顶销应有足够及均衡的弹顶力，以便托起条料及工序件。

5. 卸料装置设计

卸料装置是级进模中的重要部件，其主要作用是冲压开始前压住条料，防止条料在冲压过程中产生位移和塑性变形；冲压结束后能及时平稳卸料。同时，它还能对凸模起导向和保护作用。在级进模中，大多采用弹性卸料装置，通常只有在冲制板料厚度大于 1.5mm 的冲压件时才采用刚性卸料装置。

（1）刚性卸料装置　刚性卸料装置的卸料板与导料板一起固定在凹模上，其特点是卸料力大，卸料可靠。固定卸料板的型孔与凸模的间隙较大，为 0.2～0.5mm，不能对凸模起导向和保护作用。固定卸料板分整体式和悬臂式两种，其具体结构与普通冲裁模中的相应零部件相同。

（2）弹性卸料装置　级进模多数采用弹性卸料装置，工作时要求其运动平稳、可靠，导向精确，有足够大的卸料力。级进模的弹性卸料装置

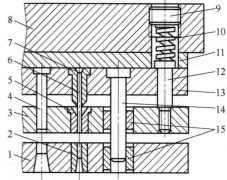

图 6-37　级进模的弹性卸料装置

1—凹模　2—凹模镶块　3—弹性卸料板　4—凸模
5、7—凸模导向护套　6—小凸模　8—上模座
9—螺塞　10—强力弹簧　11—垫块　12—卸料螺钉
13—凸模固定板　14—小导柱　15—小导套

一般由卸料板、弹性元件、卸料螺钉和辅助导向装置等组成。图 6-37 所示为级进模常用的一种弹性卸料装置。

在级进模中，大多采用镶拼结构的弹性卸料板，如图 6-38 和图 6-39 所示。镶拼结构可保证型孔精度、孔距精度、配合间隙和型孔表面粗糙度，且便于热处理。

（3）卸料装置的设计要点　卸料装置的结构设计主要包括弹性元件的选用、卸料板的材料选择、导向形式和连接形式。

1）卸料板的压力。弹性卸料板的压力较大，常用碟形弹簧、聚氨酯橡胶、氮气弹簧作为弹性元件，它们的使用和选用方法可参考项目二或相关模具设计手册。

2）卸料板的材料。卸料板的镶块应具有足够的硬度和良好的耐磨性。高速冲压的卸料板应选用耐磨性好的材料制造，如 GCr15 或 W18Cr4V，淬火硬度达 56～58HRC。一般卸料板可选用 45 钢制造，热处理硬度为 40～45HRC。镶拼结构卸料板基体可采用灰铸铁 HT200 或碳素结构钢制造。

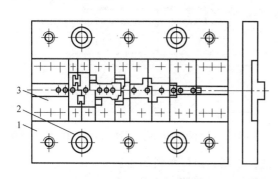

图 6-38　拼块式弹性卸料板

1—卸料板　2—导套　3—拼块

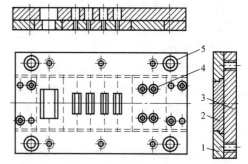

图 6-39　拼块和嵌块式弹性卸料板

1—固定块　2—拼块　3—卸料板　4—嵌块　5—导套

3）弹性卸料板的导向形式。弹性卸料板应具备导向精度高、刚性好的导向装置，从而使弹性卸料板在工作时稳定、可靠，对小凸模起到导向和保护作用。在卸料板与上模座、凹

模之间增设辅助导向零件小导柱和小导套，如图 6-23 和图 6-37 所示，主要是为保证凸、凹模的配合间隙均匀。凸模与卸料板采用 H7/h6 配合或配合间隙取（1/4～1/3）Z（冲裁间隙）；小导柱、小导套的配合间隙通常取凸模与卸料板配合间隙的 1/2，也可采用滚珠导柱、导套导向，具体配合间隙见表 6-9。

表 6-9　凸模与卸料板、小导柱与小导套的间隙

序号	模具冲裁间隙 Z/mm	凸模与卸料板的间隙 Z_1/mm	小导柱与小导套的间隙 Z_2/mm
1	>0.015～0.025	>0.005～0.007	约为 0.003
2	>0.025～0.05	>0.007～0.015	约为 0.006
3	>0.05～0.10	>0.015～0.025	约为 0.01
4	>0.10～0.15	>0.025～0.035	约为 0.02

4）卸料板的连接形式。卸料板的连接可直接采用标准卸料螺钉，如图 6-37 所示，或定距套管，如图 6-40 所示。使用定距套管时，卸料板与上模座下表面的距离 L 由套管长度控制，易于保证卸料板的平行度，此时的螺钉为普通连接用标准螺钉。定距套件已标准化，使用时可查阅 JB/T 7650.7—2008。

在一副模具中使用的卸料螺钉，应对称分布，也可用滚珠导柱与导套。卸料螺钉的结构与调整如图 6-41 所示。工作段的长度 L 必须严格控制，凸模每次刃磨时，卸料螺钉的工作长度应同时磨去同样的高度。

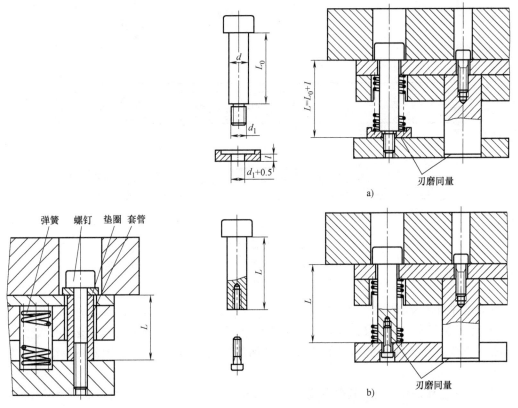

图 6-40　定距套管连接卸料板

图 6-41　卸料螺钉的结构与调整
a）卸料螺钉结构 1　b）卸料螺钉结构 2

6. 固定零件设计

级进模的固定零件主要包括模架、垫板、模柄、固定板等,这些零部件基本都是标准件,它们的设计和选用可参考项目二或相关模具设计手册。

二、级进模的典型结构

级进模一般是按其主要冲压加工工序进行分类,有冲孔落料级进模、冲裁弯曲级进模和冲裁拉深级进模三种基本类型。冲孔落料级进模相对较简单。下面主要介绍冲裁弯曲级进模和冲裁拉深级进模。

1. 丝架级进弯曲模

丝架制件如图 6-42 所示,材料为不锈钢。其工序排样如图 6-43 所示。

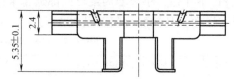
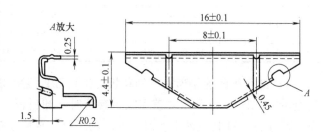

图 6-42 丝架制件

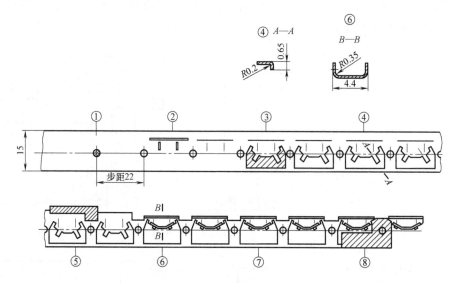

图 6-43 丝架制件工序排样

①—冲导正孔 ②—压筋 ③—冲外形 ④—L 形弯曲 ⑤—切外形
⑥—U 形弯曲 ⑦—弯曲整形 ⑧—切断分离

丝架制件级进模结构如图 6-44 和图 6-45 所示。其结构特点如下:

1) 各工序凹模做成整体或拼块式,嵌入凹模固定板内。这种结构型式适用于较大的嵌块凹模。凹模固定板嵌块的固定孔可采用坐标磨床磨削加工,以保证嵌块装配后的位置精度。

2) 工序④为 L 形弯曲,其弯曲高度尺寸如图 6-43 工序④所示。直边高度仅有 0.2mm,料厚为 0.25mm。为保证弯曲精度,凸模和凹模间隙小于料厚,采用负间隙弯曲成形。

3) 工序⑥为 U 形弯曲,下模如图 6-46 所示。它的特点是 U 形弯曲时,通过杠杆 2 将

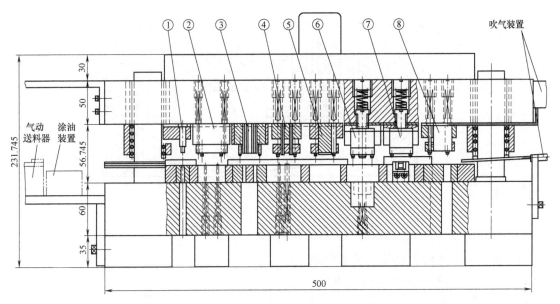

图 6-44   丝架制件模具总装图

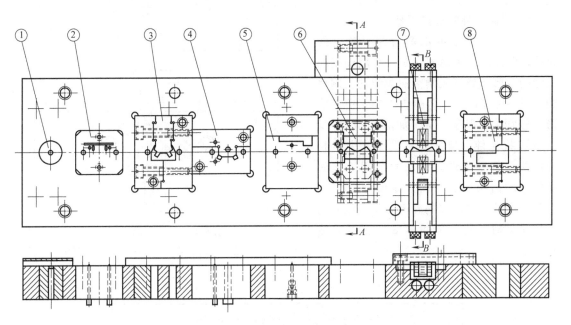

图 6-45   丝架制件模具下模

压杆 1 向下的运动转换成凹模拼块 4 向上的加工运动,以保证制件的形状要求。工序⑥的上模如图 6-47 所示。在 U 形弯曲加工中,凹模向上运动的高度不能接触到制件的凸筋。

4) 工序⑦为弯曲整形,其下模如图 6-48 所示,上模如图 6-49 所示。上模的螺钉 3 由上模座的螺钉孔台肩支承,螺钉头上面装有弹簧,当凸模 2 接触到下模的芯块 4 后,随着压力机滑块的下降,螺钉 3 不再向下运动,而斜楔 1 继续向下运动,并由斜面推动凸模 2 和下模的活动凹模 5 对制件进行弯曲整形。

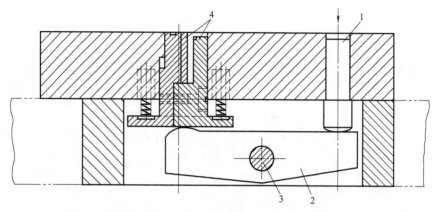

图 6-46 U形弯曲下模（图 6-45 的 *A—A* 剖视）

1—压杆 2—杠杆 3—轴 4—凹模拼块

5）模具各工序的上模与主模架均独立固定，并且凸模固定板采用组合式，如图 6-47 所示。这种结构有利于加工凸模固定孔，试模调整和零件互换方便。

2. 双筒制件级进拉深模

（1）用平板毛坯拉深 在拉深普通的单圆筒制件时，圆筒侧壁是依靠周围相应凸缘的金属不断流入侧壁而成形的，侧壁的变形条件在圆周上各处都一样，所以变形比较均匀。但是，对于如图 6-50a 所示的双筒拉深件，情况就不同了。中间相邻的两个侧壁成形时都从两个圆筒之间相毗连的凸缘得到材料，这就导致了变形的复杂性。当圆筒的高度 h 与直径 d 的比值稍大时，两个相邻侧壁就有可能被拉破。

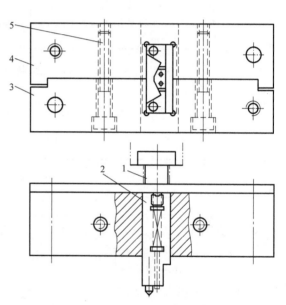

图 6-47 U形弯曲上模

1、5—螺钉 2—凸模 3、4—凸模固定板拼块

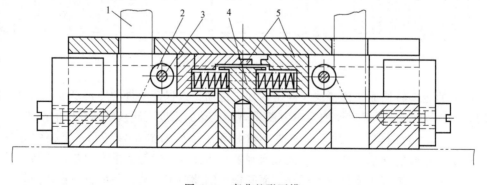

图 6-48 弯曲整形下模

1—斜楔 2—滚轮 3—轴 4—芯块 5—活动凹模

为了掌握双筒拉深件金属流动规律，进行了拉深网格试验研究。图 6-50b 所示是通过毛坯尺寸计算并修正后得到的双筒拉深件平板毛坯，图 6-50c 所示是刻有网格的毛坯在拉深后的变形情况。将图 6-50b 和图 6-50c 加以比较可以看出，双筒拉深件的外形尺寸各处均小于毛坯的相应尺寸。由图 6-50c 可明显看到，毗连凸缘处的材料在拉深过程中向相邻侧壁流动。此外，两个圆筒底部的材料也向相邻侧壁流动。毛坯上相距 15mm 的圆筒中心点，在拉深后有了位移，这两点之间的距离缩短为 13.8mm，即各自向内侧移动了 0.6mm，这表明圆筒底部的材料可以沿着凸模端面流动而进入相邻侧壁。在 X 轴上，毛坯尺寸原为 33.6mm，拉深后变为 28.8mm，收缩了 4.8mm。在 X 轴附近范围内尺寸的缩小，主要是因为材料流入了两个圆筒在 X 轴附近的外侧壁，其次是补充流入

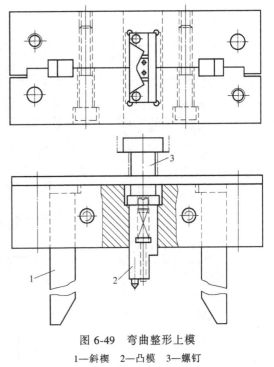

图 6-49　弯曲整形上模
1—斜楔　2—凸模　3—螺钉

了相邻内侧壁。在 Y 轴上，毛坯尺寸原为 32.5mm，拉深后缩短成 28.3mm，收缩了 4.2mm。在 Y 轴附近范围内尺寸的缩小，是补充毗连凸缘被拉入相邻侧壁的结果。

由图 6-50c 还可以看出，中间毗连凸缘处的网格，由原来的正方形变为长方形，X 轴方向的尺寸变大，而 Y 轴方向的尺寸变小。这是因为该处材料被拉入两边相邻侧壁，在 X 轴方向受到很大拉应力，而在 Y 轴方向因其他部位凸缘材料被拉入 Y 轴方向圆筒的侧壁，致使 Y 轴方向各处尺寸都要缩小，Y 轴附近的材料沿 Y 轴方向受到挤压应力，也促使了 X 轴方向尺寸的伸长。

图 6-50d 所示是双筒制件在拉深时的金属流动规律。图中箭头表示材料流动方向，相邻侧壁是由毗连凸缘和圆筒底部的材料流入而成形的，同时毗连凸缘 Y 轴方向的材料也向毗连凸缘流动，补充该处流入相邻侧壁的材料。

（2）用储料毛坯拉深　为了改变双筒拉深件的金属流动困难的状况，可先将材料预储在毗邻侧壁凸缘内，拉深时由这部分材料流入相邻侧壁，可以获得满意的结果。方法是在毗邻侧壁的凸缘中间压一个筋，其毛坯形状如图 6-50e 所示。拉深时，金属的流动情况如图 6-50f 所示，X 轴附近的筋被拉平。

3. 双筒焊片级进拉深模

双筒焊片的制件简图和工序排样如图 6-51 所示。制件材料为 H62 黄铜。该制件级进拉深的实现，主要是采用储料毛坯的双筒制件拉深方法。首次拉深时，将条料的储料筋拉平，以后各工序均与单个圆制件拉深工序相同。储料筋的尺寸，先按制作侧壁与储料筋储料面积相等计算，经试模后确定。双筒焊片级进拉深模结构如图 6-52 所示。该模具的特点是凹模做成嵌块式，各拉深工序凹模嵌块的肩角 R 均不相同，但在拉深过程中又很重要。为了保证加工精度和试模过程中便于修正，以及满足互换要求，采用嵌块凹模结构是合理的。

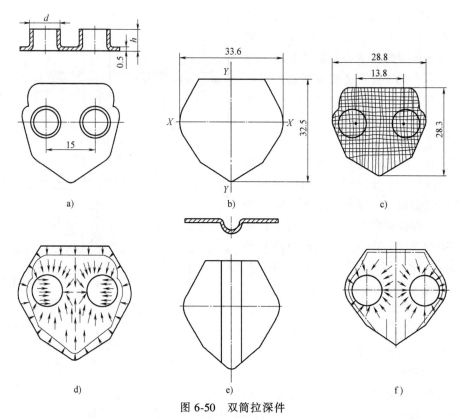

图 6-50   双筒拉深件

a) 双筒拉深件   b) 平板毛坯   c) 拉深后网格变化   d) 平板毛坯拉深时金属的流动

e) 储料毛料   f) 储料毛坯拉深时金属的流动

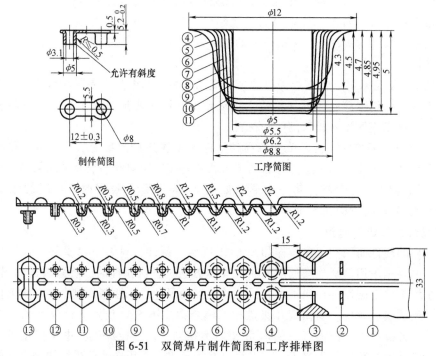

图 6-51   双筒焊片制件简图和工序排样图

①—压筋   ②—冲槽孔   ③—切边   ④—首次拉深   ⑤~⑩—第 n 次拉深   ⑪—整形   ⑫—冲底孔   ⑬—落料

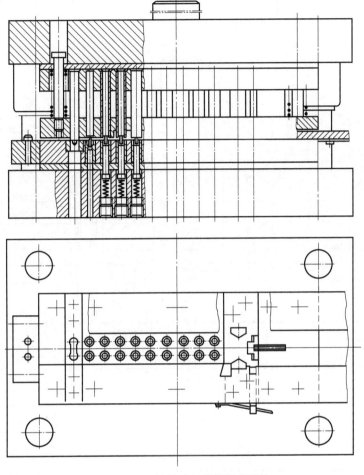

图 6-52　双筒焊片级进拉深模结构

【任务实施】

设计级进模的结构时，主要依据排样设计确定组成模具的零件及零件间的连接关系，再确定模具的总体尺寸和模具零件的结构型式。根据定子片、转子片的排样图，该模具为八工位级进模，步距为 60mm。模具的基本结构如图 6-53 所示。为了保证冲压件的精度，采用四导柱滚珠导向钢板模架。

1. 下模部分

（1）凹模　凹模由凹模基体 2 和凹模镶块 21 等组成。凹模镶块共有 4 块，工位①、②、③为第 1 块，工位④为第 2 块，工位⑤、⑥为第 3 块，工位⑦、⑧为第 4 块。每块凹模镶块分别用螺钉和销钉固定在凹模基体上，保证模具的步距精度达到 ±0.005mm。凹模材料为 Cr12MoV，淬火硬度为 62~64HRC。

（2）导料装置　在组合凹模的始末端均装有局部导料板，始端局部导料板 24 装在工位①前端，末端局部导料板 28 设在工位⑦以后。采用局部导料板的目的是避免带料送进过程中产生过大的阻力。中间各工位上设置了 4 组 8 个槽式浮顶销 27，其结构如图 6-54 所示，槽式浮顶销在导向的同时具有向上浮料的作用，使带料在运行过程中从凹模面上浮起一定的高度（约 1.5mm），以利于带料运行。

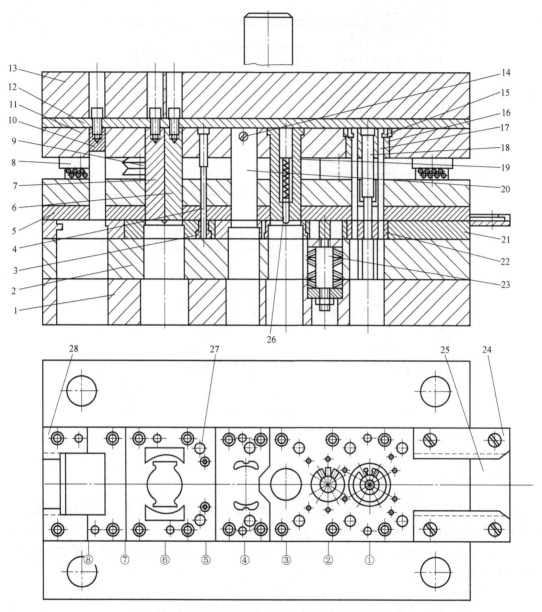

图 6-53 微型电动机定子片与转子片级进模的基本结构

1—下模座 2—凹模基体 3—导正销座 4—导正销 5—卸料板 6、7—切废料凸模 8—滚动导柱导套
9—碟形卸料弹簧 10—切断凸模 11—凸模固定板 12—垫板 13—上模座 14—销钉 15—卡圈
16—凸模座 17—冲槽凸模 18—冲孔凸模 19—落料凸模 20—冲异形孔凸模 21—凹模镶块
22—冲槽凹模 23—弹性校平组件 24、28—局部导料板 25—承料板 26—弹性防粘推杆 27—槽式浮顶销

（3）校平组件 在下模工位②的位置设置了弹性校平组件 23，目的是校平前一工位上冲出的转子片槽和 $\phi 10_{-0.034}^{-0.007}$ mm 孔。校平组件中的校平凸模与槽孔形状相同，其尺寸比冲槽

凸模周边大 1mm 左右，并以间隙配合装在凹模板内。为了提供足够的校平力，采用了碟形弹簧。

2. 上模部分

（1）凸模 凸模高度应符合工艺要求。工位③中 $\phi47.2_{-0.05}^{0}$mm 的落料凸模 19 和工位⑥中的 3 个凸模较大，应先进入冲裁工作状态。其余凸模均比其短 0.5mm。当大凸模完成冲裁后，再使小凸模进行冲裁，这样可防止小凸模折断。

模具中的冲槽凸模 17，切废料凸模 6、7，冲异形孔凸模 20 均为异形凸模，无台阶。大一些的凸模采用螺钉紧固，冲异形孔凸模 20 呈薄片状，故采用销钉 14 吊装于凸模固定板 11 上。环形分布的 12 个冲槽凸模 17 镶在带台阶的凸模座 16 上相应的 12 个孔内，并采用卡圈 15 固定，如图 6-55 所示。卡圈切割成两半，用卡圈卡住凸模上部磨出的凹槽，可防止卸料时凸模被拔出。

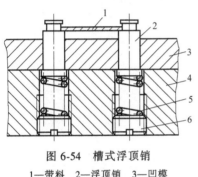

图 6-54 槽式浮顶销

1—带料 2—浮顶销 3—凹模
4—下模座 5—弹簧 6—螺塞

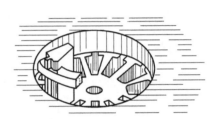

图 6-55 冲槽凸模的固定

（2）弹性卸料装置 由于模具中有细小凸模，为了防止细小凸模折断，需采用带辅助导向机构（即小导柱和小导套）的弹性卸料装置，使卸料板对小凸模进行导向保护。小导柱和小导套的配合间隙一般为凸模与卸料板之间配合间隙的 1/2。该模具的间隙值都很小，因此，模具中的辅助导向机构是共用的模架滚珠导向机构。

为了保证卸料板具有良好的刚性和耐磨性，并便于加工，卸料板共分为 4 块，每块板厚为 12mm，材料为 Cr12，并热处理淬硬至 55～58HRC。各块卸料板均装在卸料板基体上，卸料板基体用 45 钢制作，板厚为 20mm。该模具所有的工序都是冲裁，卸料板的工作行程小，因此，为了保证足够的卸料力，采用了 6 组相同的碟形弹簧作为弹性元件。

（3）定位装置 模具的步距精度为 ±0.05mm，采用的自动送料装置精度为 ±0.005mm。为此，分别在模具的工位①、②、③、④上设置了 4 组共 8 个呈对称布置的导正销，以实现对带料的精确定位。导正销与固定板和卸料板的配合选用 H7/h6。在工位⑧，带料上的导正销孔已被切除，此时可借用定子片两端的 $\phi6$mm 孔作为导正销孔，以保证最后切除时的定位精度。在工位③切除转子片外圆时，用装在凸模上的导正销，并借用 $\phi10_{-0.034}^{-0.007}$mm 中心孔导正。

（4）防粘装置 防粘装置是指弹性防粘推杆 26 及弹簧等，其作用是防止冲裁时分离的材料粘在凸模上，从而影响模具的正常工作，甚至损坏模具。工位③的落料凸模上均匀设置了 3 个弹性防粘推杆，目的是使凸模上的导正销与落料的转子片分离，阻止转子片随凸模上升。

思 考 题

1. 级进模有哪些种类？
2. 级进模排样设计时应注意哪些问题？
3. 简述各种级进模典型结构的特点。
4. 图 6-56 所示为卡片零件，材料为 H62 黄铜，大批量生产，试分析该零件的冲压工艺。

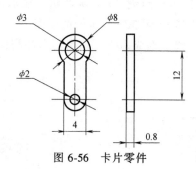

图 6-56 卡片零件

项目七   冲压模具设计综合实践

冲压件的生产流程通常包括原材料的准备、各种基本冲压工序和其他辅助工序（退火、表面处理等）。针对具体的冲压件，恰当地选择各工序的内容，正确确定坯料尺寸、工序数目、工序件尺寸，合理安排冲压工序的先后顺序和工序的组合形式，确定最佳的冲压工艺方案，这个过程称为冲压工艺规程的制订。冲压工艺过程的优劣，决定了冲压件的质量和成本，所以，冲压工艺规程制订是一项十分重要的工作。

本项目通过托架零件的冲压工艺规程的制订，让学生了解冲压工艺设计相关资料，掌握冲压工艺规程制订的步骤及方法，掌握绘制模具总装图的基本方法和步骤，能根据实际生产情况独立查阅相关资料，制订中等复杂程度冲压件的工艺规程与设计模具结构。

任务   综合工艺分析和复杂模具设计过程

【学习目标】

1. 了解冲压模具设计的国家标准内容，可根据国家标准制订冲压工艺规程并设计模具。

2. 了解制订冲压工艺规程的原始资料，掌握冲压工艺规程编制和模具设计的方法、步骤。

3. 了解模具设计师必须具备的知识结构和能力结构。

4. 通过实例分析，综合训练学生的模具设计能力。

【任务导入】

托架零件如图 7-1 所示，材料为 08 钢，料厚 $t = 1.5$mm，年产量为 2 万件，要求表面无严重划痕，孔不允许变形，试制订其冲压工艺规程及设计各工艺的模具结构。

【相关知识】

一个冲压零件从设计到生产的过程为：产品设计→模具设计→模具制造→试模→零件生产。其中，模具设计具有特殊的作用，它将产品设计的理念"现实化"，一直到试模出合格的产品。

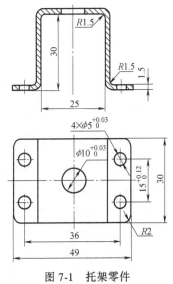

图 7-1   托架零件

一、设计资料

1. 国家标准

冲模标准是指在冲模设计与制造中应该遵循和执行的技术规范和标准。在现代模具制造行业中，冲模的种类繁多且结构十分复杂，如精密级进模的模具零件有上百个，甚至更多，这使得模具的设计与制造周期很长。实现模具标准化后，所有的标准件都可以外购，从而简化了模具的设计，减少了模具零件的制造工作量，缩短了模具的制造周期。模具的计算机辅助设计与制造技术的应用，也要求按照统一的标准进行设计和制造。冲模标准在稳定和保证模具设计质量和制造质量方面，更是起到了关键作用。

目前，我国在模具行业中推广使用的标准有国家标准和机械行业标准。表7-1列出了部分现行的冲模标准。

表 7-1 部分现行的冲模标准

分类	标准名称	标准号	分类	标准名称	标准号
基础工艺质量	模具术语	GB/T 8845—2017	模架	冲模滑动导向模架	GB/T 2851—2008
	冲压件尺寸公差	GB/T 13914—2013		冲模滚动导向模架	GB/T 2852—2008
	冲压件角度公差	GB/T 13915—2013		冲模模架技术条件	JB/T 8050—2008
	冲压件形状和位置未注公差	GB/T 13916—2013		冲模模架零件技术条件	JB/T 8070—2008
				冲模模架精度检查	JB/T 8071—2008
	冲压件未注公差尺寸极限偏差	GB/T 15055—2007		冲模滑动导向钢板模架	GB/T 23565.1~23565.4—2009
	冲裁间隙	GB/T 16743—2010	零部件	冲模滑动导向模座 第1部分:上模座	GB/T 2855.1—2008
	冲模技术条件	GB/T 14662—2006			
	精冲模技术条件	GB/T 30218—2013		冲模滑动导向模座 第2部分:下模座	GB/T 2855.2—2008
	金属冷冲压件 结构要素	GB/T 30570—2014			
	金属冷冲压件 通用技术条件	GB/T 30571—2014		冲模滚动导向模座 第1部分:上模座	GB/T 2856.1—2008
	精密冲裁件 第1部分:结构工艺性	JB/T 9175.1—2013			
				冲模滚动导向模座 第2部分:下模座	GB/T 2856.2—2008
	精密冲裁件 第2部分:质量	JB/T 9175.2—2013			
				冲模模板	JB/T 7643.1~7643.6—2008
	精密冲裁件 通用技术条件	GB/T 30573—2014		冲模导向装置	GB/T 2861.1~2861.11—2008
	金属板料拉深工艺设计规范	JB/T 6959—2008		冲模模柄	JB/T 7646.1~7646.6—2008
	冲压剪切下料 未注公差尺寸的极限偏差	JB/T 4381—2011		冲模零件 技术条件	JB/T 7653—2008
				冲模 圆凹模	JB/T 5830—2008
	高碳高合金钢制冷作模具显微组织检验	JB/T 7713—2007		冲模单凸模模板	JB/T 7644.1~7644.8—2008
				冲模 圆柱头直杆圆凸模	JB/T 5825—2008
				冲模卸料装置	JB/T 7650.1~7650.8—2008

2. 技术资料

技术资料主要包括冲压件的原始资料（零件图、技术要求、性能指标、设备条件等），与冲压有关的各种手册（冲压手册、冲模设计手册、机械设计手册、材料手册）、图册，企业标准等有关的技术参考资料。制订冲压工艺规程时，利用技术资料将有助于设计者分析计算和确定材料、精度等，简化设计过程，缩短设计周期，提高生产率。

二、模具设计环节的内容与步骤

1. 冲压工艺与模具设计的一般流程

冲压模具设计与制造技术是一项技术性和经验性都很强的工作，冲压模具设计要考虑三个方面的内容，即冲压工艺过程设计、冲压模具设计及模具零件的加工工艺性。其中，冲压工艺过程设计是冲压模具设计的基础和依据，冲压模具设计的目的是保证实现冲压工艺，而冲压模具制造则是模具设计过程的延续，目的是使设计图样通过原材料的加工和装配，转变为具有使用功能和使用价值的模具实体。

冲压工艺过程的设计流程如图 7-2 所示。冲压工艺过程设计的主要工作如下。

（1）收集并分析有关设计的原始资料原始资料主要包括：冲压件的产品图及技术条件；原材料的尺寸规格、性能及供应状况；产品的生产批量；工厂现有的冲压设备条件；工厂现有的模具制造条件及技术水平；其他技术资料。

（2）产品零件的冲压工艺性分析　冲压工艺性是指冲压件对冲压工艺的适应性，即冲压件的结构形状、尺寸大小、精度要求及所用材料等方面是否符合冲压加工的工艺要求。一

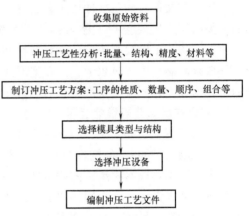

图 7-2　冲压工艺过程的设计流程

般说来，工艺性良好的冲压件，可保证材料消耗少，工序数目少，模具结构简单，产品质量稳定，成本低，还能使技术准备工作和生产组织管理经济合理。如果发现冲压件存在工艺缺陷或冲压工艺性差，则应及时会同产品设计人员，在保证使用要求的前提下，对冲压件提出必要的修改意见，经产品设计者同意后方可修改。冲压工艺性分析的目的就是了解冲压件加工的难易程度，为制订冲压工艺方案奠定基础。

（3）制订冲压工艺方案　通过分析和计算，确定冲压加工工序的性质、数量、顺序和组合方式、定位方式；确定各工序件的形状及尺寸；安排其他非冲压辅助工序等。

（4）选择模具类型与结构　冲压模具设计一般流程如图 7-3 所示。

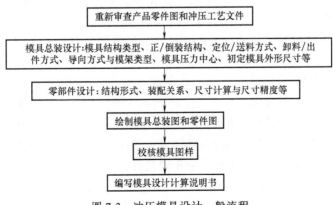

图 7-3　冲压模具设计一般流程

需要说明的是，在冲压模具设计过程中，必定有冲压工艺方案的分析、确定及冲压工艺计算，从工艺方案分析开始到正式绘制模具图，中间各步骤还应有反复分析与交叉进行的过程。

（5）选择冲压设备 根据工艺计算和模具外形尺寸的估算值，结合现有设备条件，合理选择各道冲压工序的设备。

（6）编制冲压工艺文件 为了科学地组织和实施生产，在生产中准确地反映工艺过程设计中确定的各项技术要求，保证生产过程的顺利进行，必须根据不同的生产类型编制详细的冲压工艺文件。

冲压工艺文件一般包括冲压工艺过程卡和工序卡。工艺过程卡表示零件整个冲压工艺过程的有关内容，主要包括工序名称、工序次数、工序草图（半成品形状和尺寸）、所用模具、所选设备、工序检验要求、板料规格和性能、毛坯形状和尺寸等。在成批和小批量生产中，一般只需制订工艺过程卡，其在实际生产中尚无统一的格式。而工序卡具体表示每道工序的有关内容。在大批量生产中，需制订每个零件的工艺过程卡和工序卡。

2. 制订冲压工艺规程的步骤及方法

（1）冲压件的分析 冲压件的分析主要包括冲压件的功用与经济性分析和工艺性分析。

1）冲压件的功用与经济性分析。应了解冲压件的使用要求及其在设备中的装配关系、装配要求。因模具成本较高，占冲压件总成本的10%～30%，冲压加工的优越性主要体现在批量生产，而批量小时，采用其他加工方法可能比冲压方法更经济，所以，要分析冲压件的结构、形状特点、尺寸大小、精度要求、生产批量及所用原材料，判断其是否利于材料的充分利用，是否利于简化模具设计与制造，产量与冲压加工特点是否相适应，从而确定采用冲压加工是否经济。

2）冲压件的工艺性分析。相关工艺分析已在前述项目中进行了介绍，本项目不再赘述。

（2）冲压工艺方案的分析与确定 在对冲压件进行分析的基础上，便可进行冲压工艺方案的确定。通常在对工序性质、工序数目、工序顺序及组合方式的分析基础上，会制订几种不同的冲压工艺方案。从产品质量、生产率、设备占用情况、模具制造的难易程度和模具寿命、工艺成本、操作方便和安全程度等方面，进行综合分析、比较，确定适合于工厂具体生产条件的经济合理的最佳工艺方案。

1）冲压工序性质的确定。冲压工序性质是指成形冲压件所需要的冲压工序种类，如落料、冲孔、切边、弯曲、拉深、翻孔、翻边、胀形、整形等都是冲压加工中常见的工序。不同的冲压工序有其不同的变形性质、特点和用途，确定时要根据冲压件的形状、尺寸、精度、成形规律及其他具体要求等综合考虑。

① 一般情况下，可以从零件图上直观地确定工序性质。对于产量小、形状规则、尺寸要求不高的平板件，可采用剪切工序；对于产量大、有一定精度要求的冲裁件，可采用落料、冲孔、切口等工序，平整度要求较高时还需增加校平工序；对于一般的开口空心件，可采用落料、拉深和切边工序，带孔的拉深件还需增加冲孔工序，径向尺寸精度要求较高或圆角半径小于允许值时则需增加整形工序；对于弯曲件，一般采用冲裁后再弯曲的工序，相对弯曲半径较小时要增加整形工序。

图7-4所示平板件在冲压加工时，常采用剪切、落料、冲孔等冲裁工序。当零件的平面

度要求较高时，还需在最后采用校平工序进行精压。当零件的断面质量和尺寸精度要求较高时，则需在冲裁工序后增加整形工序，或直接用精密冲裁工艺进行加工。

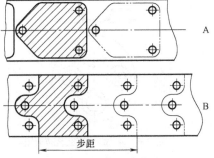

若零件的三个安装孔有精确的位置要求，而外形是无关紧要的，则可以在对零件的外形稍加修改后将原来有废料排样 A 变为无废料排样 B。这样可在不影响零件精度的条件下，使材料利用率提高40%，生产率提高一倍。

图 7-4　平板件的冲裁工艺

② 有些情况下，需针对零件图进行计算、分析比较后确定工序性质。有些冲压件由于一次成形的变形程度较大，或对零件的精度、变薄量、表面质量等方面有较高要求，需进行相关工艺计算或综合考虑变形规律、冲压件质量和冲压工艺性等因素后才能确定工序性质。

如图 7-5 所示的两个形状相同而尺寸不同的带凸缘无底空心件，材料均为 08 钢。从表面上看似乎都可用落料、冲孔和翻孔三道工序完成，但经过计算分析表明，图 7-5a 所示空心件的翻边系数为 0.8，远大于其极限翻边系数，故可以通过落料、冲孔和翻孔三道工序完成；而图 7-5b 所示空心件的翻边系数为 0.68，接近其极限翻边系数，这时若直接冲孔后翻边，由于翻边力较大，在翻孔的同时可能产生坯料外径缩小的拉深变形，达不到零件要求的尺寸，因而需采用落料、拉深、冲孔和翻孔四道工序成形。若零件直边部分变薄量要求不高，也可采用拉深（一般需多次拉深）后切底的方式成形。

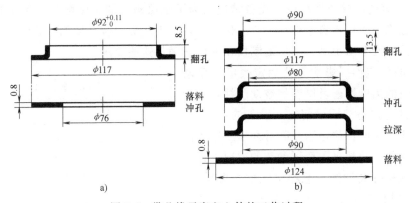

图 7-5　带凸缘无底空心件的工艺过程

③ 有时为了改善冲压变形条件或方便工序定位，需增加附加工序。如图 7-6 所示零件，为了防止在对四个高度较大的凸包胀形时发生胀裂，增加了冲 4 个预制孔的工序，使凸包的底部和周围都成为可以产生一定变形量的弱区。在成形凸包时，孔径扩大，补充了周围材料的不足，从而避免了产生胀裂的可能。这种孔是起转移变形区的作用，所以又称为变形减轻孔。这种变形减轻孔在成形复杂形状零件时能使不易成形或不能成形的部位的成形成为可能，适当采用还可以减少有些零件的成形次数。

对于图 7-7 所示非对称形零件，在成形时坯料会产生偏移，很难达到预期的成形效果。为此，可采用成对冲压的方法，然后再增加一道剖切工序，这对改善坯料的变形均匀性、简化模具结构和方便操作等都有很大好处。

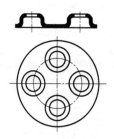

图 7-6　增加冲压变形减轻孔

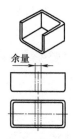

余量

图 7-7　非对称形零件的冲压

2）冲压工序数量的确定。冲压工序的数量，广义上是指整个冲压加工的全部工序数，包括辅助工序数的总数；狭义上是指同一性质工序重复进行的次数。工序数量确定的基本原则为：在保证工件质量的前提下，考虑生产率和经济性的要求，应适当减少或不用辅助工序，把工序数量控制到最少。

① 生产批量的大小。大批量生产时，应尽量合并工序，采用复合冲压或级进冲压，可提高生产率，降低生产成本。中小批量生产时，常采用单工序简单模或复合模，有时也可考虑采用各种相应的简易模具，以降低模具制造费用。

② 零件精度的要求。例如，平板冲裁件在冲裁后增加一道整形工序，就可满足其断面质量和尺寸精度要求较高的需要；当其表面平面度要求较高时，还必须在冲裁后增加一道校平工序；在拉深后增加整形或精整工序，也可满足其圆角半径要求较小或径向尺寸精度要求较高的需要。这虽然增加了工序数量，但却是保证零件精度必不可少的工序。

③ 工厂现有的制模条件和冲压设备情况。为了确保确定的工序数量，采用的模具结构和精度要求应能与工厂现有条件相适应。例如，多个工序的组合会使相应的模具结构变得复杂，其加工及装配要求也高，工厂的制模条件应能满足这些要求。

④ 工艺的稳定性。影响工艺稳定性的因素较多，如原材料的力学性能及厚度的波动、模具的制造误差、模具的调整与润滑情况、设备的精度等，但在确定工序数量时，应适当地降低冲压工序中的变形程度，避免在接近极限变形参数的情况下进行冲压加工，这是提高冲压工艺稳定性的主要措施。另外，适当增加某些附加工序（如冲制工艺孔作为定位孔）也是提高工艺稳定性的有效措施。

另外，对于拉深、胀形等成形工序，有时适当利用变形减轻孔也可减少工序数量。如图 7-8 所示拉深件，经计算可知拉深前的坯料直径为 81mm，其拉深系数 $m = 33/81 = 0.4$，小于极限拉深系数，不能一次拉深成形。但若预先在坯料上冲出 $\phi 10.8$mm 的变形减轻孔，由于该孔在拉深时对外部坯料（大于 $\phi 33$mm 的部分）的变形有减轻作用，从而经一次拉深便可得到直径为 33mm、高度为 9mm 的拉深件。因拉深时 $\phi 10.8$mm 孔的孔径有

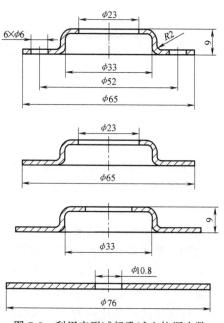

图 7-8　利用变形减轻孔减少拉深次数

所变大，所以再进行一次切边冲孔即可得到 $\phi 23$mm 底孔，且坯料直径也只需 76mm。

3）冲压工序顺序的确定。冲压件各工序的先后顺序，主要取决于冲压变形规律和零件质量要求。如果工序顺序的改变并不影响零件质量，则应当根据操作定位及模具结构等因素确定。工序顺序的确定一般遵循下列原则。

① 弱区必先变形，变形区应为相对弱区。当冲压过程中坯料上的强区与弱区对比不明显时，零件上有公差要求的部位应在成形后冲出。如图 7-9 所示的锁圈，其内径 $\phi 22_{-0.1}^{0}$mm 是配合尺寸，如果采用先落料、冲孔再成形，由于成形时整个坯料都是变形区，很难保证内孔公差，因而应采用落料、成形、冲孔的工序顺序。

② 前工序成形后得到的符合零件图样要求的部分，在以后各道工序中不得再发生变形。如图 7-10 所示零件，如果先冲出 $\phi 66$mm 内孔，则在外缘落料时，冲裁力的水平分力会使内孔部分参与变形，使孔径胀大 2~3mm。因此，即便使用复合冲裁模也要把冲孔凸模的高度缩短 7~8mm，以保证落料先于冲孔，从而得到合格零件。

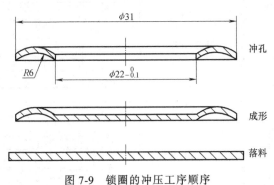

图 7-9　锁圈的冲压工序顺序　　　　图 7-10　工序顺序的合理安排

③ 零件上所有的孔，只要其形状和尺寸不受后续工序的影响，都应在平面坯料上先冲出。先冲出的孔可以作为后续工序的定位孔，而且可使模具结构简单，生产率提高。

④ 对于带孔或有缺口的冲裁件，使用级进模冲裁时，应先冲孔或切口，后落料；选用单工序模冲裁时，一般先落料，再冲孔或切口。零件上的大孔靠近小孔或者孔边距太小而不能同时冲出时，应先冲大孔和精度一般的孔，后冲小孔和精度高的孔，这样可避免冲大孔时变形大而引起小孔变形。

⑤ 对于带孔的弯曲件，孔边与弯曲变形区的间距较大时，可以先冲孔，后弯曲。如果孔边在弯曲变形区附近或以内，则必须在弯曲后再冲孔。孔间距受弯曲回弹影响时，也应先弯曲，后冲孔。如图 7-1 所示的托架弯曲件，$\phi 10$mm 孔位于弯曲变形区之外，可以在弯曲前冲出。而 $4 \times \phi 5$mm 孔及其中心距 36mm 会受到弯曲工序的影响，应在弯曲后冲出。

⑥ 对于带孔的拉深件，一般来说，都是先拉深，后冲孔。但当孔的位置在零件的底部，且孔径尺寸相对筒体直径较小且要求不高时，也可先在坯料上冲孔，再拉深。

⑦ 对于多角弯曲件，主要从弯曲时材料的变形和运动两方面考虑工序顺序。一般是先弯外部弯角，后弯内部弯角，可同时弯曲的弯角数量取决于零件所允许的变薄量。

⑧ 零件的整形或校平等工序均应安排在零件基本成形以后进行。

4）冲压工序的组合方式。工序组合是指把零件的多个工序合并成为一道工序，采用级进模或复合模进行生产。工序组合能否实现及组合的程度如何，主要取决于零件的生产批量、形状尺寸、质量与精度要求，其次要考虑模具结构、模具强度、模具制造与维修，以及现场设备能力等。

生产批量大时，冲压工序应尽可能组合在一起，采用复合模或级进模冲压，以提高生产率，降低成本；生产批量小时，则以单工序模分散冲压为宜。但有时为了操作方便、保障安全，或为了减少冲压件在生产过程中的占地面积和传递工作量，虽然生产批量不大，也将冲压工序相对集中，采用复合模或级进模冲压。

在确认工序有组合的必要后，在选择复合冲压还是级进冲压这两种组合方式时，要根据零件的尺寸、精度、冲压设备、制模条件及生产安全性等具体情况确定。而且工序的组合方式与所采用的模具类型（复合模与级进模）是对应的。常见级进冲压工序组合方式和复合冲压工序组合方式分别见表 7-2 和表 7-3。

表 7-2　常见级进冲压工序组合方式

工序组合方式	模具结构简图	工序组合方式	模具结构简图
冲孔、落料	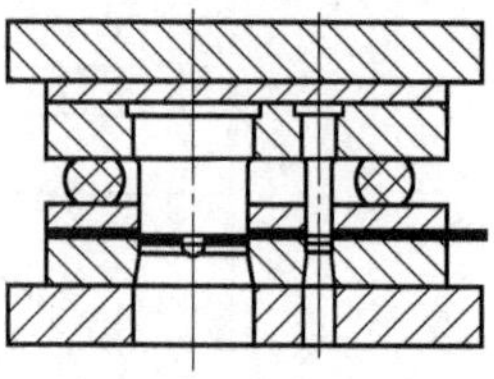	冲孔、切断	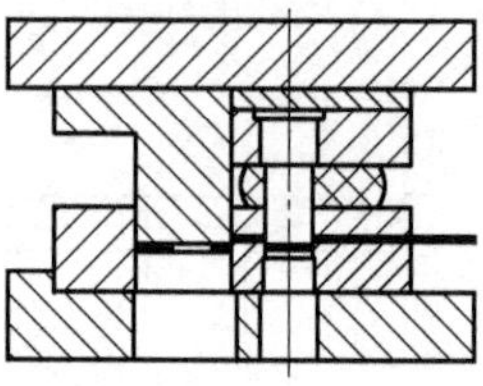
冲孔、截断	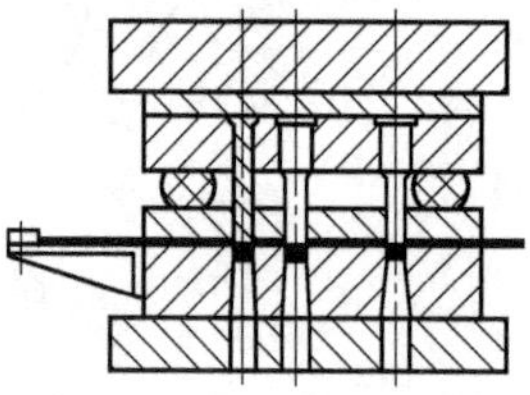	连续拉深、落料	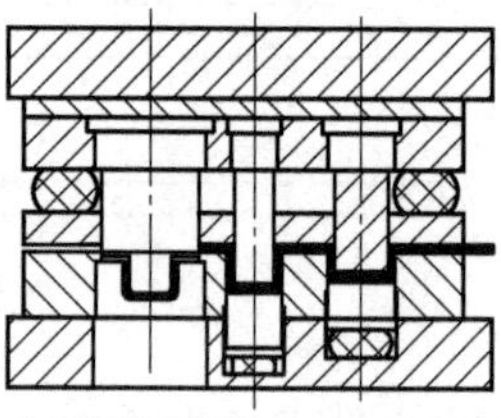
冲孔、弯曲、切断	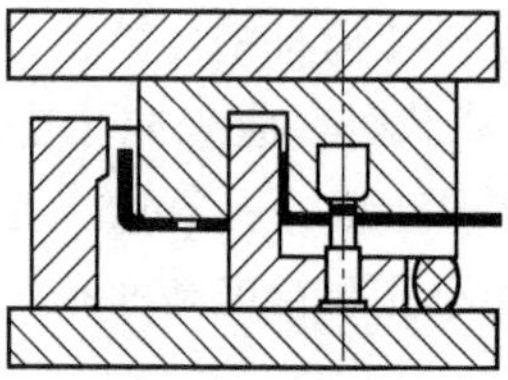	冲孔、翻边、落料（二）	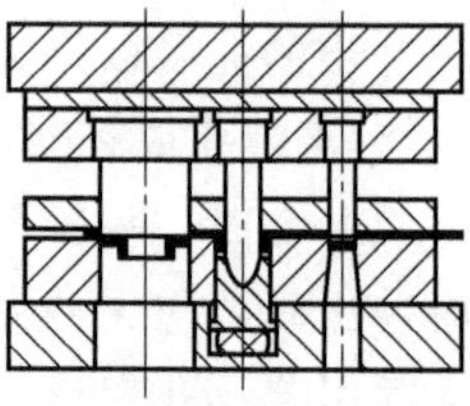
冲孔、切断、弯曲	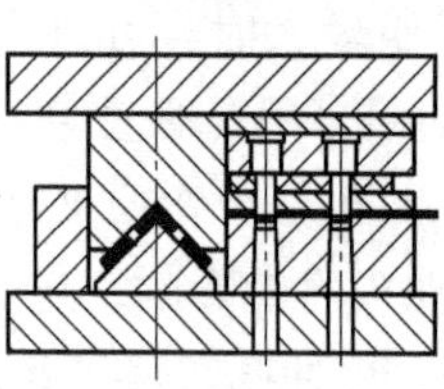	冲孔、压印、落料	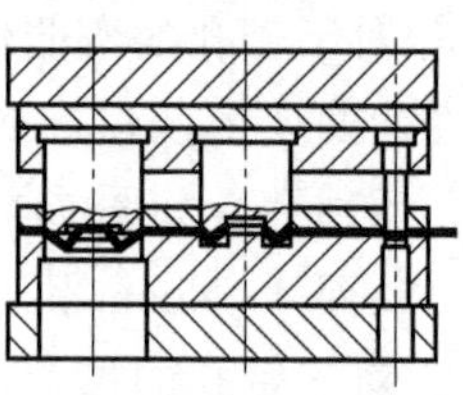
冲孔、翻边、落料（一）	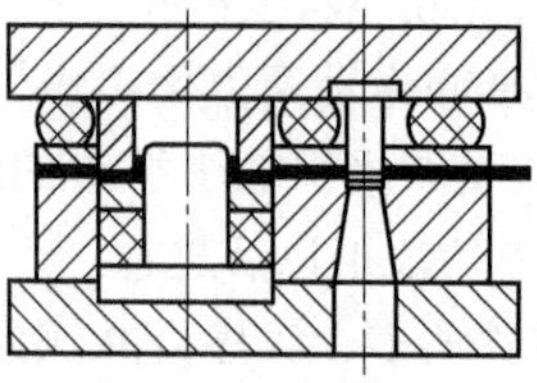	连续拉深、冲孔、落料	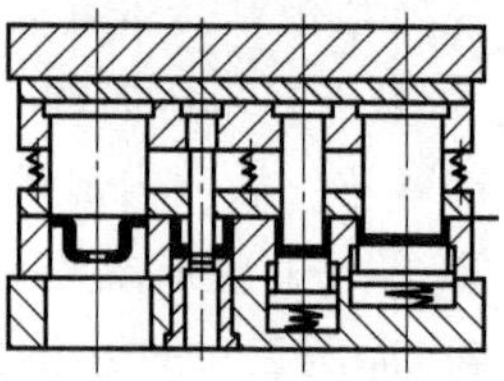

表 7-3　常见复合冲压工序组合方式

工序组合方式	模具结构简图	工序组合方式	模具结构简图
落料、冲孔	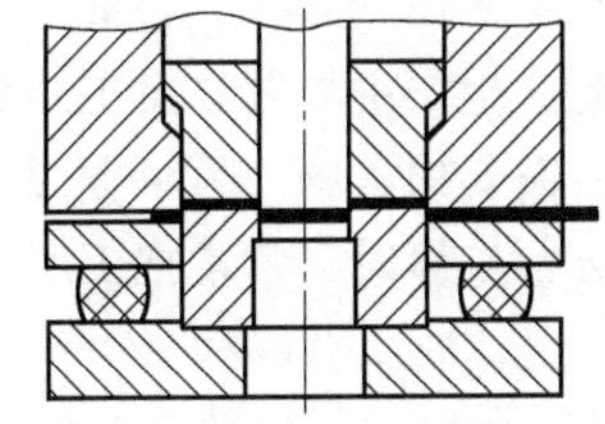	落料、拉深、切边	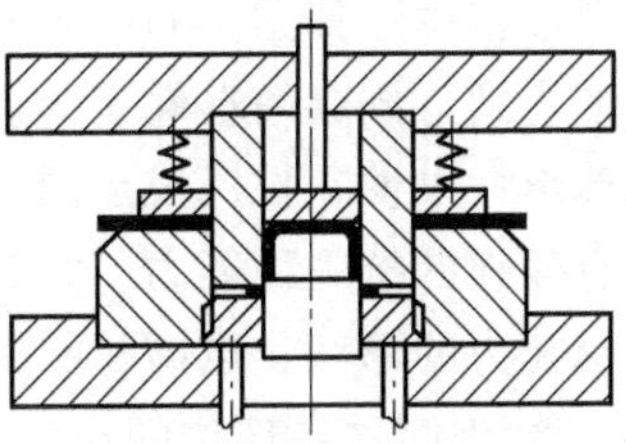
切断、弯曲	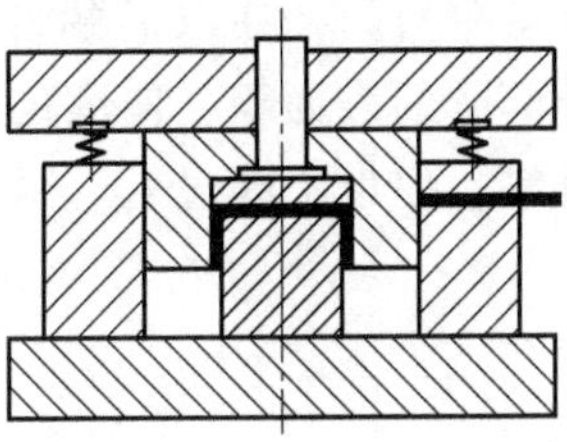	冲孔、切边	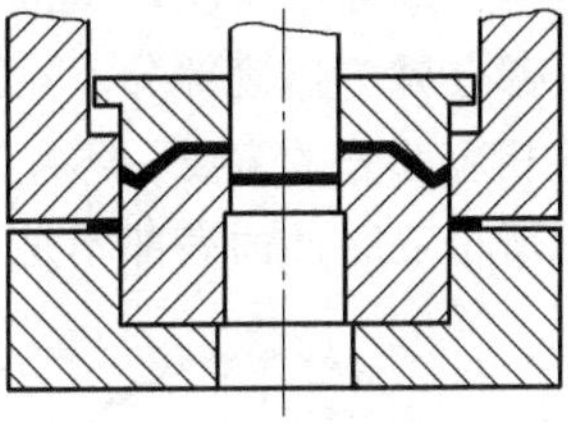
切断、弯曲、冲孔	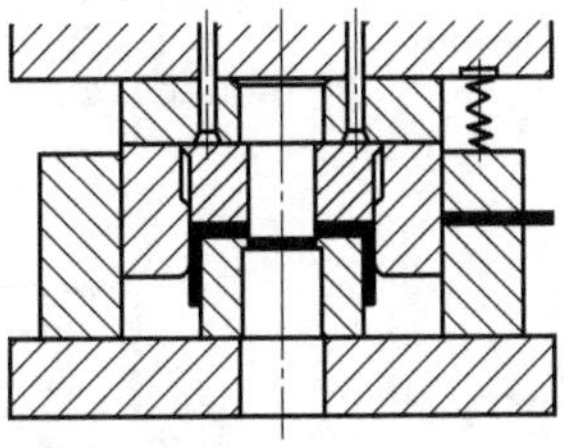	落料、拉深、冲孔	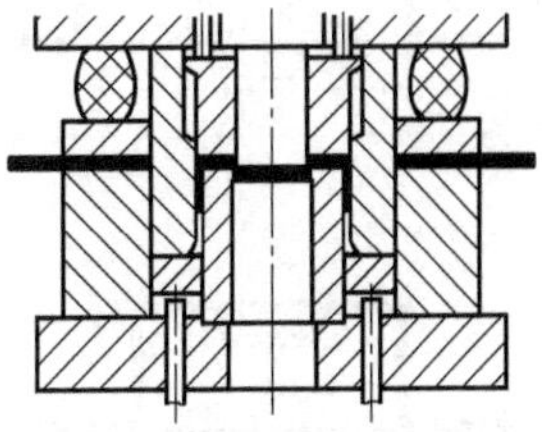
落料、拉深	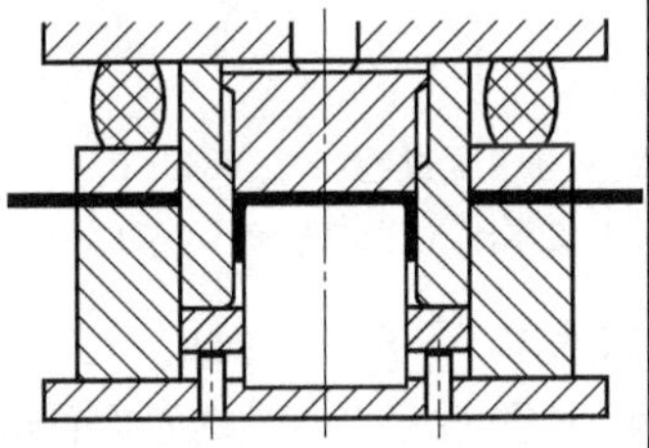	落料、胀形、冲孔	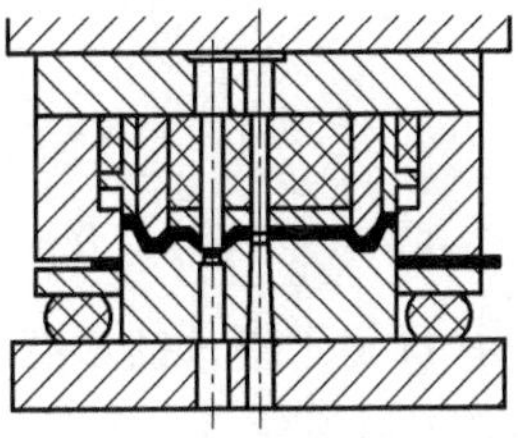

（3）有关工艺计算　工艺方案确定后，需对每道冲压工序进行工艺计算，相关内容如下。

1）排样与裁板方案的确定。根据冲压工艺方案，确定冲压件或坯料的排样方案，计算条料宽度与进料步距，选择板料规格并确定裁板方式，计算材料利用率。

2）确定每道冲压工序件形状，并计算工序件尺寸。冲压工序件是坯料与成品零件的过渡件。对于冲裁件或成形工序少的冲压件（如一次拉深成形的拉深件、简单弯曲件等），工艺过程确定后，工序件形状及尺寸就已确定。而对于形状复杂、需要多次成形工序的冲压件，其工序件形状与尺寸的确定需要注意以下几点。

① 工序件尺寸应根据冲压工序的极限变形参数确定。受极限变形参数限制的工序件尺寸在成形工序中是很多的，除拉深以外，还有胀形、翻孔、外缘翻边、缩口等。除直径、高度等轮廓尺寸外，圆角半径等也直接或间接受极限变形参数的限制，如最小弯曲半径、拉深件的圆角半径等，这些尺寸都应根据需要（如工艺性要求）和变形程度的可能加以确定，

有的需要逐步成形达到要求。

② 工序件的形状和尺寸应有利于下一道工序的成形。一方面，应注意工序件要能起到储料的作用。如图 7-11c 所示第三道工序形成的凹坑（$\phi5.8mm$），若采用平底的筒形工序件胀形得到，则会使材料变薄严重而导致破裂，因此，生产中将第二道工序后的工序件底部做成球形，以便在拉深成形凹坑的相应部位上储存所需要的材料。另一方面，工序件的形状应具有较强的抗失稳能力，尤其对曲面形状的零件进行拉深时，常常把工序件做成具有较强抗失稳能力的形状，以防拉深时起皱。

③ 工序件各部位的形状和尺寸必须按等面积原则确定。如图 7-11b 所示，在第二次拉深所得工序件中，$\phi16.5mm$ 的圆筒形部分与成品零件相同，在以后的各工序中不再变形，其余部分属于过渡部分。被圆筒形部分隔开的内外部分的表面积，应满足以后各工序中形成零件相应部分的需要，不能通过其他部分来补充材料，但也不能过剩。因此，该零件的两次拉深所得工序件的底部不是平底而是球面形状。

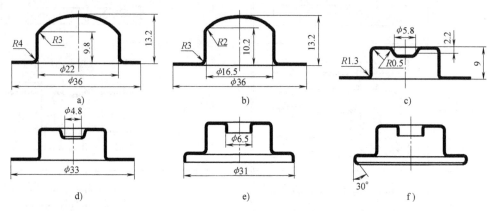

图 7-11 出气阀罩盖的冲压过程

a）工序一 b）工序二 c）工序三 d）工序四 e）工序五 f）工序六

④ 确定工序件的形状和尺寸时还必须考虑成形以后零件表面的质量。如多次拉深的工序件的圆角半径（凸、凹模的圆角半径）都不宜取得过小。又如拉深锥形件时，采用阶梯形状过渡，所得锥形件壁厚不均匀，表面会留有明显的印痕，尤其当阶梯处的圆角半径较小时，其表面质量更差，而采用锥面逐步成形法或锥面一次成形，则能获得较好的成形效果。

3）计算各工序冲压力。根据冲压工艺方案，初步确定各冲压工序所用冲压模具的结构方案（如卸料与压料方式、推件与顶件方式等），计算各冲压工序的变形力（冲裁力、弯曲力、拉深力、胀形力、翻边力等）、卸料力、压料力、推件力、顶件力等。对于非对称制件的冲压和级进冲压，还需计算压力中心。

（4）冲压设备的选择 设备类型的选择主要取决于企业现有设备情况、冲压的工艺要求和生产批量。在设备类型选定之后，应进一步根据冲压力、模具闭合高度和模板平面轮廓尺寸等确定设备规格。设备规格的选择与模具设计关系密切，必须使所设计的模具与所选设备的规格相适应。

（5）编写冲压工艺文件 冲压工艺文件综合表达了冲压工艺设计的内容，是模具设计的重要依据，在生产中起着组织管理、各工序间的协调及工时定额的核算等作用。

生产中常见的冲压工艺卡片的格式见表 7-4。

表7-4 冲压工艺卡片

(厂名)	冲压工艺卡	产品型号		零部件名称		共 页
		产品名称		零部件型号		第 页

材料牌号及规格 /(厚/mm×宽/mm×长/mm)		材料技术要求	坯料尺寸 /(厚/mm×宽/mm×长/mm)	每个坯料 可制零件数	毛坯重量	辅助材料
08钢 (1.5±0.11)×1800×900			条料 1.5×69×1800	27件		

工序号	工序名称	工序内容	加工简图	设备	工艺装备	工时
0	下料	剪板 69mm×1800mm				
1	落料拉深	落料与首次 拉深复合		J23-35	落料-拉深 复合模	
2	拉深	二次拉深		J23-25	拉深模	
3	拉深	三次拉深兼 整形		J23-35	拉深模	
4	冲孔	冲 φ11mm 底孔		J23-35	冲孔模	
5	翻孔	翻底孔兼整形		J23-25	翻孔模	
6	冲孔	冲三个 φ3.2mm 孔		J23-25	冲孔模	
7	切边	切凸缘边达 尺寸要求		J23-25	切边模	
8	检验	按零件图检验				

					绘制 日期	审核 日期	会签 日期
标记	处数	更改文件号	签字	日期	标记	处数	更改文件号	签字	日期			

三、冲压模具总体结构型式的确定

模具总体结构型式的确定是模具设计时必须首先解决的问题，是冲压模具设计的关键。

模具类型的选定，应以合理的冲压工艺过程为基础，根据冲压件的形状、尺寸、精度要求、材料性能、生产批量、冲压设备、模具加工条件等多方面的因素，综合分析研究并比较其综合经济效果，以在满足冲压件质量要求的前提下，最大限度地降低冲压件的生产成本。

确定模具的结构型式时，主要从模具类型、操作方式、材料的进出料与定位方式、压料与卸料方式、模具精度等方面考虑，具体可参考项目二或相关模具设计手册。

表 7-5 列出了模具的类型与生产批量之间的关系，可供设计时参考。

表 7-5 模具的类型与生产批量之间的关系 （单位：千件）

项目	单件	小批量	中批量	大批量	大量
大型件	<1	1~2	>2~20	>20~300	>300
中型件		1~5	>5~50	>50~1000	>1000
小型件		1~10	>10~100	>100~5000	>5000
模具类型	单工序模、简单经济型模、组合模	单工序模、简易模、组合模	单工序模、级进模/复合模、半自动模	单工序模、级进模/复合模、自动模	单工序硬质合金模、级进模/复合模、自动模
设备类型	通用压力机	通用压力机	高速压力机、自动或半自动机、通用压力机	高速压力机、自动机、自动生产线	专用压力机、自动机、自动生产线

好的模具不仅能实现冲压工艺、生产出合格的冲压件，还应具有结构简单、操作方便安全、易于加工制造和装配维修的特点。因此，模具设计者不仅要有扎实的冲压工艺和模具设计的知识，还要有丰富的模具制造及使用的实践经验。

生产中常见冲压模具的设计要点见表 7-6。

表 7-6 常见冲压模具设计要点

模具类型	设计要点
冲裁模	1)凸、凹模间隙要根据冲裁件质量、模具寿命和模具制造等要求，综合考虑进行选取 2)冲裁模凸、凹模间隙比较小，一般要用导柱、导套对上、下模进行导向 3)根据冲裁件的形状结构、质量、模具加工和模具寿命等要求，确定凸、凹模结构是采用整体式还是镶拼式 4)应对细小凸模采取保护措施 5)非对称件冲裁模或多凸模冲裁模，应使压力中心与滑块中心重合 6)根据料厚、冲压件平整度要求、模具结构等，确定卸料方式 7)采用中间导柱或对角导柱的模架时，应采取防止上、下模装错位置的措施
弯曲模	1)弯曲模凸、凹模间隙较大，一般不设置上、下模导向装置。只有当弯曲模中含有冲裁工序时才考虑设置导柱导套导向 2)毛坯定位要可靠，以防止弯曲过程中毛坯发生偏移 3)采取措施减小或消除回弹 4)对模具上较大的水平侧向力应采取有效措施，如设置水平挡块、将分体式凹模块嵌入下模座内等予以均衡
拉深模	1)拉深模凸、凹模间隙较大，一般不设置上、下模导向装置。只有当拉深模中含有冲裁工序或生产批量较大时才考虑设置导柱导套 2)对于轴对称件拉深模，凸、凹模的圆角半径和间隙沿周边均匀分布；而对于矩形或异形拉深模，凸、凹模的圆角半径和间隙沿周边分布不均匀 3)拉深凸模一般设有通气孔，以便于工件脱卸 4)正确设计压边圈，适度施加压边力，保证既不起皱又不拉裂

（续）

模具类型	设计要点
级进模	1）正确进行工步设计和排样,尽量减少工位数量 2）模具一般要求有较高的导向精度,常采用四导柱滚动模架 3）正确设计定位装置,以控制步距。常采用初始挡料销+固定挡料销(+导正销)或侧刃(+导正销)定位 4）使压力中心与滑块中心重合 5）模具零件结构设计时,应根据模具加工、装配和模具寿命要求,灵活应用镶拼式结构 6）应对细小凸模采取保护措施 7）正确设计模具零件的高度尺寸,保证实现模具动作
复合模	1）应设置上、下模的导向装置 2）凸凹模的壁厚必须大于或等于凸凹模的最小允许壁厚 3）正确选择正、倒装结构,在保证凸凹模强度和工件质量的前提下,为了操作方便、安全及提高生产率,应优先选用倒装结构 4）落料、拉深复合模要正确设计零件高度尺寸,并保证落料前先压料,落料后拉深

四、模具零件的设计及标准件选用

模具工作零件是根据拟订工艺方案时所确定的每道冲压工序的工件形状和尺寸来设计的,其他模具零件（导向零件、定位零件、固定零件等）应尽可能选择标准件,只有在无标准件可选时,才进行设计。对于某些易损零件,还应进行强度校核。

模具零件的具体设计与标准件选用,可参考前述各项目或相关模具设计手册。

五、冲压模具装配图设计

冲压模具图样由总装配图、零件图两部分组成。要求根据模具结构草图绘制正式装配图。所绘装配图应能清楚地表达各零件之间的相互关系,应有足够说明模具结构的投影图及必要的断面图、剖视图,还应绘制工件图、填写零件明细栏和提出技术要求等。

1. 冲压模具装配尺寸关系

图 7-12 所示为典型冲压模具的装配尺寸关系,可供设计时参考。

2. 冲压模具总装配图的绘制

一般绘制中、小型冲压模具总装配图时,只绘制主视图与俯视图（对于复杂结构的冲压模具,可增加左视图或剖视图）。主视图应剖出模具处于下死点位置时的工作特征;俯视图往往是拿掉上模部分后绘制下模部分的结构,也可上、下模各绘制一半。

按照模具行业的习惯,冲压模具装配图上只标注三个尺寸:冲压模具的闭合高度、总长和总宽。其他尺寸及有关零件配合处的加工制造精度不予标注。全部零件的编号须标注,并在装配图明细栏中给出零件名称、数量、规格及材料等。

在设计与绘制冲压模具总装配图的过程中,除了应达到模具既定的工艺目标及冲压模具总体设计要求外,还必须正确设计相关零件的配合关系、模具与冲压设备的装配关系。

1）采用过盈配合处:导柱与下模座、导套与上模座配合面。

2）采用过盈或过渡配合处:模具工作零件与固定板、防止上模与下模径向转动的圆柱销与其配合件、（压入式）模柄与上模座之间的配合面。

3）采用精密的间隙配合处:导柱与导套之间的配合面。

4）模具与冲压设备的装配关系:模具的平面尺寸应小于压力机工作台板的尺寸,严格

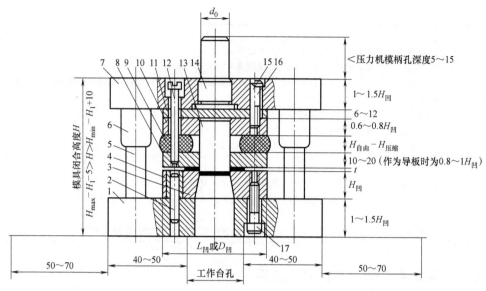

图 7-12　冲压模具装配尺寸关系

1—下模座　2、15—定位销　3—凹模　4—定位销套　5—导柱　6—导套　7—上模座　8—弹性卸料板
9—橡胶　10—凸模固定板　11—垫板　12—限位螺钉　13—凸模　14—模柄　16、17—内六角紧固螺钉

地说，模具的平面尺寸应小于压力机工作台最外两条燕尾槽之间的尺寸，以便模具下模的固定；模具的漏料孔应小于压力机工作台板孔；模柄露出端长度应小于压力机滑块孔深度 10mm；模柄露出端直径 d_0 应稍小于压力机滑块孔的孔径 d，以便使模具的上模部分能安全且方便地固定在压力机的滑块上；模具在压力机冲压行程的全过程中，应尽量保持模具导向部分不相互脱离。

冲压模具总装配图绘制的要求见表 7-7，配合关系及其表面粗糙度可按表 7-8 的推荐值选择。

表 7-7　冲压模具总装配图绘制的要求

项目	要　　求
布置图面及选定比例	1. 遵守国家标准中有关机械制图的规定（GB/T 14689—2008） 2. 按照模具设计中习惯或特殊规定的绘制方法作图 3. 总装配图比例尽量采用 1∶1，直观性好
模具装配图的布置	 （主视图 / 俯视图（下模部分）/ 工件图排样图 / 技术要求 / 明细栏 / 标题栏 布置示意图，尺寸标注：10、25、10、10、B、L、10）

（续）

项目	要　求
模具设计绘图顺序	1. 主视图:绘图时,按先里后外,由上而下的次序,即先绘制产品零件图、凸模······ 2. 俯视图:假设去掉上模部分后,沿着冲压方向从上往下看下模,绘制俯视图,俯视图和主视图一一对应画出。以双点画线的形式绘制条料 3. 模具工作位置的主视图一般按模具闭合状态绘制。绘图应与计算工作联合进行,绘制各部分模具零件结构图,并确定模具零件的尺寸。如果发现模具不能保证工艺的实施,则需更改工艺设计
模具装配图主视图的绘制要求	1. 用主视图和俯视图表示模具结构时,主视图上尽可能将模具的所有零件绘出,可采用全剖视图或阶梯剖视图 2. 在剖视图中剖切到凸模、顶件块等旋转体时,其剖面不绘制剖面线,有时为了图面结构清晰,非旋转体的凸模也可不绘制剖面线 3. 绘制的模具要处于闭合状态,也可一半处于工作状态,另一半处于非工作状态 4. 剖视图可只绘出下模或上、下模各半的视图,需要时再绘制侧视图及其他剖视图和局部视图
模具装配图上的工件图	1. 工件图是经冲压成形后所得到的冲压件图形,一般画在总装配图的右上角,并注明材料名称、厚度及必要的尺寸 2. 工件图的比例一般与模具图上的一致,特殊情况下可以缩小或放大。工件图的方向应与冲压成形方向一致(即与工件在模具中的位置一致),若特殊情况下不一致时,必须用箭头注明冲压方向和成形方向
冲压模具装配图中的排样图	1. 若利用条料或带料进行冲压加工时,还应绘制排样图。排样图一般绘制在工件图的下面 2. 排样图应包括排样方法、零件的冲裁过程、定距方式(用侧刃定距时侧刃的形状、位置)、材料利用率、步距、搭边、料宽及其公差;对有弯曲、卷边工序的零件,要考虑材料的纤维方向,通常从排样图的剖切线上可以看出是单工序模还是级进模或复合模
装配图上的技术要求	在模具总装配图中,要简要注明对该模具的要求、注意事项和技术条件。技术条件包括所选冲压设备的冲压力、型号、模具闭合高度、模具所打印记及模具的装配要求,冲裁模要注明模具间隙等(参照国家标准正确拟订所设计模具的技术要求和必要的使用说明)
装配图上应标注的尺寸	模具闭合高度、外形尺寸、特征尺寸(与成形设备配合的定位尺寸)、装配尺寸(安装在成形设备上时螺钉孔的中心距)、极限尺寸(活动零件移动的起止点)
标题栏和明细栏	标题栏和明细栏在总装配图右下角。若图面不够,可另立一页,其格式应符合国家标准 GB/T 10609.1—2008 和 GB/T 10609.2—2009

表 7-8　冲压模具零件的配合及表面粗糙度 Ra

零件及其位置	配合与标准公差等级	表面粗糙度 $Ra/\mu m$
工作零件刃口表面 （凸模、凹模 凸凹模 废料切刀）	一般情况下,H6/h6、H7/h7 自由尺寸工件 半成品中间工件 } H9/h9、H10/h10	0.8~0.4
工作零件与固定板 防转动圆柱销 挡料销 } 配合面	H7/m6、H7/n6	0.8~0.4
导柱、导套配合面	H6/h5、H7/h6、H7/j5	0.2~0.1
导柱、导套与模座配合面	H7/r6	0.8~0.2
模柄与模座配合面	H7/m6	

（续）

零件及其位置	配合与标准公差等级	表面粗糙度 $Ra/\mu m$
导正销结构面	H7/k6、H7/h6	0.8~0.4
上述零件其他表面	IT9~IT14	1.6~不加工
其他零件		

六、编写设计计算说明书

编写设计计算说明书是整个设计工作中的一个重要组成部分。它是设计者设计思想的体现，是设计成果的文字表达，也是设计者撰写技术性总结和文件的能力体现。

1. 设计计算说明书的内容与格式

（1）设计计算说明书的内容　说明书是由设计者将设计成果、意图或理论依据等内容用文字、图表系统地阐述而形成的，应简明而全面地记录整个设计计算的过程，重点对设计方案加以论证和分析。说明书的内容主要包括：工艺性分析及结论；工艺方案的分析、比较和最佳方案的确认；各项工艺计算过程与结果；各工序模具类型、结构和设备选择的依据和结论。除此之外，说明书还应包括设计过程中设计者独立考虑问题的出发点和最后抉择的依据、必要的校核过程、注意事项等。

设计说明书的内容及顺序建议如下：

1）封面。

2）设计任务书及产品图（应装订入原发的任务书）。

3）目录（标题及页次）。

4）序言。

5）零件的工艺性分析。

6）冲压零件工艺方案的拟订。

7）排样形式和裁板方法，材料利用率计算。

8）冲压力计算，压力中心的确定，压力机的选择。

9）模具类型及结构型式的比较和选择。

10）模具工作零件刃口尺寸及公差的计算。

11）模具主要零件的结构型式、材料选择、公差配合、技术要求的说明。

12）模具其他零件的选用、设计及必要的计算。

13）压力机技术参数校核。

14）模具的工作原理与使用注意事项。

15）其他需要说明的内容。

16）参考资料。

17）附录。

（2）设计计算说明书的格式　说明书的格式没有统一规定，表7-9举例说明了设计计算说明书的编制方法及撰写格式。

2. 编写设计计算说明书应注意的事项

1）说明书要求内容完整，分析透彻，文字简明通顺，计算结果准确，书写工整清晰，计算部分只需写出计算公式，代入有关数据，即直接得出计算结果（包括"合格""安全"等结论），不必写出全部运算及修改过程。

2）说明书中引用的重要计算公式和数据，应注明出处。

3）说明书应按合理的顺序及规定的格式撰写，标出页次，编好目录并与封面装订成册。

表 7-9　设计计算说明书的编制方法及撰写格式

设计内容	计算及说明	结果
计算毛坯尺寸	由项目四表 4-7 中查得坯料直径 D_1 计算公式为 $$D=\sqrt{d_2^2+4d_2H-1.72rd_2-0.56r^2}$$ 由图 4-23 可知，$d_2=(30-2)\,mm=28mm$，$r=(3+1)\,mm=4mm$，$H=(76-1+6)\,mm=81mm$，代入得 $D=98.3mm$ 取 $D=99mm$	$D=99mm$
确定排样方案	带料宽度 B 的计算：据项目二中式(2-10)得料宽的计算公式为 $$B_{-\Delta}^{\,0}=(D+2a)_{-\Delta}^{\,0}$$ 查表 2-21 得 $a=1.5mm$；则 $B=(104+2\times1.5)\,mm=107mm$ 步距 s 的计算：$s=D+a_1$ 查表 2-21 得 $a_1=1.2mm$；代入得 $s=(104+1.2)\,mm=105.2mm$；取步距 $s=105mm$	$B=107mm$ $s=105mm$

【任务实施】

托架零件如图 7-1 所示，材料为 08 钢，料厚 $t=1.5mm$，年产量为 2 万件，要求表面无严重划痕，孔不允许变形，其冲压工艺过程及各工艺的模具结构设计如下。

1. 零件工艺性分析

（1）零件的功用与经济性分析　该零件是某机械产品上的一个支撑托架，尺寸不大，属小型件。托架的 $\phi10mm$ 孔内装有芯轴，并通过四个 $\phi5mm$ 孔与机身连接。零件工作时受力不大，对其强度和刚度的要求不太高。该零件的生产批量为 2 万件/年，属中批量生产，外形简单对称，材料为一般冲压用钢，采用冲压加工经济性良好。

（2）零件的工艺性分析　托架为有五个孔的四角弯曲件。其中五个孔的标准公差等级均为 IT9，其余尺寸采用自由公差。各孔的尺寸精度在冲裁允许的精度范围以内，且孔径均大于允许的最小孔径，故可以冲裁。但 $4\times\phi5mm$ 孔的孔边距圆角变形区太近，易使孔变形，且弯曲后的回弹也会影响孔距尺寸 36mm，故 $4\times\phi5mm$ 孔应在弯曲后冲出。而 $\phi10mm$ 孔距圆角变形区较远，为简化模具结构和便于弯曲时坯料的定位，宜在弯曲前与坯料一起冲出。弯曲部分的相对弯曲半径 r/t 均等于 1，大于最小相对弯曲半径，可以弯曲成形。零件的材料为 08 钢，其冲压成形性能较好。由此可知，该托架零件的冲压工艺性良好，便于冲压成形。但应注意适当控制弯曲时的回弹，并避免弯曲时划伤零件。

2. 冲压工艺方案的分析与确定

从零件的结构形状可知，所需基本工序为落料、冲孔、弯曲三种。其中，弯曲成形的方式有如图 7-13 所示的三种。因此，可能的冲压工艺方案有六种。

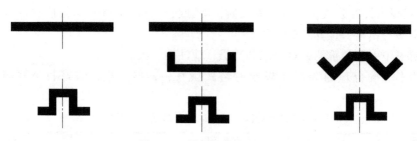

图 7-13　托架弯曲成形方式

方案一：冲 ϕ10mm 孔与落料复合（图 7-14a）→弯两外角并使两内角预弯 45°（图 7-14b）→弯两内角（图 7-14c）→冲 4×ϕ5mm 孔（图 7-14d）。

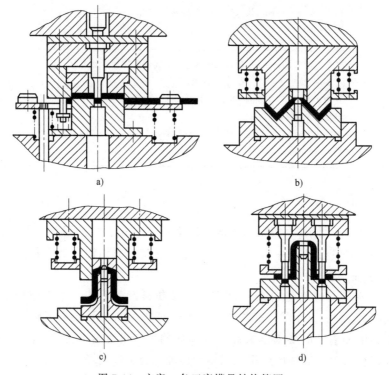

a)

b)

c)

d)

图 7-14　方案一各工序模具结构简图

a）冲 ϕ10mm 孔与落料　b）弯外角与预弯内角　c）弯内角　d）冲 4×ϕ5mm 孔

方案二：冲 ϕ10mm 孔与落料复合（同方案一）→弯两外角（图 7-15a）→弯两内角（图 7-15b）→冲 4×ϕ5mm 孔（同方案一）。

方案三：冲 ϕ10mm 孔与落料复合（同方案一）→弯四角（图 7-16）→冲 4×ϕ5mm 孔（同方案一）。

方案四：冲 ϕ10mm 孔、切断与弯两外角级进冲压（图 7-17）→弯两内角（图 7-15b）→冲 4×ϕ5mm 孔（同方案一）。

方案五：冲 ϕ10mm 孔、切断与弯四角级进冲压（图 7-18）→冲 4×ϕ5mm 孔（同方案一）。

方案六：全部工序合并，采用带料级进冲压（图 7-19）。

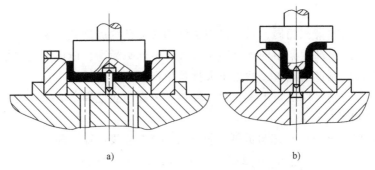

图 7-15　方案二第 2、3 道工序模具结构简图

a）弯两外角　b）弯两内角

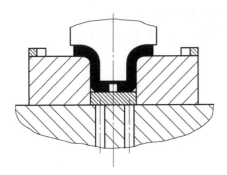

图 7-16　方案三第 2 道工序模具结构简图

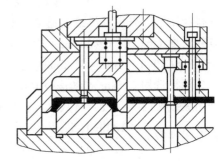

图 7-17　方案四第 1 道工序模具结构简图

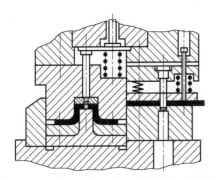

图 7-18　方案五第 1 道工序模具结构简图

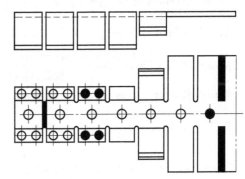

图 7-19　方案六级进冲压排样图

分析比较六种工艺方案如下：

方案一的优点是模具结构简单，寿命长，制造周期短，投产快；零件能实现校正弯曲，故回弹容易控制，尺寸和形状准确，且坯料受凸、凹模的摩擦阻力小，因而表面质量也高；除工序 1 以外，各工序定位基准一致且与设计基准重合；操作也比较方便。缺点是工序分散，需用模具、设备和操作人员较多，劳动量较大。

方案二采用的模具虽然也具有方案一的优点，但零件回弹不易控制，故形状和尺寸不太准确，同时也具有方案一的缺点。

方案三中的工序比较集中，占用设备和人员少，但弯曲时摩擦大，模具寿命短，零件表面易划伤，厚度变薄，同时回弹不易控制，尺寸和形状不准确。

方案四与方案二从零件成形的角度看没有本质上的区别，虽工序较集中，但模具结构也复杂些。

方案五本质上与方案三相同，只是采用了结构较复杂的级进复合模。

方案六采用了工序高度集中的级进冲压方式，生产率最高，但模具结构复杂，安装、调试、维修比较困难，制造周期长，适用于大批量生产。

综上所述，考虑到零件批量不大，而质量要求较高，故选择方案一较为合适。

3. 主要工艺参数的计算

(1) 计算坯料展开长度　坯料的展开长度按图 7-1 分段计算，即

$$\sum L_直 = (2\times9+2\times25.5+22)\,mm = 91\,mm$$

$$\sum L_弯 = 4\times\frac{\pi\alpha}{180°}(r+xt) = 4\times\frac{3.14\times90°}{180°}\times(1.5+0.32\times1.5)\,mm \approx 13\,mm$$

$$\sum L = \sum L_直 + \sum L_弯 = (91+13)\,mm = 104\,mm$$

坯料为矩形，采用单排最为适宜。取搭边值 $a=2\,mm$、$a_1=1.5\,mm$，则

条料宽度 $B=(104+2\times2)\,mm=108\,mm$。

步距 $s=(30+1.5)\,mm=31.5\,mm$。

板料规格选用 $1.5\,mm\times900\,mm\times1800\,mm$。

采用纵裁法时，每板条料数 $n_1=(900\div108)$ 条 ≈8 条，余 $36\,mm$。

每条零件数 $n_2=\dfrac{1800-1.5}{31.5}$ 件 ≈57 件。

$36\,mm\times1800\,mm$ 余料利用件数 $n_3=\dfrac{1800-2}{108}$ 件 ≈16 件。

每板零件数 $n=n_1n_2+n_3=(8\times57+16)$ 件 $=472$ 件。

材料利用率 $\eta_1=\dfrac{472\times(30\times104-\pi\times10^2/4-4\pi\times5^2/4)}{900\times1800}\approx86.3\%$。

采用横裁法时，每板条料数 $n_1=(1800\div108)$ 条 ≈16 条，余 $72\,mm$。

每条零件数 $n_2=\dfrac{900-1.5}{31.5}$ 件 ≈28 件。

$72\,mm\times900\,mm$ 余料利用件数 $n_3=2\times\dfrac{900-2}{108}$ 件 ≈16 件。

每板零件数 $n=n_1n_2+n_3=(16\times28+16)$ 件 $=464$ 件。

材料利用率 $\eta_2=\dfrac{464\times(30\times104-\pi\times10^2/4-4\pi\times5^2/4)}{900\times1800}\approx84.9\%$。

由以上计算可知，纵裁法的材料利用率高。从弯曲线与纤维方向之间的关系看，横裁法较好。但由于材料 08 钢的塑性较好，不会出现弯裂现象，故采用纵裁法排样，以降低成本，提高经济性。

(2) 计算各工序冲压力

1) 工序 1 (落料与冲孔复合)。采用如图 7-14a 所示模具结构型式，则

冲裁力　　$F_落=L_1tR_m=(2\times30+2\times104)\times1.5\times360\,N=144720\,N$

$F_孔=L_2tR_m=10\pi\times1.5\times360\,N=16956\,N$

$F=F_落+F_孔=144720\,N+16956\,N=161676\,N$

卸料力　　$F_卸 = K_卸 F_落 = 0.05 \times 144720\text{N} = 7236\text{N}$

推件力　　$F_推 = nK_推 F_孔 = 5 \times 0.055 \times 7236\text{N} \approx 1990\text{N}$

总冲压力　$F_\Sigma = F + F_卸 + F_推 = (161676 + 7236 + 1990)\text{N} = 170902\text{N} \approx 171\text{kN}$

2）工序 2（弯两外角并使两内角预弯 $45°$）。采用如图 7-14b 所示模具结构型式，按校正弯曲计算，则

$$F_校 = Aq = 85 \times 30 \times 50\text{N} = 127500\text{N}$$

3）工序 3（弯两内角）。采用如图 7-14c 所示模具结构型式，按 U 形件自由弯曲计算，则

弯曲力　　$F_自 = \dfrac{0.7KBt^2R_m}{r+t} = \dfrac{0.7 \times 1.3 \times 30 \times 1.5^2 \times 360}{1.5+1.5}\text{N} = 7371\text{N}$

压料力　　$F_压 = (0.3 \sim 0.8)F_自 = 0.6 \times 7371\text{N} \approx 4422\text{N}$

总冲压力　$F_\Sigma = F_自 + F_压 = (7371 + 4422)\text{N} = 11793\text{N}$

4）工序 4（冲 $4 \times \phi 5\text{mm}$ 孔）。采用如图 7-14d 所示模具结构型式，则

冲裁力　　$F_{孔4} = LtR_m = 4 \times 5\pi \times 1.5 \times 360\text{N} = 33912\text{N}$

卸料力　　$F_卸 = K_卸 F_落 = 0.05 \times 33912\text{N} = 1696\text{N}$

推件力　　$F_推 = nK_推 F_{孔4} = 5 \times 0.055 \times 33912\text{N} \approx 9326\text{N}$

总冲压力　$F_\Sigma = F_{孔4} + F_卸 + F_推 = (33912 + 1696 + 9326)\text{N} = 44934\text{N}$

4. 选择冲压设备

该零件各工序中只有冲裁和弯曲两种冲压工艺方法，且冲压力均不太大，故均选用开式可倾式压力机。根据所计算的各工序冲压力的大小，并考虑零件尺寸和可能的模具闭合高度，工序 1（落料冲孔复合工序）选用 J23-25 压力机，其余各工序均选用 J23-16 压力机。

5. 填写冲压工艺过程卡

托架零件的冲压工艺过程卡见表 7-10。

表 7-10　托架零件的冲压工艺过程卡

（厂名）	冲压工艺过程卡	产品型号		零部件名称	托架	共　页
		产品名称		零部件型号		第　页
材料牌号及规格 /（厚/mm×宽/mm×长/mm）		材料技术要求	坯料尺寸 /（厚/mm×宽/mm×长/mm）	每个坯料可制零件数	毛坯重量	辅助材料
08 钢 (1.5±0.11)×900×1800			条料 1.5×108×1800	57 件		
工序号	工序名称	工序内容	加工简图	设备	工艺装备	工时
0	下料	剪板 108mm×1800mm				
1	冲孔、落料	冲 $\phi 10\text{mm}$ 孔与落料复合		J23-25	冲孔-落料复合模	

（续）

工序号	工序名称	工序内容	加工简图	设备	工艺装备	工时
2	弯曲	两外角弯曲及两内角预弯	90° 25 45° R=1.5 10.5	J23-16	弯曲模	
3	弯曲	两内角弯曲兼整形	25 R1.5 R1.5 30 49	J23-16	弯曲模	
4	冲孔	冲 4×φ5mm 孔	$4×φ5_{0}^{+0.03}$ $15_{0}^{+0.12}$ 36	J23-16	冲孔模	
5	检验	按零件图检验				

						绘制 日期	审核 日期	会签 日期
标记	处数	更改文件号	签字	日期	标记	处数	更改文件号	签字	日期			

思 考 题

1. 图 7-20 所示为手柄零件，材料为 Q235A，料厚 $t = 1.2$mm，采用中等批量生产，试确定其冲压工艺方案并设计模具。

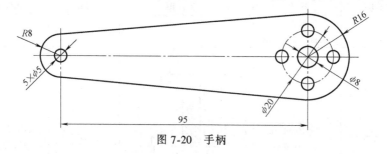

图 7-20　手柄

2. 图 7-21 所示为罩盖零件，材料为镀锌铁皮，料厚 $t = 1$mm，采用大批量生产，试确定罩盖零件的冲压工艺并设计模具。

3. 图 7-22 所示为簧片零件，材料为软黄铜 H62，料厚 $t = 0.5$mm，当生产批量较大时，试设计零件冲裁工序所使用的模具。

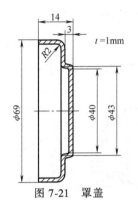

图 7-21　罩盖

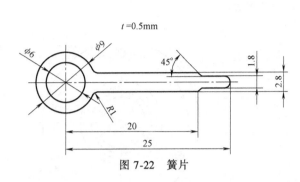

图 7-22　簧片

4. 图 7-23 所示为波形盘零件，材料为镍铜合金，料厚 $t=0.5\text{mm}$，希望用一副模具完成其落料和弯曲成形，试设计落料-弯曲复合模。

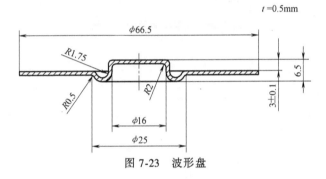

图 7-23　波形盘

5. 图 7-24 所示为山字形铁心零件，材料为硅钢片，料厚 $t=0.35\text{mm}$，采用少废料排样，排样图如图 7-25 所示，试设计成形该零件的级进模。

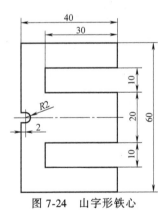

图 7-24　山字形铁心

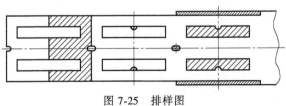

图 7-25　排样图

6. 图 7-26 所示为汽车玻璃升降器外壳。该零件的材料为 08 钢，料厚 $t = 1.5\text{mm}$，年产量 10 万件，试制订其冲压工艺规程。

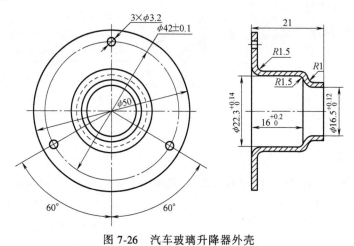

图 7-26   汽车玻璃升降器外壳

附　　录

附录 A　实验报告

附录 A-1　实验报告一　无导向单工序冲裁模拆装实验报告

班级_____　姓名_____　学号_____　教师_____

组号_____　日期_____　成绩_____

一、实验目的

1. 结合所学专业知识，了解无导向单工序冲裁模的结构和工作原理。
2. 熟悉各零件的作用和装配关系。
3. 熟悉无导向单工序冲裁模的装配过程。
4. 熟悉导料、卸料、定位等零件的装配方法。
5. 锻炼学生的动手实践能力，加深对模具结构与装配方法的认识。

二、实验用材料、工具和设备

1. 无导向单工序冲裁模若干副。
2. 测量工具：游标卡尺、钢直尺、90°角尺等。
3. 实验工具：活扳手、内六角扳手、锤子、螺钉旋具、木槌等。

三、实验内容

1. 绘制模具总装图（草图），并标出模具零件名称。
2. 绘制凸、凹模的结构草图。
3. 说明所绘模具的工作原理。
4. 简述模具装配过程。
5. 根据个人情况并结合模具智能制造技术的发展方向，撰写拆装实验体会。

附录 A-2　实验报告二　冲孔落料倒装复合模拆装实验报告

班级_____　姓名_____　学号_____　教师_____

组号_____　日期_____　成绩_____

一、实验目的

1. 结合所学专业知识，了解导柱式复合冲裁模的结构和工作原理。

2. 熟悉各零件的作用和装配关系。

3. 熟悉复合冲裁模的装配过程。

4. 熟悉凸凹模、弹性卸料装置、推件装置等的装配方法。

5. 锻炼学生的动手实践能力，加深对模具结构与装配方法的认识。

二、实验用材料、工具和设备

1. 冲孔-落料复合冲裁模若干副。

2. 测量工具：游标卡尺、钢直尺、90°角尺等。

3. 实验工具：活扳手、内六角扳手、平行垫块、铜棒、螺钉旋具、木槌等。

三、实验内容

1. 绘制模具总装图（草图），并标出模具零件名称。

2. 绘制凸模、凹模、凸凹模的结构草图。

3. 说明所绘模具的工作原理。

4. 简述模具装配过程。

5. 根据个人情况并结合模具拆装实验，撰写实验体会。

附录 A-3 实验报告三 U 形件弯曲模拆装实验报告

班级_____ 姓名_____ 学号_____ 教师_____

组号_____ 日期_____ 成绩_____

一、实验目的

1. 结合所学专业知识，了解弯曲模的结构和工作原理。

2. 熟悉各零件的作用和装配关系。

3. 熟悉弯曲模的装配过程。

4. 熟悉镶拼结构的型式、固定及装配方法。

5. 锻炼学生的动手实践能力，加深对模具结构与装配方法的认识。

二、实验用材料、工具和设备

1. U 形件弯曲模若干副。

2. 测量工具：游标卡尺、钢直尺、90°角尺等。

3. 实验工具：活扳手、内六角扳手、平行垫块、铜棒、螺钉旋具、木槌等。

三、实验内容

1. 绘制模具总装图（草图），并标出模具零件名称。

2. 绘制凸模、凹模块、凸模固定板的结构草图。

3. 说明所绘模具的工作原理。

4. 简述模具装配过程。

5. 根据个人情况并结合模具拆装实验，撰写实验体会。

附录 A-4　实验报告四　拉深模拆装实验报告

班级＿＿＿＿＿　姓名＿＿＿＿＿　学号＿＿＿＿＿　教师＿＿＿＿＿

组号＿＿＿＿＿　日期＿＿＿＿＿　成绩＿＿＿＿＿

一、实验目的

1. 结合所学专业知识，了解拉深模的结构和工作原理。
2. 熟悉各零件的作用和装配关系。
3. 熟悉拉深模的装配过程。
4. 熟悉研磨、抛光的方法。
5. 锻炼学生的动手实践能力，加深对模具结构与装配方法的认识。

二、实验用材料、工具和设备

1. 拉深模若干副。
2. 测量工具：游标卡尺、钢直尺、90°角尺等。
3. 实验工具：活扳手、内六角扳手、平行垫块、铜棒、螺钉旋具、木槌等。

三、实验内容

1. 绘制模具总装图（草图），并标出模具零件名称。
2. 绘制凸模、凹模、压料板的结构草图。
3. 说明所绘模具的工作原理。
4. 简述模具装配过程。
5. 根据个人情况并结合模具拆装实验，撰写实验体会。

附录 A-5　实验报告五　级进模拆装实验报告

班级＿＿＿＿＿　姓名＿＿＿＿＿　学号＿＿＿＿＿　教师＿＿＿＿＿

组号＿＿＿＿＿　日期＿＿＿＿＿　成绩＿＿＿＿＿

一、实验目的

1. 结合所学专业知识，了解级进模的结构和工作原理。
2. 熟悉各零件的作用和装配关系。
3. 熟悉级进模的装配过程。
4. 锻炼学生的动手实践能力，加深对模具结构与装配方法的认识。

二、实验用材料、工具和设备

1. 级进模若干副。
2. 测量工具：游标卡尺、钢直尺、90°角尺等。
3. 实验工具：活扳手、内六角扳手、平行垫块、铜棒、螺钉旋具、木槌等。

三、实验内容

1. 绘制模具总装图（草图），并标出模具零件名称。
2. 绘制凸模、凹模、侧刃的结构草图。
3. 说明所绘模具的工作原理。
4. 简述模具装配过程。
5. 根据个人情况并结合模具拆装实验，撰写实验体会。

附录 B　模具工作零件常用材料及硬度

类别	适用范围		推荐使用钢号	热处理工序	硬度（HRC）	
					凸模	凹模
冲裁模	形状简单的冲件，料厚 $t<3mm$，带凸肩、快换式结构、形状简单的镶块		T8A,T10A	淬火	58~62	60~64
	形状复杂的冲件，料厚 $t>3mm$，形状复杂的镶块		9SiCr,CrWMn Cr12MoV	淬火	58~62	60~64
	要求耐磨、寿命高的模具		Cr12 MoV	淬火	60~62	62~64
			GCr15（凸模）	淬火	60~62	—
			YG15（凹模）	—	—	—
	料厚 $t<0.2mm$		T8A	淬火	56~60	—
				调质	—	28~32
	形状复杂或不宜进行一般热处理		7CrSiMnMoV	表面淬火	56~60	56~60
弯曲模	一般弯曲		T8A,T10A	淬火	56~60	56~60
	形状复杂，要求高耐磨、高寿命，特大批量的弯曲		CrWMn,Cr12 Cr12MoV	淬火	60~64	60~64
	材料加热弯曲		5CrNiMo 5CrNiTi	淬火	52~56	52~56
拉深模	一般拉深		T8A,T10A	淬火	58~62	60~64
	复杂、连续拉深，大批量生产		CrWMn,Cr12, Cr12MoV	淬火	58~62	60~64
	要求高耐磨、高寿命的凹模		Cr12, Cr12MoV	淬火	—	60~64
			YG15,YG20	—	—	—
	拉深不锈钢材料		W18Cr4V（凸模）	淬火	62~64	—
			YG15,YG8（凹模）	—	—	—
	材料加热拉深		5CrNiMo 5CrNiTi	淬火	52~56	52~56
	大型覆盖件拉深		HT250,HT300	—	—	—
	小批量生产用简易拉深模		低熔点合金 锌基合金	—	—	—
成形模	弯曲、翻边模	轻型、简单	T10A	淬火	57~60	57~60
		简单、易裂	T7A	淬火	54~56	54~56
		轻型、复杂	CrWMn	淬火	57~60	57~60
		大量生产用	Cr12MoV	淬火	57~60	57~60
		高强度钢板及奥氏体钢板	Cr12MoV	渗氮	65~67	65~67

附录 C　模具一般零件的材料及硬度

零件名称	选用材料牌号	热处理	硬度 HRC
上、下模座	HT200,HT250,ZG310-570 厚钢板刨制的 Q235,Q275	—	—
模柄	Q235,Q275	—	—
	45,T8A	淬火、回火	45~48
导柱,导套	20	渗碳、淬火	56~60
	T10A	淬火、回火	56~60
凸、凹模固定板 卸料板,导料板,定位板	Q235	—	—
	45	淬火、回火	43~48
承料板	Q235	—	—
垫板,顶板	45	淬火、回火	43~48
推杆,顶杆	45	淬火、回火	43~48
挡料销,定位钉	45	淬火、回火	43~48
导正销	T10A,9Mn2V	淬火、回火	56~60
卸料螺钉	45	头部淬火、回火	35~40
圆柱销、销钉	45	淬火、回火	43~48
	T7A	淬火、回火	50~55
螺母,垫圈,螺塞	Q235	—	—
拉深模压边圈	T10A,9Mn2V	淬火、回火	54~58
定距侧刃,废料切刀	T10A,9Mn2V	淬火、回火	58~62
侧刃挡块	45	淬火、回火	43~48
	T8A,9Mn2V	淬火、回火	56~60
斜楔,滑块	Cr6WV,CrWMn		

附录 D　冲压常用材料的力学性能

材料名称	牌号	状态	τ_b/MPa	R_m/MPa	R_{eL}/MPa	$A(\%)$	E/GPa
铝	1070A,1060,1050A, 1035,1200	已退火	78	74~108	49~78	25	71
		加工硬化	98	118~147		4	
防锈铝	3A21	已退火	69~98	108~142	49	19	70
		半硬化	98~137	152~196	127	13	
	5A02	已退火	127~158	177~225	98		69
		半硬化	158~196	225~275	206		
硬铝 (杜拉铝)	2A12	已退火	103~147	147~211		12	71
		淬硬+自然时效	275~304	392~432	361	15	
		淬硬+加工硬化	275~314	392~451	333	10	
普通 碳素结构钢	Q215	未退火	270~340	335~450	165~215	26~31	
	Q235		310~380	370~500	185~235	21~26	
	Q275		400~500	410~540	215~275	17~22	

（续）

材料名称	牌号	状态	τ_b/MPa	R_m/MPa	R_{eL}/MPa	$A(\%)$	E/GPa
优质碳素结构钢	08	已退火	260~360	≥325	≥195	≥33	198
	10		260~340	≥335	≥205	≥31	
	15		270~380	≥375	≥225	≥27	202
	20		280~400	≥410	≥245	≥25	210
	25		320~440	≥450	≥275	≥23	202
	30		360~480	≥490	≥295	≥21	201
	35		400~520	≥530	≥315	≥20	201
	40		420~540	≥570	≥335	≥19	213
	45		440~560	≥600	≥355	≥16	204
	50	已正火	440~580	≥630	≥375	≥14	220
	60		550	≥675	≥400	≥12	208
	70		600	≥715	≥420	≥9	210
	65Mn	已退火	600	≥735	≥430	≥9	210
碳素工具钢	T7~T12,T7A~T12A	已退火	600	750		≤10	
	T8A	加工硬化	600~950	7500~1200			

参 考 文 献

[1] 丁松聚. 冷冲模设计 [M]. 北京：机械工业出版社，2001.

[2] 李硕本，等. 冲压工艺理论与新技术 [M]. 北京：机械工业出版社，2002.

[3] 肖祥芷，王孝培. 中国模具设计大典：第 3 卷 冲压模具设计 [M]. 南昌：江西科学技术出版社，2003.

[4] 涂光祺，赵彦启. 冲模技术 [M]. 2 版. 北京：机械工业出版社，2010.

[5] 周天瑞. 汽车覆盖件冲压成形技术 [M]. 北京：机械工业出版社，2001.

[6] 范建蓓. 冲压模具设计与实践 [M]. 北京：机械工业出版社，2013.

[7] 冯炳尧，王南根，王晓晓. 模具设计与制造简明手册 [M]. 4 版. 上海：上海科学技术出版社，2015.

[8] 贾俐俐. 冲压工艺与模具设计 [M]. 2 版. 北京：人民邮电出版社，2016.

[9] 高显宏，于保敏. 冲压成型工艺与模具设计 [M]. 上海：上海交通大学出版社，2011.

[10] 单岩，王敬艳，鲍华斌，等. 模具结构的认知、拆装与测绘 [M]. 杭州：浙江大学出版社，2010.

[11] 徐政坤. 冲压模具及设备 [M]. 2 版. 北京：机械工业出版社，2014.

[12] 柯旭贵，张荣清. 冲压工艺与模具设计 [M]. 2 版. 北京：机械工业出版社，2017.

[13] 周跃华，李健平，周玲. 模具装配与维修技术 [M]. 北京：机械工业出版社，2012.

[14] 朱磊. 模具装配、调试与维修 [M]. 北京：机械工业出版社，2012.

[15] 刘航. 模具制造技术 [M]. 北京：机械工业出版社，2011.

[16] 李玉青. 模具装配与调试 [M]. 北京：机械工业出版社，2016.

[17] 石皋莲，吴少华. UG NX CAD 应用案例教程 [M]. 2 版. 北京：机械工业出版社，2017.

[18] 邓明. 实用模具设计简明手册 [M]. 北京：机械工业出版社，2006.

[19] 付宏生. 模具制图与 CAD [M]. 北京：化学工业出版社，2007.

[20] 朱旭霞. 冲压工艺及模具设计 [M]. 北京：机械工业出版社，2008.

[21] 姜伯军. 级进冲模设计与模具结构实例 [M]. 北京：机械工业出版社，2008.

[22] 原红玲. 冲压工艺与模具设计 [M]. 北京：机械工业出版社，2008.

[23] 贾铁钢. 冷冲压模设计与制造 [M]. 北京：机械工业出版社，2009.

[24] 赵孟栋. 冷冲模设计 [M]. 3 版. 北京：机械工业出版社，2012.

[25] 郑展. 冲压工艺与模具设计 [M]. 2 版. 北京：机械工业出版社，2014.

[26] 伍先明，刘厚才，蒋海波. 冲压模具设计指导 [M]. 北京：国防工业出版社，2011.

[27] 王莺，张秋菊. 模具设计与制造简明教程：冲压模具 [M]. 北京：化学工业出版社，2017.